黑龙江省富锦市

耕地地力评价

邓维娜　姜秀彬　主编

U0272033

中国农业科学技术出版社

图书在版编目（CIP）数据

黑龙江省富锦市耕地地力评价 / 邓维娜，姜秀彬主编 . —北京：中国农业
科学技术出版社，2016.12
ISBN 978 – 7 – 5116 – 2863 – 3

Ⅰ.①黑…　Ⅱ.①邓…②姜…　Ⅲ.①耕作土壤 – 土壤肥力 – 土壤调查 –
富锦②耕作土壤 – 土壤评价 – 富锦　Ⅳ.①S159.235.3②S158

中国版本图书馆 CIP 数据核字（2016）第 287864 号

责任编辑　徐　毅　陈　新
责任校对　马广洋

出 版 者　中国农业科学技术出版社
　　　　　北京市中关村南大街 12 号　邮编：100081
电　　话　（010）82106643（编辑室）　（010）82109702（发行部）
　　　　　（010）82109709（读者服务部）
传　　真　（010）82106631
网　　址　http://www.castp.cn
经 销 者　各地新华书店
印 刷 者　北京富泰印刷有限责任公司
开　　本　787mm×1 092mm　1/16
印　　张　12　彩插　16 面
字　　数　333 千字
版　　次　2016 年 12 月第 1 版　2016 年 12 月第 1 次印刷
定　　价　60.00 元

《黑龙江省富锦市耕地地力评价》
编 委 会

前　言

耕地作为农业的重要基础部分，其地力与耕地水平直接关系到农业生产发展的快慢和质量。对耕地地力的调查与评价不仅能促进土地资源合理有效利用，提高土地生产效率，准确掌握耕地地力情况和空间分布，摸清生产潜力，因地制宜地加强耕地质量建设，对今后开展测土配方施肥，调整作物结构，防治土壤立体污染，从源头上根治耕地退化，发展农村循环经济提供可靠的科学依据。为了切实加强耕地质量保护，农业部决定在开展测土配方施肥的基础上，组织开展耕地地力评价工作。

富锦市开展耕地地力评价工作，是服务"三农"的具体体现，对指导富锦市种植业结构调整、科学合理施肥、保证粮食安全和发展绿色食品生产提供了理论依据，对提高农业综合生产能力，增加国民经济收入，建设社会主义新农村，加快富锦市农业生产现代化进程等具有深远而重大的意义，特别是为富锦市农业农村经济快速发展提供强有力的科技支撑，对富锦市实现农业可持续发展具有深远的现实意义和历史意义。

富锦市的耕地地力评价工作，是以全国农业技术推广服务中心编著的《耕地地力调查与质量评价》一书为理论基础，按照农业部办公厅、财政部办公厅农办农〔2005〕43号文件，黑龙江省农业委员会、黑龙江省财政厅、黑农委联发〔2005〕192号文件精神，以全国农业技术推广服务中心《耕地地力评价指南》为技术依据，于2008年秋正式开展。为切实抓好这项工作，我们在黑龙江省土肥管理站的大力指导下，建立了高效、务实的组织机构和技术机构，在市各级领导的关心和支持下，各有关局、委、办等单位和个人的大力配合和帮助下，并投入了大量的人力、物力和财力，于2009年顺利完成了耕地地力调查评价初级阶段的工作，获得了较为翔实的土壤资料，建立了富锦市耕地资源管理信息系统。

富锦市耕地地力评价工作是国家继第一、二次土壤普查之后进行的又一次大规模的有关土壤方面调查和评价活动。通过此次调查，对富锦市耕地地力进行了评价分级，基本摸清了市域内耕地肥力与生产潜力状况，为各级领导进行宏观决策提供可靠依据，为指导农业生产提供科学数据。此次耕地地力评价涉及富锦市所有11个乡镇260个行政村，野外采集土壤农化样2 000个，完成了采样点基本情况和农业生产情况调查，对土壤的 pH、有机质、全磷、全钾、速效氮、有效磷、速效钾和土壤中的有效锌、铁、锰等微量元素进行了检测，共测试化验分析数据 20 000 项次，制作了大量的图、文、表等说明材料，整理汇编了约 17 万字的技术专题工作报告，编绘了黑龙江省富锦市耕地地力等级图、富锦市土壤图、行政区划图等数字化成果图件，并对富锦市各类土壤变化成因作了进一步深入调查和研究。我们通过富锦市上下的共同努力，在省土肥管理站的帮助和指导下，通过耕地地力评价这项工作，充分挖掘整理第二次土壤普查资料，结合测土配方施肥项目所获得的大量养分监测数据和肥料试验数据，依托中国科学院东北地理与农业生态研究所建立了"黑龙江省富锦市耕地质量管理信息系统"，形成了县域耕地隶属函数模型和层次分析模型，构建了测土配方施肥宏观决策和动态管理基础平台。通过信息系统可以充分的了解和翔实的掌握富锦市区域内的耕地地力等级、耕地土壤养分等土壤状况，有效地掌握耕地质量状态，并可以简便的操作，灵活的运用，逐步建立和完善耕地质量的动态监测与预警体系，系统摸索不同耕地类型土壤肥力演变与科学施肥规律，为农民科学种田、增产增收提供科学保障，为节本增效、改善农作物品质、防止环境污染、实现农业可持续发展等奠定基础。

这次调查，无论从深度、广度，还是从技术队伍专业水平和技术手段上来看都是较高的，取得的成效较为显著。在调查过程中得到了省土肥管理站、部分兄弟市县及相关单位有关专家的大力支持和协助，为我们顺利完成这项工作起到了积极的推动作用。对此，我们表示深深的感谢。

由于这项工作技术性强、操作细腻，特别是农业应用地理信息系统尚处于起步阶段，难免经验不足，加之时间仓促，所存在的不足和疏漏在所难免，敬请有关专家批评指正，我们一定在今后工作中不断加以改进提高。

富锦市农业技术推广中心

2016 年 10 月

目　　录

第一章 自然与农业生产概况

第一节 自然条件概况

一、地理位置与行政区划

富锦市位于黑龙江省东北部，三江平原腹地，松花江下游南岸。东经 131°25′~133°26′，北纬 46°45′~47°37′。周边与 7 个市县相毗邻。西与集贤县、桦川县毗连；东与饶河县、同江市为邻；南起七星河，与宝清县、友谊县接壤；北至松花江，与绥滨县隔江相望。全境从东至西 180 km，从南至北 92 km，幅员总面积 8 227.163 km²，占黑龙江省土地面积的 1.8%，占佳木斯地区总面积的 25%。在佳木斯地区位居第一。富锦市辖 10 个镇，1 个城关社区，266 个行政村。在富锦市境内，设有黑龙江农垦总局建三江分局及所属七星农场、大兴农场、创业农场和青龙山农场、红卫农场、前进农场的部分生产队；境域内还建有黑龙江省农垦总局红兴隆分局所属的二九一农场 15 个生产队，总面积达 3 319.98 km²，占富锦总面积的 40.4%，其中，七星农场 1 175 km²，大兴农场 824.88 km²，创业农场 533.99 km²，红卫农场 162.56 km²，前进农场 332.35 km²，二九一农场的 15 个生产队 203.58 km²；市属面积 4 907.183 km²，占 59.6%。截至 2007 年年末，富锦市人口 454 184 人，其中，富锦市属 378 713 人，建三江分局所属 3 个农场 75 471 人。共有汉、蒙古、回、朝鲜、满、赫哲、藏、维吾尔、苗、彝、壮、布依、侗、瑶、白、土家、傈僳、达斡尔、羌、锡伯、普米、鄂伦春、塔吉克、水、柯尔克孜、佤等 26 个民族。除汉族外，其他民族人数较少，共计 1.54 万人。

二、土地资源概况

土地是自然历史的产物，包括地质、地貌、气候、水文、土壤、植被等多种自然要素在内的自然综合体。土地资源指目前或可预见到的将来，可供农、林、牧业或其他各业利用的土地，是人类生存的基本资料和劳动对象，具有质和量两个内容。评价已利用土地资源的方式、生产潜力，调查分析宜利用土地资源的数量、质量、分布以及进一步开发利用的方向途径，查明目前暂不能利用土地资源的数量、分布，探讨今后改造利用的可能性，对深入挖掘土地资源的生产潜力，合理安排生产布局，提供基本的科学依据。

富锦市土地资源按照国土资源局 2008 年统计数据（表 1-1），总面积 8 227.163 km²，其中市属面积 504 500 hm²，各类土地利用类型可分为以下几类。

表 1 - 1　富锦市各类土地面积构成

序号	土地利用类型	面积（hm²）	占富锦市总面积（%）
1	耕地	363 733.3	72.10
2	林地	34 966.67	6.93
3	牧地	29 926.67	5.93
4	水域	40 173.33	7.96
5	建设用地	11 640	2.31
6	交通用地	7 113.33	1.41
7	未利用土地	16 946.67	3.36
市属面积合计		504 500	100.00

耕地面积：363 733.3 hm²，占市属总面积72.10%，其中，水田面积60 000 hm²，占耕地面积16.5%；旱田面积303 733.3 hm²，占耕地面积83.5%。耕地主要分布在漫岗地及平原低地和低洼地上。

林地面积：34 966.67 hm²，占市属总面积的6.93%。

牧地面积：29 926.67 hm²，占市属总面积5.93%，主要分布在黑松两江的泛滥地上。

水域面积：40 173.33 hm²，占市属总面积的7.96%，其中江河面积17 688.7 hm²，占水平面86.7%。由于地理环境受两江环抱，水面较多，泡沼棋布，有着丰富的水利资源，是发展养鱼、灌溉水运的有利条件。

建设用地面积：11 640 hm²，占市属总面积的2.31%，这里包括市乡村道路建设、居民点建设、工矿国防建设、水利工程建设等用地。

交通用地面积：7 113.33 hm²，占市属总面积1.41%。

未利用土地面积：16 946.7 hm²，占市属总面积3.36%。

三、水文地质条件

（一）河流、水系

市内主要河流是外七星河（上游为漂筏河）、莲花河的上游、寒葱河，而七星河、挠力河是与宝清、饶河的界河，松花江是富、绥二县的的界江。除松花江水量充沛外，内外七星河、莲花河均为平原型无明显河道的沼泽性河流。松花江为富锦市主要过境河流，流经富锦市长84 km，富锦水文站处断面宽1 449 m，平均最大流量823.7 m³/s，最小流量360 m³/s，多年平均年径流总量为718亿立方米，水量较为丰富，是富锦市红卫、红旗、幸福三大灌区的灌溉水源。

（二）地表水

富锦市平均年降水量为530 mm（相当于25.6亿立方米），平均径流73 mm（相当于3.53亿立方米），干旱年降水420 mm（相当于20.3亿立方米），年径流深36 mm（相当于1.27亿立方米）。

（三）地下水

富锦市属于三江低平原，为大型内陆沉降盆地的一部分，沉积了很厚的河湖相松散堆积物，为地下水的形成、富集提供了良好的条件。富锦市可利用地下水约为 4.12 亿立方米。根据地质构造和地貌单元，基本上可分为低山丘陵区和平原区两个水文地质区。低山丘陵区覆土薄，基岩裸露，岩石风化裂隙较发育，多形成松散岩类孔隙微承压水，埋深 6～10 m，局部达 20 m，单井涌水量一般小于 21 m³/s。平原区，普遍沉积沙和沙砾层，多为松散岩类孔隙潜水，埋深 3～10 m，单井涌水量在 40～125 m³/h。地下水资源量为 63 524 万立方米。

四、气候条件

富锦市地处三江平原，属温和半湿润农业气候区，有明显的大陆性季风特点，四季分明，春季风力大，蒸发大于降水，夏季高温，降水集中，秋季降温快，冬季漫长寒冷干燥，全年平均相对湿度为 68%，春季为 61%，夏季为 76%（表 1-2）。

表 1-2　1986—2005 年富锦市 ≥10℃活动积温　　　　　　　　　单位：℃

年份	4 月	5 月	6 月	7 月	8 月	9 月	10 月	全年总和
1986	24.2	408.8	604.2	691.5	631.5	417.3		2 777.5
1987	28.7	364.2	631.7	645.5	618.4	372.5		2 661.0
1988		344.0	629.2	697.1	680.9	474.0		2 825.2
1989		359.3	571.0	692.0	688.7	397.9		2 708.9
1990		401.6	563.4	701.3	651.7	419.4	64.2	2 801.6
1991		439.5	567.2	636.6	689.6	398.9		2 731.8
1992		373.1	575.9	676.4	638.3	353.7		2 617.4
1993		428.1	537.4	695.1	602.8	457.8		2 721.2
1994		203.0	591.4	710.3	680.9	461.8	47.4	2 694.1
1995		339.9	616.4	696.8	649.1	417.2	11.8	2 731.2
1996	120.2	455.7	554.7	702.7	620.9	423.2		2 877.4
1997		316.4	579.8	724.4	535.5	400.3	17.5	2 673.9
1998		490.1	593.5	724.0	596.7	472.8	17.9	2 895
1999		283.0	536.3	750.4	623.8	270.8		2 464.3
2000	43.9	426.4	615.1	710.9	694	480.1	24.2	2 994.5
2001	70.1	464.2	588.6	673.8	647.6	286.9		2 731.2
2002		488.8	545.3	668.7	582.3	432.3	31.6	2 749
2003		357.8	615.5	658.0	590.0	449.9	11.5	2 682.7
2004		346.2	611.3	666.0	613.4	462.2		2 699.1
2005		234.1	655.1	659.0	650.3	469.3		2 700.3

（一）热量资源

气温：富锦市气温总趋势呈上升趋势。从 1953 年开始记录，1953—1980 年年平均气温

2.5℃，1953—1990 年平均气温 2.7℃，1953—2000 年年平均气温 2.9℃，1991—2000 年 10 年间年平均气温达到 3.6℃，历史上最高年平均气温 4.0℃，最低年平均气温 0.6℃。1986—2003 年年平均气温 4.5℃出现在 1990 年，最低年平均气温 2.4℃出现在 1987 年。40 年平均气温 2.7℃，全年平均气温在 0℃以上有 7 个月，0℃以下有 5 个月，最冷在 1 月，月平均气温 19.8℃，极端低温 - 37.8℃出现在 1980 年 1 月 15 日，最热月是 7 月，月平均气温 22.1℃，年积温差大，极端高温 38.9℃，高低差为 76.7℃（表 1 - 3）。

历年平均稳定通过≥10℃积温为 2 587.8℃，最多年为 2 994.5℃，出现在 2000 年，最少 2 120.4℃，出现在 1969 年，年积差 874.1℃，稳定通过 0℃，平均日期为 4 月 1 日，稳定通过 10℃平均日期为 5 月 4 日（表 1 - 3）。

表 1 - 3　1986—2005 年富锦市逐月平均气温　　　　　　单位：℃

年份	1 月	2 月	3 月	4 月	5 月	6 月	7 月	8 月	9 月	10 月	11 月	12 月	年平均
1986	- 20.8	- 14.2	- 4.3	5.2	13.2	20.1	22.3	20.4	15	3.9	- 7.1	- 14.7	3.3
1987	- 20.7	- 14.6	- 7.3	4.6	11.7	21.1	20.8	19.9	14	6.1	- 9.6	- 17.2	2.4
1988	- 16.8	- 17.9	- 5.7	6.1	12.7	21	22.5	22	15.8	5.8	- 5.6	- 15	3.7
1989	- 16.6	- 10.8	- 2.3	6.9	12.3	19	22.3	22.2	13.8	5	- 4.6	- 15.8	4.3
1990	- 22.1	- 13.2	- 0.7	6.3	14.6	18.8	22.6	21	14	8.6	- 3.4	- 12	4.5
1991	- 17	- 13.2	- 5.6	6	14.8	18.9	20.5	22.2	14.2	6	- 5.9	- 15.9	3.8
1992	- 16.1	- 12.9	- 3	5.6	13.3	19.2	21.8	20.6	13.7	7.3	- 8.1	- 16.4	3.8
1993	- 18.2	- 11.4	- 3.3	4.6	14.1	17.9	22.4	19.5	15.5	5.4	- 6.1	- 16.4	3.7
1994	- 22.1	- 12.1	- 5.1	5.3	12.7	19.7	22.9	21.9	15.4	7.2	- 5	- 16.4	3.7
1995	- 17	- 14.3	- 5.1	4.9	12.7	20.5	22.5	20.9	13.9	7.8	- 4.7	- 13.2	4.1
1996	- 18.2	- 12.4	- 4	6.3	14.7	18.5	22.7	20	14.4	4.5	- 7.3	- 19.6	3.3
1997	- 18.9	- 12.8	- 6.7	7.5	13.4	19.3	23.4	20.5	13.3	3.4	- 3.8	- 14.2	3.7
1998	- 21.3	- 10.4	- 1.9	8.8	16.1	19.8	23.4	19.2	15.8	8.3	- 9.6	- 15.8	4.4
1999	- 17.2	- 15.1	- 8.9	5.3	11.7	17.9	24.2	20.1	14.6	4.3	- 6.2	- 15.3	3
2000	- 21.1	- 15.8	- 6.1	5.2	14.3	20.5	22.9	22.4	16	4.4	- 9	- 19.9	2.8
2001	- 21.9	- 17.4	- 7.7	5.9	15	19.6	21.7	20.9	13.3	6.2	- 4.7	- 15.4	3
2002	- 15.6	- 10.5	- 2.2	6.2	16	18.2	21.6	18.8	14.4	3.1	- 13	- 19.5	3.1
2003	- 19.3	- 15.9	- 2.6	7.9	14.5	20.5	21.2	19	15	5.8	- 7.2	- 15.4	3.6
2004	- 19.5	- 14.6	- 5.6	5.4	13.2	20.4	21.5	19.8	15.7	5.9	- 3.3	- 17.9	3.4
2005	- 18	- 16.5	- 6.2	4.5	11.4	21.8	21.3	21	15.6	5.6	- 4.9	- 18.3	3.1

日照：富锦市全年平均日照 2 427.3 h，最多日照 2 787.1 h，最少日照 1 953.7 h，1986—2003 年富锦市全年平均日照时数为 2 328.0 h，最多年日照 2 695.6 h 出现在 1986 年，最少年日照为 1 953.7 h 出现在 1993 年，同历年比，年平均日照减少 146.6 h。同历年最多

日照时数比减少 91.5 h，同历年最少日照时数比减少 142.0 h（表 1-4）。

表 1-4 1986—2005 年富锦市逐月日照时数　　　　　　　　单位：h

年份	1月	2月	3月	4月	5月	6月	7月	8月	9月	10月	11月	12月	全年总和
1986	194.4	220.4	224.7	230.1	291.5	257.2	267.2	187.2	214.2	250.9	184.2	173.6	2 695.6
1987	154.9	186.6	230.2	200.5	179.8	263.2	240.1	132.7	150.4	194.7	156.7	128.2	2 218
1988	162.3	229.5	269.7	204.9	236.8	304.4	251.9	150.8	223.7	205.7	172.9	146.5	2 559.1
1989	136.2	219.2	225.3	216.8	249.8	144.2	188.5	282.6	171.3	196.1	159.8	163.9	2 353.7
1990	207.5	184.7	274.4	194.2	223.8	192.3	245.5	188.6	173.5	228.8	184.3	135.6	2 426.2
1991	167.7	209.7	255.7	196.1	240	162.8	109.4	160.7	200	148.9	156.4	151.8	2 159.2
1992	168.6	204.9	235.7	179.3	255.7	174.9	199.7	189.3	159.1	233	161	118	2 279.2
1993	144	189.7	245	143.3	209.5	110.7	159.9	143.6	167.1	158.9	143.6	138.4	1 953.7
1994	157.2	190.8	203.5	177.7	201.8	160.2	181.5	211.1	141.9	185.5	147.2	132.9	2 091.3
1995	173	185.9	203.9	140.2	141.6	224.6	151.1	166	161.2	140	156.9	144.2	1 988.6
1996	167	238.9	214.2	185.8	165.6	132.5	138.4	198.7	239.8	207	140	146.4	2 174
1997	146.7	202.3	286.3	278.8	234.7	248.3	187.6	172.2	274.2	126.7	183.6	156.4	2 497.8
1998	194.3	223.9	264.5	250.8	281.1	229.9	211.9	91.8	207.2	179.6	193.2	170.8	2 498.6
1999	194.1	190.6	239	258	246.5	207.5	271.4	228.9	224.1	192.3	172	140.7	2 565.1
2000	171.1	248	249.8	171	187.8	231.1	254.1	151.1	223.9	181.6	157.5	256.6	2 483.6
2001	166.8	208.4	200.5	233	225.9	286.3	197.8	224	258.5	189.3	177.9	159.4	2 527.8
2002	144.8	186.5	255.7	156.4	261.6	183	199.7	190.6	234.2	156	148.4	164.7	2 281.8
2003	167.6	208.8	272.4	196.1	139.4	133.4	173.7	169.7	217.5	167	145.8	159.9	2 151.3
2004	187.7	179.6	264.9	285.9	161.6	312.5	227.6	300.1	211.8	193	164.8	157.4	2 647
2005	197.9	197.9	277.3	162.7	249.6	327.2	196.7	250.8	246.2	227.9	165.2	152.5	2 651.8

地温：富锦市历年全年平均地面温度为 4.4℃，超过气温 1.9℃。全年有 5 个月地温低于 0℃。1981—2000 年 20 年间，全年平均地温 5.4℃，比历年高 1.0℃，高于同期空气温度 1.8℃，年极端最高地面温度 65.0℃，出现在 1999 年。年极端最低地面温度 -40.5℃，出现在 1984 年。

降霜：我区自 1953 年气象记录以来，年平均初霜日为 9 月 28 日，年平均终霜日为 5 月 8 日，无霜期为 144 d。最长无霜期为 188 d，最短为 117 d，近 10 年初霜期明显延后，出现在 9 月末和 10 月上旬，较历史资料拖后 10 d 左右，终霜日也较历年提前 10 d 左右，无霜期明显延长，霜冻特点一般山区重于平原，洼地重于岗地，终霜危害很少，初霜危害较大，由于近 10 年初霜日明显后延，形成了有冻无害的局面，随着初霜日的开始，地面出现结冻。1986—2003 年无霜期平均 153 d。

结冻：根据我区气象资料统计，地面结冻初日平均为 10 月 28 日。1981—1990 年为 11 月 1 日。1991—2003 年为 11 月 7 日，历年来解冻初日平均为 4 月 3 日，1981—1990 年为 4 月 2 日，1991—2003 年为 4 月 5 日。历年最大冻土深度值为 180.9 cm（1954—1980 年），1981—1990 年为 169.2 cm。1991—2003 年为 151.5 cm。随着气温的变化近年来冻土深度比历年减少近 30 cm。近年来随着气温的升高、地面冻结时间随着延后。历时 7 个月，冻土层在 150～180 cm，最深在 4 月下旬。全年平均积雪 122 d。

（二）降水量与蒸发量

降水量：富锦市年降水在 500～600 mm，而且年降水大同小异，主要降水量分布集中在夏季，以 8 月为最多，达 116.4 mm，冬季降水最少，1 月仅为 4.9 mm，春秋两季降水介于冬夏之间，全年降水量近 82% 落在作物生长季，刚好是热量最丰富的季节，所谓雨热同季，满足了作物生长的需要。据气象局 52 年观测表明，年平均降水为 532.3 mm，其中作物生长期（5—9 月）降水 482.1 mm，占全年降水量的 80%，最多年降水量 824.4 mm，最少年降水量为 338.6 mm，一次性最大降水量 160 mm，一日最大降水 100 mm，按年代情况：20 世纪 50 年代为 609.5 mm，60 年代为 518.7 mm，70 年代为 467.8 mm，80 年代为 553.5 mm，90 年代为 510.7 mm（表 1-5 至表 1-7）。

表 1-5　富锦市年内各月平均降水量分布

月份	1	2	3	4	5	6	7	8	9	10	11	12	年累计
降水量（mm）	4.9	5.8	10.5	28.2	46.9	82.9	109.7	116.4	73.7	33.8	11.9	7.6	532.3

表 1-6　富锦市各季降水量占全年降水量的百分比

时段	春季 3—5 月	夏季 6—8 月	秋季 9—10 月	冬季 11 月至翌年 2 月	生长期 5—9 月
降水量（mm）	85.6	311.8	110	30.6	434.1
占全年百分比（%）	16.1	58.6	20.7	5.7	81.6

表 1-7　1986—2005 年富锦市逐月平均降水量　　　　单位：mm

年份	1 月	2 月	3 月	4 月	5 月	6 月	7 月	8 月	9 月	10 月	11 月	12 月	全年总和
1986	4.1	2.5	10.8	18.1	53.1	72.7	30.4	141.9	39.9	2.2	8.8	2.4	386.9
1987	7.1	7.5	7.5	22.5	61.5	87.4	109.4	231.3	90.9	56.7	17.3	7.9	707
1988	12	3.9	2.7	28	49.5	57.7	51.8	161.8	43.1	35.8	24.5	4.2	475
1989	6.2	0.4	8.1	1.7	17.2	96.6	132.5	19	72.9	26.5	2.6	15.9	399.6
1990	1.5	19.5	7.2	10.7	46.2	131.5	131.9	131.3	71.1	5.4	9.8	14.5	580.6
1991	3.3	4	3.1	26.4	44.6	136	165.2	60.2	82.2	53.8	5.4	4.6	588.9
1992	0.5	2	5.4	13.8	14.5	131.4	162.6	24.5	64.4	3.4	15.2	11.9	449.6

（续表）

年份	1月	2月	3月	4月	5月	6月	7月	8月	9月	10月	11月	12月	全年总和
1993	4.8	3.7	13	39.7	28.2	40.5	87.1	156.8	106.4	52	18.6	8.5	559.3
1994	3.9	1.7	15.6	14.5	59.4	124.5	156.4	149.3	177.1	27	12.6	10.3	752.3
1995	7.2	7.1	8.6	16.9	45.2	19.3	157.1	43.2	61.9	30.7	2.6	10.8	420.6
1996	0.5	0.3	25.5	3.8	21.6	147.4	74.1	101.3	63.3	31.1	36.8	18.1	523.8
1997	19.9	3.8	15.6	9.5	56.5	36	109.9	164.6	27.9	58	5.2	11.7	518.6
1998	2.2	6.6	38.4	17.3	23.8	50.3	54.1	194.9	100.6	38.3	14.2	5.4	546.1
1999	7.8	4	7.6	15.3	21.7	76.5	64.9	61.6	12.7	20.8	6.1	9.5	308.5
2000	14.1	0.4	9.7	35.9	77.4	11.9	84.1	105.4	31.5	59.1	5	4.5	439
2001	4.8	3.7	45	10.1	82.5	32.4	90.1	39	23.3	21.2	6.5	2.9	361.5
2002	16	4.2	8.6	82.7	22.9	80.3	75.2	131.2	11.8	99.4	7.1	1.8	541.2
2003	10.7	3.5	6.4	7.7	10.7	37.3	25.2	163	30	24.6	19.8	6.6	345.5
2004	8.9	33.6	12.5	6.8	121.2	12.7	144.7	393	15.9	15.2	23	12.1	445.4
2005	4.3	7.3	8.6	47.3	45.1	37.6	118.4	46.5	60.9	7.8	2.4	7.3	393.5

蒸发量：富锦市历年平均蒸发量为 1 211 mm，蒸发量大于降水量，特别是 5—6 月蒸发显著，约占全年蒸发量 1/3。由于春季降水量少，蒸发量大，往往出现春旱；秋季降水量大，蒸发量少，易产生秋涝。

（三）风力和风向

风力：富锦市处于西风带，全年盛行西风，历年平均风速为 3.8 m/s。全年大风（≥17 m/s）平均出现 29 d，最多年 57 d，最少年 8 d。每年的 11 月至翌年 5 月为大风的多发期，其中春季 3—5 月大风占全年的 50.6%。春季大风有时连续 2～3 d，老百姓俗称"风三风三，一刮三天"，危害较大，往往出现"风扒地"现象，造成表土流失春旱加剧的后果。夏秋季节的强阵性大风对农作物的危害也较大，有时可使农作物大片倒伏。

风向：富锦市风向主要以西风为主。1953—1980 年，全年各月风向西风占 8 个月，即每年的 9 月至翌年 4 月，8 个月中 1—2 月西风频率最多达 50%。每年的 5—8 月东南风向和南南东风向频率较高。1981—2005 年，风向稍有变化，每年的 1—2 月以西风为主，频率达到 40%。5—9 月东南风向和南南东风向频率较高，约为 25%。9 月以后以西北风向和西北西风向为最多，频率约占 30%（表 1-8 和表 1-9）。

表 1-8　1986—2005 年富锦市逐月平均风速　　　　　　单位：m/s

年份	1月	2月	3月	4月	5月	6月	7月	8月	9月	10月	11月	12月	年平均
1986	4.1	3.6	3.6	4.1	3.8	3.3	2.7	3.1	3	3.3	3.6	3.2	3.5
1987	3	3.6	3.7	3.8	4	3.5	2.9	2.9	3.4	3.8	4.4	3.6	3.6

（续表）

年份	1月	2月	3月	4月	5月	6月	7月	8月	9月	10月	11月	12月	年平均
1988	4.6	3.8	3.2	3.7	3.8	3.1	3.2	3.1	3	3.8	4.8	4.4	3.7
1989	3.3	3.4	3.1	3.9	3.9	3.6	2.8	2.5	3.1	3.3	3.2	3.5	3.3
1990	3.5	2.8	2.8	3.7	3.6	3.4	3.4	3.1	3.1	4.1	3.8		3.4
1991	3.1	3	3.9	4.3	3.6	3	3.1	2.8	3.3	3.5	3.5	3.4	3.4
1992	3.4	3.7	3.6	3.5	3.6	2.9	3.1	2.5	2.6	2.9	3.3	3	3.2
1993	2.6	3.4	3.2	3.4	3.4	3.1	2.6	2.4	2.5	3.6	3.3	3.2	3.1
1994	2.6	3.5	3.3	3.3	3.5	2.5	2.6	2.2	2.9	2.9	4	3.7	3.1
1995	3.1	2.2	3.2	3.5	4.2	3.2	3.1	2.8	2.9	2.7	4	3.1	3.2
1996	3.5	3.1	3.4	4		3.2	3.4	2.6	2.9	3.5	4	2.7	3.2
1997	3.6	3.7	3.9	3.5	3.4	2.8	2.6	2.9	3.1	3.5	3.7		3.4
1998	3.3	3.8	4.6	4.5	4.3	3.2	2.7	2.8	3	3.7	3.7	3.4	3.6
1999	4.4	4.2	3.6	4.2	3.9	3.1	2.5	2.8	3.1	3.6	3.6	3.6	3.6
2000	4	3.7	3.7	3.6	3.4	3.4	2.8	2.2	2.7	4	3.3	3.3	3.4
2001	3.9	4.3	3.4	3.8	4.3	3.6	3.6	3	3.7	3.5	4.4	4.9	3.9
2002	4.2	3.6	4.1	4.7	4.4	3.8	3.2	2.9	4	4.1	3.6	3.5	3.8
2003	3.8	2.3	3.7	4.5	4.5	3.7	4.3	3.5	3.4	3.4	3.9	4.1	3.8
2004	3.2	4	4	4.3	5.1	3.9	2.9	3.3	3.8	4.3	4.7	4.4	4
2005	3.8	4.3	4.5	4.6	4	3.5	3.1	2.5	3.1	4.1	3.8	4.3	3.8

表 1 - 9　富锦市 2001—2007 年气象情况统计表

项目	2001 年	2002 年	2003 年	2004 年	2005 年	2006 年	2007 年	7 年平均
年平均气温（℃）	3.0	3.1	3.6	3.4	3.1	2.8	4.3	3.3
年平均风速（m/s）	3.9	3.9	3.9	4.0	3.8	3.7	3.7	3.8
年降水量（mm）	361.5	541.2	345.5	445.9	393.5	608.6	468.6	452.1
年无霜期（d）	147	136	147	149	144	164	166	150
年日照时数（h）	2 527.8	2 281.8	2 151.3	2 647.5	2 651.8	2 408.4	2 731.4	2 485.7

第二节　农业生产及农村经济概况

一、农业生产概况

（一）农业发展简史

据史志记载，富锦在 1873 年尚是一片荒野，居住在沿江的赫哲人，出入于水涯林间，捕猎渔兽，不事耕种。清光绪八年（1882 年）设富克锦协领，拨给赫哲甲兵恩赏地 8 000 余垧（1垧≈1hm²。全书同），由此破荒垦殖。1890年三姓（今依兰）付都统发放官荒，汉族垦民渐聚，到1908年建县时，大片荒地被开垦，1922年（民国11年）根据吉林省田赋额征地统计，已垦熟地4万余垧，1929年已垦耕地75.43垧，到20世纪30年代耕地面积已达到相当规模。民国后期统治机构为了增加地方财政收入，允许农民广种大烟，地主则乘机招民引佃，内地移民俱增，耕地迅速扩大，到1932年全县耕地达到9万余垧，农业出现了暂时的兴旺。日寇占领富锦后，组织日本开拓团和强迫锦州一带农民前来垦荒。但由于日寇侵华战争和强征"出荷粮""出劳工"，不得人心，激起农民反日义愤，大片良田撂荒，耕地逐年减少，农村一片凄凉，到1945年日寇投降时，耕地下降到44 000垧。土改后，翻身农民要求尽快发展生产，改善生活，在党的领导下，农村开展了劳动致富的大生产运动，到新中国成立时耕地已达到12万垧（包括绥滨、同江）。20世纪50年代国家重点开发北大荒，在富锦县境内增建4个军垦农场；60年代由于农业机械化的发展，在南部荒原集中地方，新建了2个公社；70年代随着三江平原商品粮基地的建设，加速了土地资源的开发利用。据调查，从60年代后期到70年代末的十几年全县新增耕地约100万亩（1亩≈667 m²。全书同），到1980年垦殖率达55%。岗地、高平地土壤绝大部分已开垦，低平地土吉垦殖率也超过40%，低洼地也有局部开垦。到1983年，全县耕地面积比新中国成立初期增加170.2%。以后耕地面积逐渐加大，也出现只用地不养地的问题。在种植业发展的过程中，畜牧业、林业、渔业、农业机械化也逐步发展变化。

（二）农业发展现状

1.农业生产水平

富锦市是传统农业大市，是重要的国家商品粮基地，近年来先后被国家批准为全国农业标准化示范县、全国生态农业示范县、国家绿色农业示范区、中国大豆之乡、中国东北大米之乡，1998年以来5次被评为全国粮食生产先进市，被誉为"北国粮都"。近年来，国家出台了多项惠农政策扶持农业生产，富锦市农业生产出现蓬勃生机。

（1）在农业生产方面。近三年农业生产上，2007年实现农业总产值383 581万元，同比增长9.5%，总播种面积480万亩，其中，粮食作物417万亩，平均单产282.6 kg，粮食总产1 178 534 t，其中：水稻75.5万亩，平均单产511 kg，总产385 836 t；小麦7.5万亩，平均单产222.9kg，总产16 727 t；玉米82.6万亩，平均单产488.7 kg，总产403 668 t；大豆229.9万亩，平均单产136.2 kg，总产313 378 t；薯类15.3万亩，平均单产321 kg（折纯粮），总产49 254 t（折纯粮）；杂粮0.1万亩，平均单产318.5 kg，总产344 t，杂豆4.73万亩，平均单产124 kg，总产5 862 t；白瓜籽20.6万亩，平均单产52.5 kg，总产10 849 t；甜菜7.05万亩，平均单产2 465.5 kg，总产174 035 t；烤烟1.58万亩，平均单产158.1 kg，总产2 500 t；蔬菜12万亩，平均单产3 061.1 kg，总产367 865 t；瓜果类10.89万亩，平均单产895.3 kg，总产97 462 t。2008年播种面积480万亩，其中粮食作物431.73万亩，粮豆薯总产150万吨（15亿千克）。粮豆薯各作物面积、产量分别为：大豆230.9万亩，平均单产165 kg，总产38.1万吨；玉米91.8万亩，平均单产600 kg，总产55.1万吨；水稻77.1万亩，平均单产600 kg，总产46.3万吨；小麦10.4万亩，平均单产303 kg，总产3.2万吨；薯类15.5万亩，平均单产400 kg，总产6.2万吨；杂粮杂豆6.03万亩，平均单产203 kg，总产1.2万吨。2009年农作物总播种面积545.6万亩，其中粮食作物501.4万亩，粮豆薯总产1 535 610 t（15.35亿千克）。粮豆薯各作物面积、产量分别为：大豆286.8

万亩，平均单产 139 kg，总产 398 185 t；玉米 100.7 万亩，平均单产 552 kg，总产 556 031 t；水稻 90.2 万亩，平均单产 555 kg，总产 500 752 t；小麦 6.8 万亩，平均单产 270 kg，总产 18 493 t；薯类 14.5 万亩，平均单产 405kg（折纯粮），总产 58 771 t（折纯粮）；杂粮 0.63 万亩，平均单产 156.7 kg，总产 987t，杂豆 1.77 万亩，平均单产 124 kg，总产 2 199 t；向日葵 0.75 万亩，平均单产 125.6 kg，总产 942t；白瓜籽 17 万亩，平均单产 61 kg，总产 10 392 t；甜菜 8.6 万亩，平均单产 1 750 kg，总产 150 545 t；烤烟 1.74 万亩，平均单产 155 kg，总产 2 700 t；蔬菜 8.7 万亩，平均单产 2 303.2 kg，总产 200 376 t；瓜果类 5.72 万亩，平均单产 5 968 kg，总产 141 389 t。

（2）林业方面。林业生产保持稳定。全年造林 200 hm², 育苗 208 hm²，出材量 6 770m³。畜牧业生产稳定增长，2007 年肉类总产量 4 152 t，比上年增长了 9.8%，现畜牧业产值 73 192 万元，增长 22.7%，占农业总产值的 19.1%。全年主要畜产品和牲畜存栏如下：肉类总产量 41 752 t，比上年增长 9.8%，其中，猪肉 30 738 t，牛肉 5 830 t，羊肉 1 141 t，禽肉 3 987 t，鲜蛋总产量 6 225 t，牛奶总产量 3 948 t，绵羊毛总产量 549t。渔业生产平稳发展，全年水产品产量 14 400 t，其中，养殖产量 14 100 t，养鱼水面达 3 699 hm²。2007 年富锦市被确定为国家绿色农业示范区，并先后获得了近 30 个绿色食品标志、150 多个无公害食品标志，建成了 100 万亩绿色食品大豆原料基地和 50 万亩绿色食品水稻原料基地，富锦市 480 万亩耕地、6.8 万亩养殖水面已经全部通过无公害农产品产地认定。富锦市农业科技贡献率达到 52%，优良品种普及率达 100%，农业标准化覆盖率达 72%，粮食总产及单产水平在全省均处于先进列。

（3）农机化方面。2006 年，富锦市农机总动力达到 61.4 万千瓦、单位耕地平均动力 1.9kW/hm²、大中型拖拉机保有量 3 万余台，总功率达到 47.2 万千瓦。其中，大中型拖拉机（50 马力以上）1 501 台，大中型农具 4 910 台，配套比为 1：3.27；小型拖拉机保有量为 2.9 万台，小型农具为 5.8 万台，配套比为 1：2，联合收割机 1 527 台。富锦市农机作业田间综合机械化水平达到 87%，在全省各县市处于领先水平。2007 年，富锦市拥有农业机械总动力 67 万千瓦；拖拉机 30 877 台，其中，小型拖拉机 7 514 台；联合收割机 1 591 台；排灌动力机械 1 967 台。

（4）水利化方面。近年来，富锦市采取向上争取投资与多方筹资相结合的方式，累计投入水利建设资金 3.19 亿元，完成了一大批水利工程。建设堤防 151.8 km，完成干河、支河、排干 660 km，支沟 493 km，灌溉渠系 15 条，永久性桥梁 624 座，初步形成了三大防洪工程体系、三大除涝工程体系、三大灌溉工程体系。根据 2007 年统计，富锦市排灌动力机械 1 967 台。

（5）产业化方面。富锦市在建成全省最大的高油大豆、甜菜、白瓜生产基地的基础上，先后引进天野牧业、新加坡益海、金正油脂等著名龙头企业，培育了冰灯米业、天元米业、福成面粉等地方民营企业，形成了一批具有地方特色的农副产品品牌，先后获得省级农业产业化龙头企业 3 个、佳市级 7 个，在调整农村经济结构、提升农业经济效益上收到明显效果。

（6）农业科技成果方面。富锦市农业近年来发展较快，这与国家对农业重视与投入、农业科技成果的推广与转换以及应用密不可分。

①高产优质栽培技术的推广，提高了作物的单产和品质。富锦市近些年推广的大豆垄三

栽培、大豆小垄密、大豆行间覆膜以及蒜豆套种、大豆套种毛葱、水稻大棚钵育摆栽、水稻宽窄行种植等技术大幅度地提高了富锦市农作物的单产。

②作物新品种的培育和应用，为农作物高产稳产打下了基础。玉米杂交种、水稻、大豆新品种的不断培育和应用，大大提高了作物的单产和品种。与20世纪70年代相比，应用新品种后平均提高粮食产量25%~40%。

③化学肥料的应用，大大提高了单产。目前，富锦市的二铵、尿素、硫酸钾及各种复混肥每年使用12.43万吨，平均每公顷0.54t。与20世纪70年代相比，施用化肥平均可增产粮食35%以上。

④植保措施的推广应用，保证了农作物高产、稳产。病虫预测、预报工作的实施及病、虫、草、鼠害技术的推广，保证了富锦市农作物多年来没有遭受到严重的病、虫、草、鼠危害，例如：2008年富锦市草地螟发生为103万亩次，防治面积为98.8万亩次，由于及时监测、及时防治，挽回粮食6 586.7 t。

⑤农机具的应用大大地提高了劳动效率和质量。富锦市旱田85%实现了机械化栽培，水田全部实现机整地和机械收获。如富锦市现有玉米收获机械150台，2008年富锦市玉米机收面积为30万亩，共可节支400万元。水稻机插秧效率是人工插秧的20倍，亩均降低成本30元、亩增产25 kg以上，且抗病虫害、抗倒伏性好。机械施肥、高性能植保机械喷药分别可节省40%的化肥、35%的农药。

⑥农田基础设施得到改善，抵御自然灾害的能力加强。据2007年统计，富锦市排灌动力机械1 967台，大大提高了农田的排灌能力。

2. 农业生产中存在的主要问题

富锦市目前农业生产中还存在着以下不足。

（1）农作物单产还很低，还有相当大的潜力可挖。富锦地处世界第二大黑土带，农业生产资源丰富，但还是有一部分的中低产田需要改造。

（2）农业资源承载力过重，生态环境日益恶化，土地资源退化加速。富锦市农业生产技术和管理还不够先进，粗放经营普遍存在，资源利用程度较低，浪费和破坏严重，如化肥的利用率偏低，大量残渣的存在使土壤中毒和酸化现象日趋严重，导致土壤营养流失，肥力衰退。农药、化肥的合理使用、种地和养地的平衡等是富锦市农业经济可持续发展的关键。

（3）农业生产标准化程度不够。农业标准化是发展现代农业的一项重要内容。大力推广农业科学技术标准化生产，执行国家和行业相关标准规范，大力发展无公害农产品、绿色农产品和有机产品，对提高中国农产品的标准化程度和质量安全水平，加快现代农业发展具有重要意义。

（4）农产品流通体系有待加强，变农民分散经营为农民专业合作社经营。一家一户小生产，不但在生产上很难实现规模经营效益，而且在产品销售上也会遇到诸多困难，合作社把农民联合起来，把成员生产的产品集中起来，实现批量销售，提高农业整体应对市场能力，获得群体规模效益。

（5）农业基础设施薄弱成为富锦市农业发展的瓶颈。富锦市农田基础设施还有待加强，富锦市有面积较大的低洼地及河谷洪泛区，每年都有不同程度的涝害发生，富锦市农田水利设施不能满足现在的农业生产，排水设施和蓄水设备还需要增加，还有很多设施已经严重老化，给农业生产带来极大隐患。加强农田水利建设，才能为建设粮食核心产区提供有力支撑。

（6）机械化水平低。深耕深松、化肥深施、节水灌溉、精量播种、设施农业、高效收获技术等新技术的推广应用，只有以农业机械为载体，通过机械的动力、精确度和速度才能达到。使用农机作业，可以大幅度提高农业生产效率和质量，并且节种、节水、节肥、节药、节省人工，降低生产成本，减少污染。富锦市现在农机作业田间综合机械化水平达到87%，在全省各县市处于领先水平，但是大型农机具、专业农机具还有待加强。比如大型深松机、秸秆还田机具、高性能施肥机械、植保喷药机械等。

（7）农业服务体系有待加强。现行的乡镇基层农业服务体系中，将政府应承担的行政管理服务职能与各事业单位承担的公益性服务职能和各市场主体应承担的经营性服务职能这三类职能混为一体、界限不清，农技服务能力低，农业科技力量、服务手段以及管理都满足不了生产的需要。

二、农村经济概况

2007年统计局统计结果，富锦市总人口49万，乡村总人口23.5万，其中，农业人口21万，占富锦市总人口的60.3%；农民人均收入4 678元。富锦市实现农业总产值383 581万元，同比增长9.5%，其中农业产值295 763万元，占总产值的77.1%，主产品产值278 385万元；林业生产保持稳定，全年造林200 hm²，育苗208 hm²，出材量6 770m³，林业产值732万元，占农业总产值0.2%；畜牧业生产稳步增长。肉类总产量41 752 t，比上年增长了9.8%，畜牧业产值73 192万元，增长22.7%，占农业总产值的19.1%；渔业生产平稳发展，全年水产品产量4 400 t，与同期持平，其中，养殖产量14 100 t，养渔水面达3 699 hm²，比上年增长6.7%；渔业产值13 464万元，占农业总值的3.5%；农林牧渔业增加值203 834万元，其中农业增加值165 627万元，占增加总值的81.2%；林业增加值439万元，占增加总值的0.2%；牧业增加值30 741万元，占增加总值的15.1%；渔业增加值6 597万元，占增加总值的3.2%（表1－10）。

表1－10　2007年富锦市农业产值　　　　　　　　　　单位：万元

项目	农业	林业	牧业	渔业	农林牧渔业服务业
总产值	122 028	1 809	126 434	2 355	252 626
增加值	18.1	0.3	18.7	0.4	37.4

第三节　耕地保养管理的简要回顾与利用现状

一、耕地保养管理的简要回顾

富锦市第二次土壤普查对富锦市耕地质量的评述为，富锦市耕地土壤虽然基础肥力较好，土壤冷浆，水、肥、气、热不协调，再加之缺乏养地保肥措施，在耕地利用上重用轻养，养用失调。施肥量低，一般亩施农家肥只有0.5 m³，有的地方长期不施农家肥，土壤肥力逐年下降。土壤耕层的有机质，已由30年前开垦初期的6%~8%，下降到3%~5%，每年下降幅度为 1‰。土壤有效磷普遍不足，特别是白浆土更为严重，直接影响作物生育和粮食产量的提高。

近年来，通过国家重大项目投资建设与实施，对富锦市耕地质量的影响很大，以及加强耕地保养管理的政策法规与一系列技术措施，促进了耕地质量向好的方向转化。通过重点建设旱涝保收，稳产高产基本农田。扩大沃土工程实施规模，不断提高了耕地质量，稳步提高了富锦市耕地综合生产能力，提高耕地基础地力，改善了农田基础设施，使耕地土壤中水、肥、气、热更加协调，改善了土壤板结、保肥、吸水、黏结、透气及升温等性状功能，增加土壤腐殖质及有机质含量，增加作物抗病虫能力，解决了有机质供应不足和化肥不足的矛盾，提高了优良品种和农业新技术的增产潜能，增强农作物的抗灾能力，使耕地质量向优质、高产、高效方向发展。通过项目的实施，富锦市农村生产、生活条件得到不断改善，促进了农业和农村经济全面协调、可持续发展，早日实现"十二五"规划的奋斗目标。

二、耕地改良利用与生产现状

（一）当地主要的耕地改良模式及效果

富锦市从第二次土壤普查以来，通过农业综合开发、以工代赈、生态农业建设以及大型商品粮生产基地建设等工程项目的实施，采取了各生物、农艺、化学措施对富锦市部分中低产田进行了改良。富锦市为了确保中低产田改良，实现基地高产稳产、优质高效的生产目标，富锦市多年来，一贯坚持以各项先进农业新技术和传统精华适用技术耦合、集成、组装及配套为前提，重点抓好了几项耕地改良模式的重要环节：一是在耕作方面，富锦市重点做到了采用中耕深松方法，做到整地精细，使土壤深松细碎，达到蓄水保墒、旱能灌、涝能排的合理耕作状态，通过深松打破犁底层，增厚耕作层，改善耕层结构，使土壤由硬变暄，改善土壤耕层的理化性能，促进土壤微生物活性，创造一个虚实并存的土壤结构，增强土壤蓄水保墒和防旱抗涝的能力，有利于农作物根系的生长发育，促进作物早生快发；二是在施肥方面，使用生物肥料、有机肥料、改土培肥和平衡施肥技术及秸秆还田技术，做到有机、无机相结合，种肥和深施肥相结合，大量元素和微量元素相结合，根内追肥和根外追肥相结合，保证耕地肥沃状态，通过改良避免耕地越种越瘠薄，越种越硬，增强保肥保水的能力，从而实现节本增效，增产增收及可持续发展的良性循环；三是在农作物轮作上，富锦市做到了合理轮作，因地制宜，如旱田改水田，并做到水旱轮作，可降低土壤中残留的破坏土壤结构的有害物质；大豆地块尽量做到不重茬、不迎茬，避免大豆根部残留的孢囊线虫、根蛆及根腐病的下年发生为害，提高耕地的综合抗灾能力，实现耕地高产稳产优质高效，达到保护生态，改善环境，促进持续发展的目的。富锦市耕地改良模式主要是依据生态农业建设可持续发展的要求，防止耕地土地环境逐年恶化，有机质减少，黑土层变硬，变薄及板结，坚持用养结合，不断培肥地力，增强土壤耕层团粒结构，增强土壤耕层通透能力，提高土壤耕层理化性状。促进耕层吸水吸肥的能力，培植高产稳产土壤，推进富锦市耕地逐步向优质产品生产集约化、标准化、规模化和产业化方向发展，提高粮食综合生产能力，确保富锦市农业高产稳产连年丰收。

（二）耕地利用程度与耕作制度

1. 耕地利用程度

富锦市耕地一是利用面积大，人均占有耕地多；二是各业用地结构基本合理；三是耕地总体质量较好，但有机质量呈逐年下降的趋势；四是大耕地集中连片，便于机械化生产；五是农业后备耕地资源较多，但土地开发利用难度较大。

富锦市耕地利用程度现状为，总面积 8 227.16 万公顷，其中市属面积 1 088 540 hm²。1996 年土地详查变更后的耕地面积 195 123 hm²。耕地主要分布在残山孤丘和低平原中间过渡地带的平原漫岗上。开发利用年限有 60% 的耕地在 50 年以上，平均海拔在 62~80 cm，这部分耕地土层厚、土壤肥沃、黏结性差、适耕性好，是富锦市的稳产田；有 40% 的耕地是新中国成立后开垦，新增加的耕地平均海拔 60 cm 以下，这部分耕地集中分布富锦市的南部和东部，易受洪涝灾害，粮食产量不稳，枯水年产量高，丰水年产量低。从 1988 年以来富锦市大搞农田水利工程建设，建成三大主要除涝工程，三大堤防工程，从根本上抵制了外水入侵，洪水泛滥的历史。特别是富锦支河，建成后，富锦西部和东部一带的低洼易涝地受到保护。但是配套工程刚刚起步，低湿耕地面积还很不稳定，遇丰水年有 30% 的面积颗粒不收，多数耕地减产。通过旱田改水田，实现以稻治涝的目标，在耕地中灌溉水田有逐渐上升的趋势。

2. 耕作制度

多年来，富锦市坚持狠抓耕作制度改革，逐步建立了以深松为主体的三三轮耕制。在各农作物耕地整地环节上，始终坚持 3 个原则促进科学整地。一是连片整地的原则，为保证农作物种植基地规模和提高农机作业效率，实现节本降耗，我们通过算账对比等方式，依靠政策鼓励，订单约束，行政干预等手段，逐步引导农户进行规模经营、连片整地，近几年富锦市秋整地最小连片面积达到 300 亩，比过去翻了一番。二是深松整地的原则，深松整地是抗旱防涝增收的有效措施，要求深松整地的地块，深松达到 35 cm 以下，打破犁底层，改善土壤结构，建成土壤水库。富锦市几年来都在富锦市各镇、村建立千亩农作物示范区，除进行秋深松起垄外，没采取任何抗旱措施，项目区大豆植株的株高都比非项目区高 15 cm，亩产达 180.9 kg。三是适时整地的原则，在十春九旱的气候条件下，要达到保墒保苗的目的，必须适时整地。近年富锦市积极倡导秋起垄，力求做到秋水春用。在田间博览和各阶段拉练检查中，对秋整地与非秋整地地块进行对比，通过不同效果的现场对照，引导农民提高对秋整地的认识。对于确实不能秋整地的地块不强行整地，而是要求春季顶浆整地，达到待播状态。

第二章　耕地地力调查技术路线

开展耕地地力调查与评价，摸清耕地地力状况，是实施测土配方施肥重要内容，是构建科学施肥长效机制的重要基础。耕地地力评价是对耕地的土壤属性、耕地的养分状况等进行的调查，在查清耕地地力和质量的基础上，根据地力的好坏进行等级划分，最终对耕地质量进行综合评价，同时建立耕地质量管理地理信息系统。这项工作不仅直接为当前农业和农业生态环境建设服务，也为了更好的培肥地力，建立安全健康的农业生产立地环境和现代耕地质量管理方式奠定基础。科学合理的技术路线是耕地地力调查和评价的关键，因此，为确保此项工作的顺利进行，在工作中始终遵循统一性原则，充分利用现有的成果并结合实际，把好技术质量关。

第一节　准备工作

建立耕地资源基础信息系统需要收集和整理大量有关的图件资料，包括印刷各类地图、专用图等；相关的土地、水系、土壤、交通、环境、农业生产等方面文字材料和信息。

本次调查工作采取的是内业准备与外业调查相结合的方法。内业准备主要包括图件资料、文本资料、数据资料；外业调查包括土壤样品采集和田间基本情况调查。

一、内业准备

（一）基础资料准备

基础资料包括图件资料、数据资料和文本资料 3 种。

1. 图件资料

1984 年第二次土壤普查绘制的比例尺为 1∶50 000 土壤图、1989 年国土资源环境保护局绘制的比例尺为 1∶50 000 土地利用现状图、根据 1989 年绘制的比例尺为 1∶50 000 土地利用现状图转绘的比例尺为 1∶50 000 到村界的行政区划图、2008 年比例尺为 1∶100 000 的土地利用现状图。

2. 数据资料

数据主要采用市统计局近两年的统计数据资料（2005—2007 年富锦市社会经济统计年鉴）。

3. 文本资料

第二次土壤普查编写的《富锦土壤》《佳木斯土壤》，1990 年《中国土壤》（第二版），1986—2005 年《富锦市志》，1949—1978 年《黑龙江省三十年农业统计资料汇编》，1980 年《农业自然资源调查和农业区划报告》，1985—2007 年富锦年鉴，2008 年的中国黑龙江富锦项目建设指南、富锦地区耕地质量与水热资料有效利用技术等有关资料。

（二）补充参考资料

对记载不够详尽的上述资料、或因时间推移利用现状发生变化的资料等，进行了补充调查。包括近年来农业技术推广，如良种推广、科学施肥技术的推广、病虫鼠害防治等；农业机械的种类、数量、应用效果等；水田、旱田和蔬菜的种植面积、生产状况、产量等方面的产业结构调整等有关农业生产方面的资料。

二、外业调查

耕地地力评价的基础是外业调查。《全国耕地地力调查与评价技术规程》（以下简称《规程》）中所提出的有关外业调查的要求，基本上包括两部分：一是土壤样品采集（《规程》5.1），二是田间基本情况调查（《规程》7）。这些工作既是测土配方施肥工作的基础，也是耕地地力评价的基础。这里仅就耕地地力评价的需要，根据《规程》中所提出的要求，对外业调查加以说明。

第二节　室内预研究

耕地地力外业调查的工作比较繁琐，因此许多工作需要在室内预先研究好调查的内容及方法。主要确定项目内容，首先进行调查点数和布点、调查时间、设计外业用的调查表格、组建外业调查组。

一、确定调查点数和布点

布点是调查工作的重要一环，正确的布点能保证获取信息的准确性，能提高耕地地力调查与质量评价成果的可靠性。进行土壤采集和田间基本情况调查，首先要进行布点，《规程》中对此提出了具体的要求，见《规程》5.1。

1. 布点原则

（1）全面性。这次开展测土配方施肥工作，富锦市辖区内的所有耕地，均在这次要求评价的范围之内，因此样点覆盖市域内的所有耕地，而且兼顾市耕地中的各种土壤类型。

（2）代表性。样点要具有代表性。要考虑到土壤类型、地貌类型、地块所处地形部位、种植作物种类、富锦市生产水平等各种因素对地力的影响，选择具有代表性的地块作为调查采样点。

（3）均匀性。调查采样点在空间上的分布，要大体上均匀。

（4）连续性。主要是指与第二次土壤普查时所确定的样点衔接，尽可能多地在第二次土壤普查的取样点上布置调查采样点。富锦市有 30 个样点布置在第二次土壤普查时的采样点上。

2. 布点方法

首先了解耕地地力评价单元的概念，耕地地力评价单元是具有相似特征的耕地单元，在评价系统中是用于制图的区域，在农业生产上用于实际的农事管理，是耕地地力评价的基础。在富锦市范围内布点。布点分为室内和实地两个步骤，首先在市土地利用现状图上布点，布点时要把土地利用现状图与土壤图套合，根据套合单元，在采样总数 2 000 个的控制下，分配具体采样数量，并确定采样点位置，样点布设要力求均匀。然后根据图上的点位在野外确定实际的调查点位置，当室内点位变更时要对原点位进行修正。布点和采样时要注明，以便于化验室挑选土样方便和耕地地力评价土样资料齐全。耕地地力评价土样和试验示范点的基础土样要长期保存。

二、确定调查时间

依据能更好反映采样地块的真实地力为最佳时间，将 2008 年的秋季作物收获后确定为调查时间。富锦市大田作物的种植是一年一熟制，作物的生育期较长，收获期最晚的在 10 月 5 日左右，到 10 月 17 日前后才能基本结束，而土壤的封冻期为 11 月 7 日前后。第一次外业于 9 月中旬进行，主要任务：对被确定调查的地块（采样点）进行实地确认，同时对地块所属农户的基本情况等进行调查。第二次外业计划于秋收后（10 月 7 日）开始，月底结束。主要任务是采集土样，填写土样登记表，并用 GPS 卫星定位系统进行准确定位，同时补充第一次外业时遗漏的项目。

三、设计外业用的调查表

按照《规程》中所规定的调查项目，设计制定了《采样点基本情况》《肥料使用情况》《农药、种子使用情况》《机械投入及产出情况》等 4 个野外调查用的基础表格，统一标准进行调查记载。

四、组建外业调查组

本次耕地地力调查工作得到了富锦市农业部门的高度重视及各乡（镇）等有关部门的大力支持，为保证外业质量，由农业技术推广中心主任挂帅，由 3 名副主任作片长带领全体推广中心技术人员 20 名，组成 4 个工作小组，其中，3 个小组每组负责 3～4 个乡（镇），由各镇配合共同完成调查任务；另外的 1 个小组，由土肥管理站长带队采集与各周边县及农场交界处的土样。

人员确定后，对工作人员进行系统培训，要求工作人员熟练掌握调查方法，明确调查内容、程序及标准。

第三节　野外调查方法与内容

一、调查内容

根据《规程》的要求，田间基本情况调查包括采样地块基本情况调查和农户施肥情况调查两部分。其中采样地块基本情况调查，是耕地地力评价的基础资料之一，因此，要认真做好，并按照要求填好《规程》中的附件 3——《测土配方施肥采样地块基本情况调查表》。

采样地块基本情况调查的内容主要包括农户的姓名、立地条件、耕层理化性状、障碍因素、剖面性状、耕层土壤养分、土壤管理等。具体有立地条件中的经度、纬度、海拔、地貌类型、地形部位、坡度坡向、成土母质、田面坡度；耕层理化性状中的质地、pH；障碍因素中的障碍层类型、障碍层出现位置、障碍层厚度；土壤管理中的排涝能力、轮作制度；剖面性状中的剖面构型、耕层厚度等。

二、调查方法

根据室内预研究的方案，调查分 3 步进行。

（一）敲定采样点

9 月 15 日到月末工作组到所负责的镇，以各镇土壤图为工作底图，对被调查的地块进行实地考察，要求田块面积在 2 hm² 以上，根据点位图，到点位所在的村庄，首先向农民了解本村的农业生产情况，选择具有代表性的田块，依据田块的准确方位修正点位图上的点位位置，最后确定要调查的具体地块。对确定地块所属农户的基本情况进行了解，地块的名称、近三年的作物产量水平，下茬作物、是否灌溉、种子化肥农药的使用情况，完成了《采样点基本情况》《肥料使用情况》《农药、种子使用情况》等 3 个基础表格的填写。

（二）野外调查的要求

10 月 9 日正式开始野外采样及调查，在已确定的田块中心，用 GPS 仪定位，因测土配方施肥项目所配置的 GPS 数量少不够用，有些小组使用其他类型的 GPS，有的机器当时的定位方式不符合要求，坐标不是经纬度的，要转换成所要求的标准，一定是经度、纬度、海拔的定位。采样点要记录农户姓名、地块位置，该点所处的地貌类型、地形部位，该点地面坡度、田面坡度、耕层的厚度；采样时要核对土壤图上的土壤类型、亚类、土属、土种，并用眼看手摸判断土壤的质地。

（三）采样

采样标准，采样深度按 0～20 cm 土层采样；向四周辐射采集多个分样点，每个混合土样取 15 个点以上，每个分样点的采土部位、深度、数量要求一致。采样工具用不锈钢土铲，采样时要避开沟渠、林带、田埂、路旁、微地形高低不平地段；要根据采样地块的形状和大小，确定适当的采样方法，长方形地块采用"S"法，近似正方形田块则采用棋盘形采样法；采集的各样点土壤要用手掰碎，挑出根系、秸秆、石块、虫体等杂物，充分混匀后，四分法留取 1.0 kg 装入样品袋。用铅笔填写两张标签，土袋内外各具。标签主要内容有野外编号（要与图上及调查表编号相一致）、采样地点、采样深度、采样时间、采样人等（图 2 - 1 至图 2 - 3）。

第四节 样品分析及质量控制

此次地力调查所分析的土壤理化性状项目有 pH、有机质、全磷、全钾、碱解氮、有效磷、速效钾、有效锰、有效铁、有效锌。分析方法如表 2 - 1 所示。

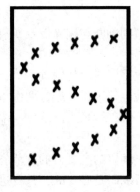

图 2-1 "S" 形采样法

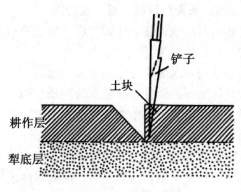

图 2-2 土壤采样图

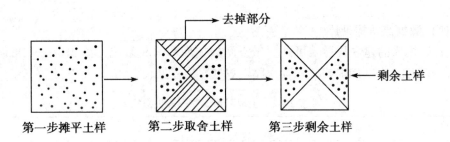

图 2-3 "四分法" 取舍土样

表 2-1 土壤样本化验项目及方法

分析项目	分析方法
pH	电位法
有机质	重铬酸钾—硫酸氧化容量分析法
碱解氮	碱解扩散法
有效磷	碳酸氢钠—钼锑抗比色法
全钾	氢氧化钠—火焰光度法
速效钾	乙酸铵—火焰光度法
有效锌、铁、锰	DTPA 提取原子吸收光谱法
全磷	氢氧化钠—钼锑抗比色法

第五节 数据库的建立

一、属性数据库的建立

(一) 数据内容

历史属性数据主要包括市乡村行政编码及农业基本情况统计表、土地利用现状分类统计表等基本情况统计表等。

（二）数据的审核、录入及处理

包括基本统计量、计算方法、频数分布类型检验、异常值的判断与剔除以及所有调查数据的计算机处理等。

在数据录入前经过仔细审核，数据审核中包括对数值型数据资料单位的统一等；基本统计量的计算；最后进行异常值的判断与剔除、频数分布类型检验等工作。经过两次审核后进行录入。在录入过程中两人一组，采用边录入边对照的方法分组进行录入。

（三）属性数据分类与编码

数据的分类编码是对数据资料进行有效管理的重要依据。编码的主要目的是节省计算机内部空间、便于用户理解使用。地理属性进入数据库之前进行编码是必要的，只有进行了正确的编码空间数据库与属性数据库才能实现正确的连接。

编码格式有英文字母和字母数字组合。该系统主要采用字母数据表示的层次型分类编码体系。

（四）数据库结构设计

属性数据库的建立与录入可独立于空间数据库和 GIS 系统，在 Access、Dbase 下建立，最终统一以 Dbase 的 DBF 格式保存入库。数据库描述见表 2 - 2 至表 2 - 5。

表 2 - 2　土地利用现状图属性数据库

字段代码	字段名称	英文名称	数据类型	数据长度	小数位	单位
LE310101	地类号	Land type code	数值	3	0	无
LE310102	地类名称	Land type name	文本	10	0	无

表 2 - 3　采样点属性数据库

字段代码	字段名称	英文名称	数据类型	数据长度	小数位	单位	化验方法
AP310112	采样序号	Serial number of sampling	数值	2	0	无	
SH110203	乡（镇）名	Town name	文本	30	0	无	
SH110204	村组名称	Village name	文本	30	0	无	
GE120101	东经	East longitude	数值	9	5	度	
GE120102	北纬	North latitude	数值	8	5	度	
SO120203	有机质	Organic matter	数值	5	1	g/kg	重铬酸钾—硫酸氧化容量分析法
SO120224	碱解氮	Alkali - hydrolysable nitrogen	数值	5	2	mg/kg	碱解扩散法
SO120206	有效磷	Available phosphorus	数值	5	1	mg/kg	碳酸氢钠提取—钼锑抗比色法

（续表）

字段代码	字段名称	英文名称	数据类型	数据长度	小数位	单位	化验方法
SO120208	速效钾	Available potassium	数值	3	0	mg/kg	乙酸铵提取—原子吸收分光光度计法
SO120209	有效锌	Available zinc	数值	5	2	mg/kg	DTPA 提取原子吸收光谱法
SO120214	有效锰	Available manganese	数值	5	1	mg/kg	DTPA 提取原子吸收光谱法
SO120215	有效铁	Available iron	数值	5	1	mg/kg	DTPA 提取原子吸收光谱法
SO120205	全磷	Totalphosphorus	数值	5	1	g/kg	钼锑抗比色法
SO120201	pH	Soilacidity	数值	4	1	无	电位法
AP120104	作物类型名称	Crop type name	文本	16	0	无	
GE120103	海拔	Altitude	数值	6	1	m	

表 2 - 4　土壤图属性数据库

字段代码	字段名称	英文名称	数据类型	数据长度	小数位	单位
SO110107	土壤类型代码	Soil type code	数值型	8	0	无
SO110112	土种名称	Soil species name	文本型	20	0	无
SO120101	质地	Texture	文本型	6	0	无
SO110206	障碍层类型	Obstacle layer type	文本型	10	0	无
SO110204	耕层厚度	Plow layer depty	数值型	2	0	cm
LE110105	抗旱能力	Capability against drought	数值型	3	0	天
LE110106	排涝能力	Drainage capability	数值型	50	0	年

表 2 - 5　行政区划图属性数据库

字段代码	字段名称	英文名称	数据类型	数据长度	小数位	单位
SH110102	县内行政码	Administrative district code	数值型	6	0	无
SH110203	乡（镇）名	Town name	文本型	30	0	无
SH110205	行政单位名	Administrative unit name	文本型	60	0	无

二、空间数据库的建立

（一）数据预处理

图形预处理是为简化数字化工作而按设计要求进行的图层要素整理与删选过程。预处理按照一定的数字化方法来确定，也是数字化工作的前期准备。对收集的图件进行筛选、整理、命名、编号。

（二）图件数字化

地图数字化工作包括几何图形数字化与属性数字化。属性数字化采用键盘录入方法。图形数字化的方法很多，本次采用的是常用的方法即扫描后屏幕数字化。具体过程如下：先将经过预处理的原始地图进行大幅面的扫描仪扫描成 300dpi 的栅格地图，彩色图用 24 位真彩，单色图用黑白格式。地图在 Photoshop 软件中进行适当处理，矢量化采用 ArcMap 或 Supermap DesKpro 软件，坐标系为 1954 北京大地坐标系。

富锦市耕地地力评价数字化图件包括土地利用现状图、土壤图、行政区划图等。空间数据见表 2 - 6。

表 2 - 6 空间数据表

图层代码	图层名称	英文名称	图形类型	要素类型	资料来源	年份	比例尺	备注
LU101	土地利用现状图	current landuse map	矢量	多边形	富锦市国土资源环境保护局	2008	1：100 000	
SB101	土壤图	soil map	矢量	多边形	富锦农业委员会	1984	1：50 000	第二次土壤普查
AD101	行政区划图	administrative	矢量	多边形	富锦市国土资源环境保护局	2008	1：50 000	

三、空间数据库与属性数据库的连接

县域耕地资源管理信息系统采用不同的数据模型分别对属性数据和空间数据进行存储管理，属性数据采用关系型数据库，空间数据采用矢量化的存储方式。利用图形中的内部标识码，将空间数据和属性数据形成关联，将两种数据联成一体，可以方便地从空间数据检索属性数据或从属性数据检索空间数据。

我们在 Access 中整理好每个图形单元的属性数据，利用关键字段内部标识码字段，将属性数据与空间数据进行联接（join 命令操作），这样就完成了空间数据库与属性数据库的关联。

第三章 耕地土壤、立地条件与农田基础设施

第一节 立地条件与农田基础设施

一、立地条件状况

(一) 地貌

富锦市地处黑龙江、松花江、乌苏里江冲积平原腹部，系属典型的沼泽低平原地貌。境内地势以 1：(10 000~15 000) 的坡降自西向东逐渐低下，并形成了山丘、漫岗、平原和低平原地貌类型。

1. 漫岗

市内漫岗位于松花江一带的二级阶地、山丘坡地和山麓台地上。主要分布在原锦山、上街基、向阳川、砚山、二龙山、头林 6 个镇境内，海拔在 68~80 m，呈波状起伏态势。土地面积 28 667 hm^2，占市属土地面积的 5.8%，是开发较早的农业生产用地。

2. 平原

市内平原位于沿松花江一带的一级阶地，遍布锦山镇、上街基镇、长安镇、城关社区、砚山镇、大榆树镇、向阳川镇、二龙山镇，平均海拔为 60~65 m，土地面积 155 333 hm^2，占市属土地面积的 31.7%。平原区因地势稍高，排水条件较好，且黑土层深厚，土质肥沃，是富锦市最重要的商品粮生产基地。

3. 低平原

市内低平原位于富锦南部、东南部和松花江一带一级阶地北部，系由低平地、低洼地和沿江洪泛地三部分组成。南部低平地、低洼地分布在砚山、长安、头林、兴隆岗、宏胜 5 个镇境内；松花江洪泛区遍及上街基、大榆树、向阳川 3 个镇。海拔在 59 m 以下，土地面积 278 667 hm^2，占市属土地面积的 56.8%。

4. 湿地

富锦市有 5 块湿地，总面积 50 175 hm^2。上街基镇西安村下坎松花江泛滥区湿地，即"富锦连三泡自然保护区"，面积 3 000 hm^2；别拉音子山西南黑鱼泡湿地，即"富锦锦山沼泽自然保护区"，面积 8 100 hm^2；东北部莲花河两侧湿地，即"莲花泡自然保护区"，面积 5 000 hm^2；中部五顶山东原择林乡西大岗之间的湿地，即"富锦择林沼泽自然保护区"，面积为 9 000 hm^2；内七星河北部湿地，即黑龙江省三环泡自然保护区，面积 25 075 hm^2。

(二) 成土母质

母质是岩石经风化作用而形成的，疏松的粗细不同的矿物颗粒只能产生母质而不能形成

土壤。土壤是通过成土过程以母质为基础形成的，母质为土壤形成提供了最基础的原料。土壤母质与基岩相比具有新的特性，即分散的细颗粒，表面积增大，具有孔隙性、通透性和吸附性，一部分营养元素从岩石中释放出来，土壤母质所具有的这些特性标志着肥力因素的发生和发展，为土壤形成创造了条件。母质种类和性质不同，往往决定了土壤性质的差异性。富锦市的成土母质类型及特征如下。

1. 残积母质

指岩石半风化物质残留原地未经搬运。其特点：组成和性质自表层往下是逐渐过渡的，表层较细；向下质地粗糙，土层薄，多夹有砾石；靠近基岩的是崩裂成大块的岩石。多发育形成暗棕壤。

2. 坡积母质

主要在坡中下部，是由山坡上部的风化母质，经重力作用及侵蚀冲刷搬运下来的堆积物。其特点是在上部，分选较差，土层较薄，质地粗，多带棱角，多发育成厚层暗棕壤和薄层黑土；在山坡下部，堆积层较厚，质地较细，层次分明，发育形成中厚层黑土。

3. 冲积母质（沉积母质）

冲积母质是松花江泛滥沉积作用形成。其特点是剖面下有粗细不同，层次分明的沉积层，黏沙相间，同一层质地均一，这由于泛滥沉积水的分选作用形成，并离江越远，质地越细，越近，颗粒越粗，沙粒磨圆程度很高，大部分没有棱角。在富锦市冲积母质又可分为两种类型：沙漫滩冲积物，分选较好，具有水平层理，颗粒较细，多为细沙壤及壤土，沙黏程度适中养分较高；河床冲积物为河床中的推移物质，颗粒较大，以砾石和粗沙为主，颗粒圆滑，通适性极强。沿江一带的泛滥地草甸土就是在河床冲积物的作用形成的，并且成土母质具有明鲜的时间性，离江水泛滥影响的时间越长，生草过程长而强，逐渐发育成草甸土类土壤，即泛滥地草甸土。离江近的滩地，沉积的时间短，生草过程短而弱，土壤剖面分化不明显，多发育成幼年泛滥地草甸土类型。

4. 黄土状母质

为第四纪沉积物。粉沙含量低，黏粒含量高，土层深厚，呈中性反应，一般不含有碳酸钙，质地均一，多为轻黏土至中壤土。分布于中、南部的岗地，多发育形成黑土，岗下部多发育成草甸黑土。

5. 河湖相沉积物

此类母质多分布于境内中南部的低平洼地，土层厚度 1.5 ~ 3 m，地表大部为轻黏土，物理黏粒可在 50% ~ 70%，而且黏粒部分含量大于粉沙部分，黏粒可在 35% ~ 40%，在 2 ~ 3 m 有时出现沙层。这种母质黏重，透水性极差，又处低平洼地，使上部土层潜育化过程普遍存在，pH 值为 5 ~ 6。这种母质多形成沼泽化草甸土，沼泽土类。

6. 碳酸盐沉积物

主要分布在原长安、锦山、二道岗等乡镇的南部；头林、兴隆等地也有大面积分布。质地较细，多为重壤—黏土，土质不同程度含有碳酸钙，呈碱性反应，pH 值大于 7。由于所处地形部位低平，多在 62 m 以下，发育的土壤主要是碳酸盐草甸土。

由于境内母质种类不同，在其上发育的土壤性质有很明显的差异，最明显的是土壤机械组成的差异，如在孤山残丘的残积风化物所形成的土壤，质地愈往下愈粗糙。土体中含有大小砾石，在山前坡积物上形成的土壤，含有多量的小角砾，在沿江的泛滥地草甸土多半是沙黏土层相间。在黄土性母质上发育成的黑土，土层深厚、质地细匀、上下一致。土壤母质粗细决定了土壤颗粒组成，土壤颗粒组成与土壤的物理、化学和生物性质有密切关系，以沙黏适中的壤土为最好，过沙或黏的土壤都较差。土壤颗粒组成不同，对土壤的孔隙性、水分物理性质都有很大的影响，如颗粒组成粗的土壤往往早发苗。后期易脱肥，施肥后肥劲猛而短，颗粒组成细的土壤一般晚发苗，施肥后肥劲稳而长，因此，母质质地粗细直接影响到土壤的肥力状况。

母质的透水性对土壤形成也有显著影响，水分在土体中的移动是促进剖面层次分化的重要因子。粗质地的母质如残积物，冲积沉积物透水性强，土壤的淋洗作用强，土壤中的易溶性物质及细土粒由上层土壤向下层移动并淀积，如暗棕壤和黑土等的淀积层，即为黏粒的淋移淀积过程的结果，而河湖相沉积物，由于质地细黏，透水不良，水分在土壤中移动缓慢，因而在这种母质上形成的土壤，物质由上向下的垂直移动现象也不显著。因此，在这种母质上形成的草甸土类和沼泽土类，黏粒的淋移淀积过程很弱。

（三）植被

境内植被大体可分为木本植物和草本植物两个类型，它们对土壤形成的影响是不同的。

1. 木本植物植被

主要分布在境内残山孤丘等地，生长以柞、桦、山杨为主的次生林，它们每年残留于土壤的植物有机体，主要是枯枝落叶和凋谢的花果，堆积于地面形成覆盖层——枯枝落叶层。下层呈半腐烂状态，具有弹性、疏松多孔、透水透气，利于淋洗过程的进行，残落物在真菌的作用下，分解产生较多的酸，导致酸性淋溶过程的发展。木本植物其残落物中所含有的单宁和树脂胶较少，又由于残积物母质所含的钙、镁盐基较多，有机物分解产生的酸被盐基中和的多，所以其酸性淋溶过程被削弱，在这种植被下主要形成暗棕壤类土壤。

2. 草本植物植被

分布在广大的草原区内，草本植物所形成的土壤与木本植物下所形成的土壤不同。草本植被下所形成的土壤主要特征：①具有比较深厚的腐殖质层，草本植物每年有枯死的茎叶残留于地面，并有数量巨大的死亡根系残留于土壤中，并就地分解成为土壤腐殖质，年复一年形成深厚的腐殖层。②具有较深厚的腐殖质和良好的团粒结构，草本植物有机质含单宁树脂较少，木素含量也少，含纤维素较高，分解产生的酸也少，有机质在中性环境中分解，并以细菌分解为主，因此，草本植物形成的腐殖质以胡敏酸为主，品质较高，草本植物在富有腐殖质胶体及活根系分泌的多糖作用下，通过强大根系的挤压和切割使土壤逐渐形成良好的团粒结构。因此，草本植物下形成的土壤具有较高的肥力。

按草本植物生长环境可分为草甸草本植物和草原草本植物，境内主要以草甸草本植物为主，主要生长大小叶樟、三棱草、乌苏里苔草、芦苇等。其特点是生长在比较湿润的气候环境和地下水较高的土壤上，水分条件好，生长期较长。在一定的气候环境条件影响和制约下，在草甸植被下，有机质残体只能在嫌气或半嫌气条件下分解，有机物质不断在土壤中积累，逐渐形成深厚的腐殖质积累层。在草甸植被下主要形成了黑土、草甸土类土壤。

在面积较大的低洼地上，由于水分常年过湿，多生长繁茂的水生植物，如芦苇、苔草、水葱、黄瓜香等。由于处在完全的嫌气分解状态，有机质分解相当缓慢，逐渐积累大量半分解状态的泥炭，在这些地方形成了草甸沼泽土和泥炭沼泽土类土壤。

二、农田基础设施状况

近年来，富锦市立足本地实际，通过依托国家项目、地方财政投入、组织社会各界自筹等方式，加强了对农田基础设施的建设，形成了较为完善的排灌体系。实施并完成了国家标准良田建设工程项目、沿江中低产田改造项目、绿色食品原料生产基地建设项目、良种繁育基地建设项目等国家大型投资项目，这些项目的实施对富锦市农田基础设施建设起到了很大的推动作用。

（一）水利方面

富锦市的水利工程建设，主要包括防洪、治涝、灌溉、水土保持和城乡供水等项目。1987 年以来，国家和地方政府加大了人、财、物力的投入，对富锦市的各项水利工程进行了综合整治。至 2005 年，富锦市扩建、新建堤防和护岸总长度 153.48 km，完成总工程量1 768.37 万立方米，防洪保护面积达到 158 160 hm^2。完成用于排除三年一遇内涝的干河、支河和排水干沟共 43 条，总长度 623 km。完成治涝骨干工程总土方 3 360 万立方米。完成桥、涵、闸、站和跌水等各类建筑物 338 座，完成三年一遇除涝工程，总面积 325 067 hm^2。维修、改建了红卫灌区和红旗灌区，新建了幸福灌区，新打各类机电井 3 000 多眼，灌溉总面积达到了 36 240 hm^2。通过采取各种工作措施和生物措施，治理水土流失面积 1 480 hm^2。

1. 防洪工程

富锦市的防洪工程包括松花江干流富锦段堤防、南部堤防、青龙河左堤和莲花河右堤。这些堤防工程的建成，在富锦市周边形成了一个完整的防洪体系。

2. 治涝工程

富锦市地处三江平原腹地，地势低平，历史上多涝，平均三年一小涝，五年一大涝，甚至有三年连涝、四年连涝的情况。富锦市共有 14 个涝区，总面积为 40.8 万公顷，治理规划分成 4 个排水区，即七星河排水区、松花江排水区、青龙莲花河排水区和挠力河排水区。1986—2005 年，主要进行了七星河排水区和青龙莲花河排水区的治理。

3. 灌溉工程

1985 年富锦县的灌溉面积为 5 640 hm^2。20 年来，随着各种灌溉设施的不断发展和完善，到 2005 年年末富锦市总的灌溉面积达到了 36 240 hm^2，其中灌溉站和小泵站提水灌溉6 513.33 hm^2，井灌 28 673.33 hm^2，喷灌 1 053.33 hm^2。富锦市有红旗灌区、红卫灌区和幸福灌区三大灌区，均为江河提水灌区。

（1）井水灌溉。富锦市的灌溉水井以机井为主，近郊有少量用于灌溉菜田的电井。1985 年，全县实有水田井 274 眼，井灌溉面积 2 633 hm^2。农村实行家庭联产承包责任制之后，农民传统观念逐步转变，科技意识逐步增强，打井种稻的积极性高涨。1986 年以后，打井数量和井灌水田面积逐年稳步增加，打井的原材料也逐步更新，由过去的水泥井管改用工艺简单又价格低廉的塑料井管。后来又出现了组合井，一眼井可灌水田 8～10 hm^2。一般都由一台 195 型 12 马力（1 马力≈735W，后同）柴油机带动一台 150 mm 口径的水泵进行抽水。单管井用的是双循环钻机钻井。组合井是人工用土法钻井。1993 年，富锦市机电井达到 1 680 眼，实现井灌面积 14 627 hm^2。2005 年，富锦市共有灌溉水井 4 928 眼，除去旱田和菜田灌溉面积外，仅水田井灌面积就达到 28 673 hm^2，井灌在富锦市的水田发展过程中起着重要的作用。

（2）喷水灌溉。喷水灌溉是比较先进的灌溉方法，富锦曾在20世纪70年代试行过喷灌，但没有得到推广和普及，大面积发展喷灌是从1998年开始的。

1998年，市水利局利用国家投资10万元在上街基乡万有村建设一处全移动式喷灌示范田，实现喷灌面积27 hm²。喷灌设备是由200QL40 – 91/7型潜水电泵机组和一系列附属机件构成。2002年，在富锦镇和大榆树镇继续发展喷灌，实现节水灌溉面积67 hm²。2003年春，在茂盛、太平、清华3个村建设节水增效灌溉项目示范区，打大型喷灌井9眼，喷灌面积200 hm²。2004年秋，在大榆树镇太平村建设节水增效灌溉项目，实现喷灌面积200 hm²。2005年，引进10套先进的微喷设备，用于市烤烟育苗基地进行微喷灌溉，10套设备可控制苗床7亩。本年，在大榆树镇和向阳川镇共打大井和小井131眼，安装喷灌设备40套，可控制烟叶灌溉面积333 hm²。

（二）防护林建设

1986年，富锦县植树造林工作实施国营造林、行业及乡镇群众造林、全民义务植树三条战线同时推进，共造林1 959.7 hm²，其中国营农场353 hm²，集体群众1 606.7 hm²，全民义务植树5 hm²。1987—1990年，累计造林11 277.2 hm²。1996年，乡镇造林力度再次加大，重点营造防护林，面积达3 018 hm²，比上年多造林近2倍。2000年，富锦市申报国家级生态示范先进县，对富锦市区域（山、水、田、林、路）实施生态综合治理，乡镇群众造林2 272 hm²。2002年，国家把富锦市造林一部分——防护林，纳入"三北"（西北、华北、东北地区）防护林四期工程造林。富锦市完成"三北"防护林四期工程403 hm²，本年实行退耕还林工程，包括退耕造林和配套的荒地造林。2005年，富锦市累计造林45 686.5 hm²，全民义务植树总量为906.9万株，人数302万人（次）。

（三）农机

2005年，富锦市农机总动力61万千瓦，农业机械总保有量达29 500台。农机田间作业综合机械化程度达到87%，其中，机耕程度98%，机播程度77%，中耕程度100%，机收程度73%。

农机装备。富锦市的农业机械有大中型拖拉机（20马力以上）、大中型配套农具、小型配套农具、水稻插秧机、联合收割机等。

维修、改建了红卫灌区和红旗灌区，新建了幸福灌区，新打各类机电井3 000多眼，灌溉总面积达到了36 240 hm²。通过采取各种工作措施和生物措施，治理水土流失面积1 480 hm²。

第二节　富锦市土壤分类

富锦市土壤分类是第二次土壤普查时，参照《黑龙江省第二次土壤普查技术规程》采用五级分类制，即土类、亚类、土属、土种、变种（略去），各级分类是根据不同土壤的成土条件、成土过程和土壤属性及它们之间的内在联系和差异进行系统排列划分的。根据各级分类单元的划分依据和土壤命名原则，在观察多个剖面及评土比土和理化分析基础上，制订了本地土壤分类系统（表3 – 1和表3 – 2）。

表3-1 富锦市土壤分类系统表

土类	亚类	土属	土种		成土过程	主要成土条件	土体构型
			名称	划分依据			
黑土	黑土	黏底黑土	薄层黏土黑土	$A_1 < 30$ cm	腐殖化过程,潴育化过程	漫岗,山脚坡地;杂木林,五花草塘,榛柴等植被,耕地;黄土状母质	A B C
			中层黏底黑土	A_1 30~50 cm			
			厚层黏底黑土	$A_1 > 50$ cm			
		沙底黑土	薄层沙底黑土	$A_1 < 30$ cm	腐殖化、潴育化及淋溶淀积过程	漫岗及波状缓岗;杂木林及杂类草,耕地等;冲积沙质母质	A_1 B C
			中层沙底黑土	A_1 30~50 cm			
			厚层沙底黑土	$A_1 > 50$ cm			
	草甸黑土	黏底	薄层黏底草甸黑土	A_1 0~30 cm	同黑土,由地下水参与成土过程的潴育化过程并程度较强烈	漫岗下部及平地,地下水位较高,为黑土和草甸土过度地带;植被为杂类草及大叶樟等喜湿性植物为主;母质黄土状或沙质	A_1 B C
			中层黏底草甸黑土	A_1 30~50 cm			
			厚层黏底草甸黑土	$A_1 > 50$ cm			
	白浆化黑土	黏底	薄层黏底白浆化黑土	A_1 0~30 cm	同黑土,附加白浆化过程	岗坡地;杂类草,耕地;母质为黄土状物质	A_1 A_2 B C
			中层黏底白浆化黑土	A_1 30~50 cm			
暗棕壤	暗棕壤	砾石质暗棕壤	薄层石质暗棕壤	$A_1 < 10$ cm	腐殖化过程及轻度黏化过程	山地、低山残丘;杂木林及杂类草;母质为岩石半风化物	A_1 B C
			中层石质暗棕壤	A_1 10~20 cm			
			厚层石质棕壤	$A_1 > 20$ cm			
	原始型暗棕壤				腐殖化过程	山地、低山残丘,杂草类;岩石	A_1 C

（续表）

土类	亚类	土属	土种		成土过程	主要成土条件	土体构型
			名称	划分依据			
草甸土	草甸土	平地草甸土	薄层平地草甸土	$A_1 < 25$ cm	腐殖化过程，潜育化过程，草化过程	平地、低平地，地下水位较高；草甸植被为主；黄土状沉积物及冲积物母质，季节性短期过湿	A_1 CW
			中层平地草甸土	A_1 25~40 cm			
			厚层平地草甸土	$A_1 > 40$ cm			
	白浆化草甸土	平地白浆化草甸土	薄层平地白浆化草甸土	$A_1 < 25$ cm	同草甸土，附加白浆化过程	同草甸土	A_1 A_2 CW
			中层平地白浆化草甸土	A_1 25~40 cm			
			厚层平地白浆化草甸土	$A_1 > 40$ cm			
	碳酸盐草甸土	平地碳酸盐草甸土	薄层平地碳酸盐草甸土	$A_1 < 25$ cm	同草甸土外，附加钙积化过程	同草甸土	A_1 CW
			中层平地碳酸盐草甸土	A_1 25~40 cm			
			厚层平地碳酸盐草甸土	$A_1 > 40$ cm			
	沼泽化草甸土	低平地沼泽化草甸土	薄层低平地沼泽化草甸土	$A_1 < 25$ cm	同草甸土外附加沼泽化过程	低洼地，平原中洼地，低河漫滩，排水不良，季节性短期积水；喜湿性植被；黄土状沉积物或冲积物母质	A_t A_1 CW C_g
			中层低平地沼泽化草甸土	A_1 25~40 cm			
			厚层低平地沼泽化草甸土	$A_1 > 40$ cm			
	泛滥地草甸土	漫滩泛滥地草甸土	薄层漫滩泛滥地草甸土	$A_1 < 25$ cm	同草甸土	江河两岸低平阶地，河漫滩，离水道较远，不受泛滥影响；喜湿性植被；母质为泛滥沉积物	A_1 CW C_1 C_2
			中层漫滩泛滥地草甸土	A_1 25~40 cm			
			厚层漫滩泛滥地草甸土	$A_1 > 40$ cm			
沼泽土	草甸沼泽土	碟注	薄层草甸沼泽土	$A_1 < 30$ cm	沼泽化潜育化过程	低洼地，长期积水；塔头、芦苇、苔草为主；冲积性母质或河湖相沉积	A_s A_t A G
			厚层草甸沼泽土	$A_1 > 30$ cm			
	泥炭沼泽土	碟注	中层泥炭沼泽土	A_1 25~50 cm			
泥炭土	阜类泥炭土		中层草类泥炭土	A_1 100~200 cm	泥炭化过程，潜育化过程	漂伐甸子、塔头沟，长期积水洼地；塔头、芦苇、苔草等；种积性母质或河湖相沉积	A_s A A_g G

（续表）

土类	亚类	土属	土种		成土过程	主要成土条件	土体构型
			名称	划分依据			
水稻土	草甸土型水稻土 黑土型水稻土				腐殖化过程，潜育化过程，草甸化过程	喜湿性植被，长期积水洼地，平地、低平地，地下水位较高属为沉积物和冲击物	A₁ CW A B C
白浆土	白浆土	岗地白浆土	薄层岗地白浆土	A₁ < 10 cm	腐殖化过程，白浆化过程	岗地、岗坡地；杂草类及杂木林，耕地；黄土状母质	A₁ A₂ B C
			中层岗地白浆土	A₁ 10～20 cm			
			厚层岗地白浆土	A₁ > 20 cm			
	草甸白浆土	平地白浆土			腐殖化过程，白浆化过程，潜育化过程附加潴育化过程	平地；植被为小叶樟及杂草类，耕地；黏土黄土状母质	A₁ A₂ B G C
	潜育白浆土	低地白浆土			腐殖化过程，白浆化过程，潜育化过程附加潴育化过程	低洼地；植被为小叶樟等喜湿性植物；湖相黏土沉积物	A₁ A₂ B G C

表3－2　省、市土壤名称对照表

土种	市土壤代码	市土壤名称	省土壤代码
砾沙质暗棕壤	12	原始型暗棕壤	03010501
沙砾质暗棕壤	101	薄层石质暗棕壤	03010601
沙砾质暗棕壤	102	中层石质暗棕壤	03010601
沙砾质暗棕壤	103	厚层石质暗棕壤	03010601
薄层黄土质白浆土	205	薄层岗地白浆土	04010203
中层黄土质白浆土	206	中层岗地白浆土	04010302
厚层黄土质白浆土	207	厚层岗地白浆土	04010301
薄层黏质草甸白浆土	221	草甸白浆土	04020203
薄层黏质潜育白浆土	231	潜育白浆土	04030103
薄层黏壤质草甸土	425	薄层平地草甸土	08010403
中层黏壤质草甸土	426	中层平地草甸土	08010402
厚层黏壤质草甸土	427	厚层平地草甸土	08010401

（续表）

土种	市土壤代码	市土壤名称	省土壤代码
薄层黏壤质白浆化草甸土	428	薄层平地白浆化草甸土	08030303
中层黏壤质白浆化草甸土	429	中层平地白浆化草甸土	08030302
薄层黏壤质石灰性草甸土	431	薄层平地碳酸盐草甸土	08020303
中层黏壤质石灰性草甸土	432	中层平地碳酸盐草甸土	08020302
厚层黏壤质石灰性草甸土	433	厚层平地碳酸盐草甸土	08020301
薄层黏壤质潜育草甸土	434	薄层低地沼泽化草甸土	08040203
中层黏壤质潜育草甸土	435	中层低地沼泽化草甸土	08040202
厚层黏壤质潜育草甸土	436	厚层低地沼泽化草甸土	08040201
薄层沙砾底潜育草甸土	437	薄层漫滩泛滥地草甸土	08040103
中层沙砾底潜育草甸土	438	中层漫滩泛滥地草甸土	08040102
薄层黄土质黑土	310	薄层黏底黑土	05010303
中层黄土质黑土	311	中层黏底黑土	05010302
厚层黄土质黑土	312	厚层黏底黑土	05010301
薄层沙底黑土	313	薄层沙底黑土	05010203
中层沙底黑土	314	中层沙底黑土	05010202
厚层沙底黑土	315	厚层沙底黑土	05010201
薄层黄土质草甸黑土	319	薄层黏底草甸黑土	05020303
中层黄土质草甸黑土	320	中层黏底草甸黑土	05020302
厚层黄土质草甸黑土	321	厚层黏底草甸黑土	05020301
薄层黄土质白浆化黑土	322	薄层黏底白浆化黑土	05030303
中层黄土质白浆化黑土	323	中层黏底白浆化黑土	05030302
薄层黑土型淹育水稻土	72	黑土型水稻土	17010603
薄层草甸土型淹育水稻土	71	草甸土型水稻土	17010201
薄层沙底草甸沼泽土	51	草甸沼泽土	09030103
厚层黏质草甸沼泽土		草甸沼泽土	09030201
中层泥炭沼泽土	52	泥炭沼泽土	09020102
厚层芦苇苔草低位泥炭土	61	泥炭土	10030101

第三节　富锦市土壤概述

一、土壤类型及形态特征

富锦市土壤受各种自然因素及人为因素的影响，境内土壤类型较多，分布广。有白浆土、黑土、草甸土、沼泽土、水稻土、暗棕壤、泥炭土 7 个土类、18 个亚类、39 个土种。

（一）暗棕壤

农民称其为山地土或山坡子土。属于地带性土壤，分布于锦山、砚山、隆川及二龙山等地的孤山残丘上。暗棕壤分 2 个亚类：典型暗棕壤和原始型暗棕壤。

1. 典型暗棕壤

主要分布在别拉音和乌尔古力两个山区。基本特征是剖面分化明显，腐殖层较厚，一般在 20 cm 左右，枯枝落叶和草根富集，土体上层肥力较高，颜色较深，结构良好，土质疏松。

2. 原始型暗棕壤

在低山残丘陡坡与典型暗棕壤成复区分布。处于地势部位较陡，黑土层较薄，一般小于 10 cm，土体只有二层，在较薄的 A 层下即见母质层残基岩，上层生长零星柞树和矮小杂草。

（二）白浆土

白浆土是富锦市主要低产土壤之一。分布在二龙山镇、向阳川镇、宏胜镇等地，其他地区也有零散小面积分布。

白浆土集中分布在富锦市东部地区。成土母质主要是第四纪河湖相黏土沉积物。根据白浆土的形成条件及水热状况，可分为白浆土、草甸白浆土、潜育白浆土 3 个亚类和岗地白浆土、平地白浆土和低地白浆土 3 个土属。

1. 白浆土

又称岗地白浆土。岗地白浆土分布在起伏漫岗上，位于原二龙山、永福等乡境内最多，在其他乡镇也有零星分布。自然植被为柞、桦杂木林及杂草等。由于地势较高，滞水淋溶作用强，白浆层和淀积层分化明显，一般剖面无锈斑。

岗地白浆土根据黑土层厚度划分 3 个土种：黑土层厚度小于 10 cm 为薄层岗地白浆上；10～20 cm 为中层岗地白浆，大于 20 cm 为厚层岗地白浆土。薄层岗地白浆土，分布在原二龙山、永福等岗坡地上部。黑土层薄，一般小于 10 cm；中层岗地白浆土，分布在原二龙山、新建、永福等乡。黑土层较厚，一般在 10～20 cm。

2. 草甸白浆土

又叫平地白浆土。草甸白浆土分布在开阔平地，在原宏胜、新建、永福、向阳川等乡和太东林场等地集中分布，其他各地也有零星分布。自然植被为灌木丛和杂草类。所处地势低平，土壤融冻较慢，土壤中潜育淋溶作用较强，土体中有大量铁锰锈斑。

3. 潜育白浆土

又叫低地白浆土。集中分布在太东林场境内。自然植被主要是小叶樟、苔草、沼柳等草甸沼泽类型植物。由于潜育白浆土地处低洼，母质黏重，地表经常积水，排水不良，剖面有明显草甸化、潜育化现象，在白浆层可见到青蓝色潜育斑。白浆层发育较深厚，白浆层和淀积层发育较明显，白浆层湿时浅灰色，干时显白色，各层次可见大量锈斑。

白浆土的肥力特点：养分含量较高，速效养分含量低，黑土层养分含量高，白浆层养分贫乏，下层显著降低。

（三）黑土

黑土是富锦市的主要土壤之一，开垦年限最长。黑土主要分布在锦山——二龙山镇的哈同公路两侧的漫岗地上，在乌尔古力山前、砚山境内岗坡地上也有大面积分布，其他各乡地势较岗的地方也有分布。

黑土分布地势较高的漫岗、高平地、山岗坡地上，母质多为第四纪黄土状沉积物。地域性附加成土过程不同，将黑土划分出 3 个亚类，即黑土、草甸黑土和白浆化黑土。

1. 黑土（亚类）

分布在起伏漫岗和坡地上，自然植被为灌丛草甸植被，成土母质为黄土状沉积物。黑土亚类根据母质划分出 2 个土属，即黏底黑土和沙底黑土。

（1）黏底黑土。各乡均有分布，黑土层厚度不一，薄的十几厘米，厚的达 70～100 cm。黏底黑土，土体质地是壤土—黏土，为上壤下黏的层次结构。黏底黑土形态基本可分三层：腐殖层、淀积层和母质层。根据黑土层厚度把黏底黑土划分为 3 个土种，即薄层黏底黑土、中层黏底黑土和厚层黏底黑土。

①薄层黏底黑土：各乡镇都有分布，一般在岗坡中上部，由于存在不同程度的水土流失，导致黑土层变薄。薄层黏底黑土养分含量低，黑土层以下养分含量明显下降，黑土层薄，养分贮量少，潜在肥力低。

②中层黏底黑土：分布于岗坡地平坦开阔地段。中层黏底黑土表层养分含量与薄层黑土相比差异不大，但表层以下养分贮量则中层黑土比薄层黑土要高些。

③厚层黏底黑土：分布在岗坡地平坦开阔地段，与薄层，中层黑土相随分布，在薄、中层黑土的下部。厚层黑土表层养分含量与中层黑土含量差异不大，但表层以下养分状况以厚层黑厚为高。中层黑土较厚层黑土下降幅度大，说明厚层黑土养分贮量比中层黑土高，更比薄层黑土高。黏底黑土是富锦市开垦较早的土壤之一，由于用养结合不当，存在不同程度的表层侵蚀，开垦年限长短不同，其肥力下降趋势差别较大。

（2）沙底黑土。分布于沿江的原富民、大榆树、西安等乡，其他地区有零星分布。多分布在地形起伏较大，坡度较大的岗地。母质为沙（面沙、细沙或江沙）属冲积母质。自然植被为杂类草、灌丛及部分杨、柞、桦树木。沙底黑土，其土体质地为沙壤到重壤土，含有较多的粉沙。根据黑土层厚度，沙底黑土划分为 3 个土种：薄层沙底黑土、中层沙底黑土和厚层沙底黑土。

①薄层沙底黑土：薄层沙底黑土由于所处地形部位坡度大，土质轻，存在不同程度的水蚀和风蚀，黑土层薄。

②中、厚层沙底黑土：中层沙底黑土多分布于起伏漫岗中部，厚层沙底黑土多分布较低部位。

沙底黑土的基本性质：表层养分含量较高，但表层以下养分含量（有机质，全氮）明显下降，说明沙底黑土养分贮量小。沙底黑土热状况和通透性较好，土壤微生物活动较旺盛，土壤有机质消耗较快，所以，有机质含量不高。但养分有效性高，表现在速效性氮、磷等含量与全量养分相比，有较高的有效性。

2. 草甸黑土

在黑土亚类下部，为黑土向草甸土过渡地带。母质为黄土状黏土物质，自然植被为杂类草群落或生长较繁茂的小叶樟等草甸植被。所处地形部位比黑土低，地下水位较高，对土壤形成影响大，土壤水分较丰富，潴育淋溶作用更明显，土体中氧化—还原交替作用更强烈，因此土体中锈斑出现部位较高，一般在 B 层可见锈斑。根据黑土层厚度，划分出 3 个土种：薄层黏底草甸黑土、中层黏底草甸黑土和厚层黏底草甸黑土。草甸黑土的基本性质：成土母质为黄土状黏土物质，土质黏重。草甸黑土养分含量比黑土亚类略高，但草甸黑土表层以下，养分含量（有机质、全氮、碱解氮）急剧下降，下降幅度比黑土亚类要大得多。草甸黑土所处地势部位低，排水条件差，土壤水分丰富，土性凉，养分转化慢。

（1）薄层黏底草甸黑土。薄层草甸黑土在各乡均有分布。薄层黏底草甸黑土全量养分比薄层黏底黑土略高，养分贮量略多，但速效养分较低。土质黏重，水分较多，通气性差。

（2）中层黏底草甸黑土。中层黏底草甸黑土表层养分含量和物理性状与薄层草甸黑土相比差异不显著。

（3）厚层黏底草甸黑土。各乡均有分布。

3. 白浆化黑土

母质黏重，透水性极弱。在雨水大的情况下，易发生上层土壤滞水，顺坡倒流，由于土壤滞水倒流原因，在黑土层亚表层出现一个不完善的白浆化层次。自然植被多为杂类草、灌丛等。其成土过程是在黑土成土过程基础上附有白浆化过程，土体剖面仍属黑土剖面特征。白浆化黑土主要分布在二龙山、永福、择林、新建等乡的岗坡地上，是黑土向白浆土的过渡类型，多与黑土和白浆土相随分布，面积不大。

白浆化黑土又分为薄、中层白浆化黑土两个土种。薄、中层白浆化黑土，黑土层厚度较深。由于白浆化黑土所处部位较高，并多位于岗坡地，表层易侵蚀，发生养分流失，黑土层薄，全量养分含量低，白浆化层次是养分贫乏层。

（四）草甸土

草甸土是富锦市主要土壤类型，也是主要农业土壤之一，在各镇均有分布，是富锦市分布广、面积大的一种土壤。草甸土的母质多为河湖相沉积物，质地细黏、在沿江地带的母质为冲积物，质地粗细不一，形成泛滥地草甸土。

在草甸化过程为主的基础上，存在几种不同的附加成土过程，形成了不同的剖面特征。为能反映出附加成土过程的特点，根据草甸土、白浆化草甸土、碳酸盐草甸土、沼泽化草甸土和泛滥地草甸土的每一亚类所处地形特点不同，共划出 5 个土属，并根据黑土层厚度划分土种，共划分出 15 个土种。

1. 草甸土（亚类）

草甸土（亚类）分布在低平原及岗坡下平地上。

草甸土亚类在富锦市只有一个土属，即平地草甸土。根据黑土层厚度划分出薄层平地草甸土、中层平地草甸土和厚层平地草甸土 3 个土种。

（1）薄层平地草甸土。分布在原择林、大榆树、西安、宏胜等乡，其他地方也有小面积零星分布。薄层平地草甸土表层全量养分高。种植时间长的薄层草甸土表层以下养分含量急剧下降。

（2）中层平地草甸土。该土壤分布在原西安、二道岗、宏胜、新建等乡的低平地上，在黑土下部的低平地也有分布。

（3）厚层平地草甸土。该土壤分布于原大榆树、隆川、西安、长安、砚山、兴隆岗、宏胜等乡低平地上及黑土下部。厚层平地草甸土养分贮量较高，其肥力的另一特点是从表层向下垂直下降幅度较大。厚层平地草甸土耕层土壤较为疏松，但表层以下容重较高。

2. 白浆化草甸土

分布在富锦市东部的原向阳川、永福、新建、宏胜等乡的低平地及坡地上，多与草甸土、白浆土相间分布。

富锦市白浆化草甸土只有平地白浆化草甸土1个土属，薄层平地白浆化草甸土和中层平地白浆化草甸土2个土种。

（1）薄层平地白浆化草甸土。分布在原向阳川、宏胜等乡和太东林场。

（2）中层平地白浆化草甸土。分布面积不大，主要分布在二龙山镇、宏胜镇等地。

白浆化草甸土的特性，腐殖质层较薄，白浆化层次养分含量显著降低，潜在肥力和有效肥力均不及草甸土亚类，土质黏重、排水不良、易涝、透水性差。

3. 碳酸盐草甸土

分布在富锦市锦山、长安、上街基、砚山、兴隆、宏胜等镇的低平地带，地上水是重碳酸钙水型，地势低洼、排水不良、地下水径流滞缓、水位高。

碳酸盐草甸土的分布位置，在草甸土亚类的下部、沼泽化草甸土的上部。地势比草甸土亚类低，比沼泽化草甸土高。碳酸盐草甸土只有1个土属，即平地碳酸盐草甸土。根据黑土层厚度划分了薄层平地碳酸盐草甸土、中层平地碳酸盐草甸土和厚层平地碳酸盐草甸土3个土种。

（1）薄层碳酸盐草甸土。主要分布在锦山、长安、砚山、兴隆、宏胜等镇。

薄层平地碳酸盐草甸土表层自然肥力较高，但表层以下急剧减少。黑土层薄，养分贮量少。

（2）中层碳酸盐草甸土。分布于锦山、长安、大榆树、上街基、兴隆、宏胜等地。中层碳酸盐草甸土基本性质与薄层相同，黑土层比薄层厚，养分贮量高于薄层。中层碳酸盐草甸土荒地养分含量丰富。

（3）厚层平地碳酸盐草甸土。分布于砚山、长安、兴隆等低平地上。

碳酸盐草甸土的性质：碳酸盐草甸土的剖面形态一般可分为两层，腐殖质层和锈色斑纹层。通体有石灰反应，表层大体呈弱石灰反应。

4. 沼泽化草甸土

主要分布在富锦市南部地区的择林、长安、砚山、头林、兴隆岗、宏胜、锦山、二道岗等地。沼泽化草甸土位于更低地形部位，介于草甸土（亚类）和沼泽土之间；自然植被有三棱草、乌苏里苔草等为主的草甸植被及沼泽植被；地下水位较高。沼泽化草甸土在富锦市只有1个土属，即低平地沼泽化草甸土。根据黑土层厚度，把沼泽化草甸土划分3个土种：薄层沼泽化草甸土、中层沼泽化草甸土、厚层沼泽化草甸土。

（1）薄层沼泽化草甸土。分布于原择林、宏胜、西安、富民等地低平地和低河漫滩上。

（2）中层沼泽化草甸土。分布在原永福、长安、头林、兴隆等地的低平洼地。其他乡也有小面积零星分布。

（3）厚层沼泽化草甸土。分布在原砚山、宏胜、长安等乡，面积不大。

沼泽化草甸土的特性：①地表有泥炭化粗糙的有机质层，荒地有草根层，分解程度较差。②腐殖层以下有明显的潴育潜育特征，多锈斑，铁结核较少，下部有灰蓝色或灰绿色潜育斑块，在母质层可见潜育层。③土壤有机质积累较多。④表层疏松，容重小，通透性好。表层以下土质黏重，透水性差，土壤上层易滞水，过湿，冷凉。下部又受地下水浸渍影响，铁盐还原作用明显，这种土壤对作物生长不利，在利用上应先解决排水，方能开垦利用。⑤分布于富锦市西部低河滩的沼泽化草甸土，质地沙性较大，透水性较好，因地下水浅，具有明显的潜潜化特征。⑥分布于兴隆和长安等地沼泽化草甸土，与碳酸盐草甸土成复区分布，土壤呈弱碱性反应。

5. 泛滥地草甸土

泛滥地草甸土分布在沿江的原富民、大榆树、上街基、西安等乡的河漫滩、低阶地。母质为江河泛滥沉积物，质地层次明显。泛滥地草甸土按黑土层厚度划分2个土种：薄层泛滥地草甸土和中层泛滥地草甸土，其中分布面积较大的是薄层泛滥地草甸土。

（1）薄层泛滥地草甸土。主要分布于原富民、大榆树等乡沿江一带，薄层泛滥地草甸土黑土层较薄，有机质含量低，尤其是全磷含量更低，全钾含量较丰富。

（2）中层泛滥地草甸土。黑土层稍厚，通气透水性好。

泛滥地草甸土的性质：①土壤剖面有明显的沉积层次，每一层颜色和质地比较一致，相邻层次颜色和质地有明显差异，质地通常是上细下粗，底层可见粗沙或卵石。②土质疏松，质地轻，有沙性通气透水性较好，排水较好，表层持水性较好，地温较高，土质热潮，发小苗。地下水位较高，水分充足，不怕旱。③土质较肥沃，虽然上层腐殖质层比较薄，腐殖质含量不高，但自然肥力较高，速效养分含量较高，因沉积的泥沙都是水土流失时地表肥土被冲刷流入江河的，其中含有丰富的矿质养分，一般土质愈细，所含养分愈多。④土壤耕性好，不黏不板结，耕作省力，易耕期长，雨后即可铲趟。⑤土壤呈微酸性至中性反应。

（五）沼泽土

沼泽土是富锦市一种特殊的自然地理景观，又是主要土地资源。有集中连片的荒地资源，有繁茂密集的草地资源，可作为发展畜牧业和副业的综合基地。沼泽土的母质多为河湖相沉积物，黏粒的比重较大。

根据沼泽土潜育过程特点和泥炭积累状况，沼泽土可分为草甸沼泽土和泥炭沼泽土2个亚类。

1. 草甸沼泽土

草甸沼泽土主要分布在富锦市原头林、永福、宏胜和兴隆等乡的地势低洼积水处。植被主要是以小叶樟为主要群落，主要成土过程为草甸沼泽化过程。泥炭积累过程、腐殖化过程较弱，团粒结构较好。草甸沼泽土潜在肥力大，有机质含量较高，但养分含量在剖面上分布差异性较大，速效养分含量低，这是因土壤过湿黏朽、冷浆、养分转化慢所造成的。草甸沼泽土前期不发小苗，缺乏磷素营养，小苗穿红袍，后期又易贪青徒长晚熟。

2. 泥炭沼泽土

泥炭沼泽土，群众称之为塔头土、草筏子土，主要分布在头林、兴隆等乡。植被以苔草、小叶樟、芦苇群落为主。

泥炭沼泽土含有大量有机质，氮素也丰富，土壤黏朽冷浆，地温低，有机质分解慢，养分转化迟，速效养分低，土壤呈酸性反应。

（六）泥炭土

泥炭土分布在沿江和七星河一带的泥炭沼泽地，乌尔古力山间沟谷低洼积水处，长年积水，生长塔头、小叶樟、三棱草等。泥炭土的泥炭层疏松、多孔、体轻、有弹性，具有改善土壤通气、透水、黏朽、板结、口紧和耕性不良等物理性质的作用。泥炭土含有丰富的养料成分是培肥地力的宝贵材料。

（七）水稻土

水稻土主要分布在锦山、长安、砚山镇以及沿江一带地势低平、水源充足、灌溉条件好的原西安、大榆树乡等地。水稻土按其剖面特征分为草甸土型水稻土和黑土型水稻土。

水稻土的化学性质：草甸土型，黑土型，全量养分相差不大，速效养分含量，黑土型碱解氮、有效磷高于草甸土型；此土壤受水分浸泡时间长，黏粒含量较高，冷浆、黏质。

二、土壤分布

富锦市地处祖国的东北边疆，属于寒温带地区，纬度上水平差异不明显。在同一气候带内，土壤受自然因素（地形、母质、生物）和人为的影响，有着不同发育方向的土壤，也存在不同发育阶段的土壤。土壤随着地势高度、水热条件及植被等条件的不同，分布的类型也不同，其中较大面积的黑土和小面积的暗棕壤为富锦市典型的地带性土壤。暗棕壤集中分布在孤山残丘等，海拔 80~90 m 地域；黑土主要分布在 60~80 m 的垂直地带上；大面积的开阔平原及低平原则形成富锦市面积最大的水生土壤——草甸土；在低洼地区形成一定面积的沼泽土。尽管在同一地带内存在着几种成因和属性不同的土壤，但它们之间的分布与境内大的构造地貌和成土母质的类型差异基本一致。即土壤呈现明显的地域分布的规律性特点。如以松花江岸和乌尔古力山为起点，分别向南和东南延伸，随地势的变化，土壤分布有较明显的规律性。

错综复杂的土壤类型，在区域分布上也有一定的规律性，富锦市土壤区域主要是孤山残丘土壤分布、高平原土壤分布及低平原和洼地土壤分布。

（一）孤山残丘土壤分布

孤山残丘指境内的别拉音山、乌尔古力山等孤山及其延伸的残丘，它们是富锦市暗棕壤的集中分布区。其中以别拉音山与乌尔古力山分布面积最大，下接黑土，黑土呈环状分布于暗棕壤下部。孤山残丘土壤的成土母质主要是风化残积物。大部分土层比较深厚，多为中层，局部缓坡处土层更厚些，石质性较强，在坡度较陡植被稀疏的地方，土层较薄，形成原始型暗棕壤。

在乌尔古力山谷，由于水分很多，分布有小面积的草类泥炭土。

（二）漫岗、高平原土壤分布

漫岗、岗间洼和漫岗相间地形主要分布在富锦市西部和砚山东北部地区。在坡岗和高平原为黑土分布；岗间洼多为草甸土分布。在黑土部位，地势较高的岗顶及岗坡上部主要为典型黑土，在坡下与草甸土过渡地带多为草甸黑土。

漫岗及高平原土壤母质可分为两种：一种是沙质，埋深 0.5~1 m，沙层以上覆盖有壤质或黏质土，在坡度较大的坡状漫岗及沿江漫岗多为沙质母质；另一种为黄土亚黏土物，土层深厚，一般可达数米到数十米。由于母质性质不同，形成了典型黑土类型的两个不同土属，即沙底黑土和黏底黑土。

（三）低平原和低洼地土壤分布

在富锦市南部和东南部，有较大面积的低平洼地，海拔大都在 59 m 以下，母质黏重，为河湖相沉积物，透水性弱、排水不畅，长年积水或过湿，植被多为湿生植物，土壤主要为草甸土和沼泽土。该区两条主要漫岗为东西走向，头林岗平均海拔超过 60 m，兴隆岗平均海拔为 59 m，两条岗上集中分布一定面积的黑土（黑土和草甸黑土）。该区的低平原为富锦市草甸土主要分布区，由于受母质性质及地下水的影响，在该区的锦山、长安、砚山南部及兴隆等地分布有大量的碳酸盐草甸土。典型草甸土亚类分布在较高地形部位上，而碳酸盐草甸土分布的地形部位要比它稍低些，并大面积连片分布。

在原兴隆岗、宏胜、头林、择林、永福等乡镇海拔 57 m 以下的低洼地区，长年积水分布着草甸沼泽土，兴隆岗乡北部兼有泥炭沼泽土。

（四）东部地区土壤分布

富锦市东部包括原向阳川、择林、永福、二龙山、新建等乡及太东林场等地。该区地貌类型多样，主要有残山、漫岗、平原、低平地等，土壤类型也较复杂。

在原二龙山、永福乡等地的残丘、及丘陵顶部零星分布暗棕壤，暗棕壤下部及低丘多分布岗地白浆土。在较高地势部位有较大面积的黑土分布。黑土与白浆土的过渡地带，分布着白浆化黑土。

此区在地势低平的原新建乡、太东林场等地分布有较大面积的草甸白浆土。在太东低洼地分布有潜育白浆土。此类土壤在该区的向阳川、择林、永福等地也有分布。在该区的开阔平地分布有相当面积的草甸土，在草甸土和草甸白浆土的过渡地带分布有白浆化草甸土。

（五）沿江地带土壤分布

北部沿江包括富民、大榆树、上街基和西安等乡的部分地段。此区为松花江泛滥冲积平原和二级阶地及河漫滩，母质为江河沉积物，呈明显的成层状，质地分布明显。地质沉积较晚，一般为幼年土壤，多为泛滥地草甸土。

第四章 耕地土壤属性

从此次耕地质量调查结果看出，富锦市耕地土壤自1984年土壤普查以来，经过20余年的各种自然因素和人为因素的影响，耕地土壤属性状况已发生了明显的变化。总的变化趋势是土壤有机质、土壤氮、钾元素呈下降趋势，土壤磷元素总体呈上升趋势。

一、富锦市耕地土壤相关属性结果分析

由各项指标看，兴隆岗镇的土壤有机质、碱解氮、速效钾三项指标均为富锦市前列，有效磷含量属中等水平，有效锌含量属中上等水平，所以整体看，兴隆岗镇的各项土壤相关属性都好于其他各乡镇，其次是宏胜镇、头林镇两镇的各项指标也较高，这3个镇都属于土地开垦最晚的南部地区，土壤肥力相对较高；锦山镇的有机质、碱解氮、有效磷、速效钾的指标均居富锦市平均水平，二龙山镇的土壤有机质、碱解氮、速效钾均为富锦市最低水平，该镇土壤类型以白浆土类居多，土壤瘠薄。由pH结果分析，二龙山镇的土壤酸性最强，长安镇的土壤碱性最强（表4-1）。土壤肥力的高低受耕地开垦年限、土壤类型、耕作制度以及用地等多种因素影响。

表4-1 耕层土壤相关属性结果统计

乡镇名称	pH	有机质（g/kg）	碱解氮（mg/kg）	有效磷（mg/kg）	速效钾（mg/kg）	有效锌（mg/kg）
长安镇	7.11	41.57	167.35	25.2	306.47	1.40
大榆树镇	6	30.20	135.08	19.35	195.55	1.22
二龙山镇	5.67	24.66	168.36	15.02	85.65	1.44
城关社区	6.37	33.88	131.67	33.3	265.54	2.45
宏胜镇	6.39	61.89	223.51	18.24	173.3	1.36
锦山镇	6.78	45.12	164.19	23.43	220.93	0.88
上街基镇	5.97	29.63	147.12	17.22	176.57	0.72
头林镇	6.67	56.80	181.97	28.45	218.88	2.00
向阳川镇	6.04	36.50	154.61	16.05	130.26	1.15
兴隆岗镇	7.05	63.98	212.5	19.64	233.96	1.50
砚山镇	6.64	44.14	164.48	26.97	246.35	1.49
平均	6.43	42.58	168.26	22.08	204.86	1.42

二、不同土类的相关属性结果分析

由不同土类的相关属性结果数据分析，沼泽土的各项指标都是最高的，有机质平均值达 55.42 g/kg，碱解氮含量为 191.65 mg/kg，有效磷含量为 22.86 mg/kg，速效钾含量为 212.02 mg/kg，有效锌含量为 1.52 mg/kg，沼泽土的养分平均值高是因为开垦年限较其他土类晚，土壤肥力消耗没有其他土类大；其次是草甸土养分值也较高，有机质平均值为 46.69 g/kg，碱解氮含量为 176.45 mg/kg，有效磷含量为 20.94 mg/kg，速效钾含量为 212.71 mg/kg，只是有效锌含量偏低为 1.18 mg/kg，表现缺乏，草甸土的养分含量较高，原因为草甸土所处地势低洼，水土流失现象较轻，而且其中一部分草甸土类耕地开垦年限晚，土壤退化现象相对较轻；黑土有机质平均值为 40.74 g/kg，碱解氮含量为 163.37 mg/kg，有效磷含量为 20.79 mg/kg，速效钾含量为 191.66 mg/kg，有效锌含量为 1.32 mg/kg，黑土的相关属性与第二次土壤普查相比，下降很多，原因是所处地势为岗坡，水土流失严重；白浆土有机质平均值为 39.64 g/kg，碱解氮含量为 180.1 mg/kg 有效磷含量为 16.39 mg/kg，速效钾含量为 119.38 mg/kg，有效锌含量为 1.39 mg/kg，白浆土主要分布区域为二龙山镇大部分耕地、向阳川镇部分耕地，养分表现缺乏，但有一部分白浆土分布在宏胜镇一些开垦年限晚的土地，土壤肥力高，二者综合，表现为富锦市白浆土养分含量不是很低；暗棕壤耕地面积小，有机质平均值为 42.84 g/kg，碱解氮含量为 164 mg/kg，有效磷含量为 22.56 mg/kg，速效钾含量为 186.27 mg/kg，有效锌含量为 1.26 mg/kg；水稻土有机质平均值为 31.18 g/kg，碱解氮含量为 143.28 mg/kg，有效磷含量为 17.33 mg/kg，速效钾含量为 183.76 mg/kg，有效锌含量为 0.96 mg/kg，水稻土除速效钾外，其他相关属性都很低（表 4 - 2）。

表 4 - 2　不同土壤类型耕地相关属性平均值

土壤名称	有机质（g/kg）	碱解氮（g/kg）	有效磷（g/kg）	速效钾（g/kg）	有效锌（g/kg）	pH
暗棕壤	42.87	164.00	22.56	186.27	1.26	6.33
黑土	40.74	163.37	20.79	191.66	1.32	6.30
草甸土	46.69	176.45	20.94	212.71	1.18	6.61
白浆土	39.64	180.10	16.39	119.38	1.39	5.89
水稻土	31.18	143.28	17.33	183.76	0.96	5.98
沼泽土	55.42	191.65	22.86	212.02	1.52	6.72

第一节　有机质和 pH

一、土壤有机质

土壤有机质是土壤肥力的物质基础，是土壤质量的重要指标，土壤有机质在土壤肥力和植物营养中具有重要作用，它可以为植物生长提供必需的氮磷钾等多种营养元素，并改善耕地土壤的结构性能和理化性状。

此次调查结果：富锦市耕地土壤有机质含量总的分布趋势是南部高，东、西部低。有机质平均含量为 43.2 g/kg，最大值为 94.9 g/kg，最小值为 17.8 g/kg，极差为 77.1 g/kg。与 1984 年相比，有机质含量水平明显下降，下降了 19.67 个百分点，有机质含量 1 级水平即 >60 g/kg 的耕地面积占富锦市耕地总面积的 21.5%，1984 年占耕地总面积的 47.6%，2008 年比 1984 年下降了 26.1%；有机质含量 2 级水平即 40～60 g/kg 的耕地面积占富锦市耕地总面积的 33.1%，1984 年占耕地总面积的 37.1%，2008 年比 1984 年增加 4%；有机质含量 3 级水平即 30～40 g/kg 的耕地面积占富锦市耕地总面积的 26.2%，1984 年占耕地总面积的 11.95%，2008 年比 1984 年增加了 14.25%；有机质含量 4 级水平即 20～30 g/kg 的耕地面积占富锦市耕地总面积的 12.9%，1984 年占耕地总面积的 6.24%，2008 年比 1984 年增加了 6.66%；有机质含量 5 级水平即 10～20 g/kg 的耕地面积占富锦市耕地总面积的 2.3%，1984 年占耕地总面积的 1.11%，2008 年比 1984 年增加了 1.19%。有机质含量 1 级水平的耕地面积严重下降，有机质含量 3 级、4 级水平的耕地面积增加。这次调查说明第二次土壤普查到现在的二十多年有机质已严重下降（表 4-3 至表 4-6，图 4-1）。

表 4-3　1984 年与 2008 年有机质含量状况比较表　　　　　单位：g/kg

年份	平均值	最大值	最小值	极差
1984 年	51.7	127.7	30.0	97.7
2008 年	43.2	94.9	17.8	77.1

表 4-4　2008 年富锦市耕层土壤有机质含量分级

级别	1 级	2 级	3 级	4 级	5 级
有机质（g/kg）	>60	40～60	30～40	20～30	10～20
面积（hm²）	62 282.06	107 472.8	75 897.21	37 369.24	6 662.73
占总耕地面积（%）	21.5	37.1	26.2	12.9	2.3

表 4-5　1984 年富锦县耕层土壤有机质含量分级

级别	1 级	2 级	3 级	4 级	5 级
有机质（%）	>6	4～6	3～4	2～3	1～2
面积（hm²）	229 341.6	159 448.67	57 477.93	29 952	5 369
占总耕地面积（%）	47.6	33.1	11.95	6.24	1.11

表 4-6　1984 年与 2008 年各级有机质含量水平的耕地占总耕地面积百分比对比统计表

级别	1 级	2 级	3 级	4 级	5 级
有机质含量（g/kg）	>60	40～60	30～40	20～30	10～20
1984 年（%）	47.6	33.1	11.95	6.24	1.11
2008 年（%）	21.5	37.1	26.2	12.9	2.3
差值（%）	26.1	-4	-14.25	-6.66	-1.19

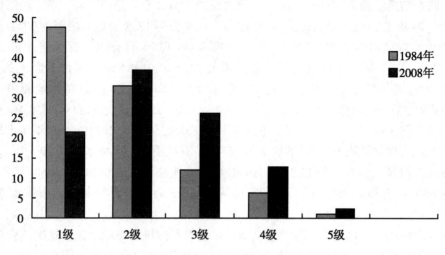

图 4 – 1 富锦市有机质含量级别频率变化示意图

从各乡镇情况看，有机质含量高的耕地多分布于兴隆岗镇、宏胜镇、头林镇、锦山镇、砚山镇，均高于富锦市各镇平均值，有机质低含量的耕地多分布于上街基镇、二龙山镇、大榆树镇 3 个镇。

富锦市乡镇耕层土壤有机质平均值为 42.58 g/kg，兴隆岗镇的有机质平均含量为 63.98 g/kg，是所有乡镇中最高的，二龙山镇有机质平均含量为 24.66 g/kg，是所有乡镇中最低的。有机质含量最大值在宏胜镇为 94.9 g/kg，有机质含量最低值在上街基镇为 17.8 g/kg。有机质平均含量 >40 g/kg 的乡镇有兴隆岗镇、宏胜镇、头林镇、锦山镇、砚山镇、长安镇。有机质 1 级水平即 >60 g/kg 的，占比例最高的乡镇是宏胜镇，其次是兴隆岗镇、头林镇，这 3 个镇 40 ~ 60 g/kg 所占的比例也不少，并且所有耕地的有机质都属于 1 级、2 级水平，没有有机质含量低级别的耕地，这 3 个镇所处地理位置都在南部；大榆树镇、二龙山镇、城关社区、上街基镇、砚山镇没有有机质含量 1 级水平的耕地。大榆树镇、上街基镇的有机质水平低，以 4 级水平即 20 ~ 30 g/kg，占的比例大，上街基镇耕地的有机质甚至有 5 级水平即 10 ~ 20 g/kg 的占了 0.36%。富锦市大部分乡镇耕地的有机质水平都在 2 级即 40 ~ 60 g/kg。富锦各乡镇耕地有机质平均含量由高到低排序为兴隆岗镇 > 宏胜镇 > 头林镇 > 锦山镇 > 砚山镇 > 长安镇 > 向阳川镇 > 城关社区 > 大榆树镇 > 上街基镇 > 二龙山镇（表 4 – 7 和表 4 – 8）。

表 4 – 7 2008 年各乡镇耕层土壤有机质含量分析统计表　　　　　单位：g/kg

乡镇名称	平均值	最大值	最小值	极差
长安镇	41.57	64.2	25.2	39.0
大榆树镇	30.20	38.0	21.7	16.3
二龙山镇	24.66	46.4	27.3	19.1
城关社区	33.88	40.4	29.3	11.1
宏胜镇	61.89	94.9	47.7	47.2
锦山镇	45.12	62.9	28.6	34.3

（续表）

乡镇名称	平均值	最大值	最小值	极差
上街基镇	29.63	39.5	17.8	21.7
头林镇	56.80	71.0	44.4	26.6
向阳川镇	36.50	77.5	25.8	51.7
兴隆岗镇	63.98	84.7	47.1	37.6
砚山镇	44.14	55.4	36.6	18.8
平均	42.58	61.36	31.96	29.4

表4-8　富锦市乡镇耕层土壤有机质分级统计表

乡镇名称	1级	2级	3级	4级	5级
	>60 g/kg	40~60 g/kg	30~40 g/kg	20~30 g/kg	10~20 g/kg
长安镇	3.76%	56.01%	28.13%	12.10%	
大榆树镇			45.60%	54.40%	
二龙山镇		9.68%	79.50%	10.82%	
城关社区		92.78%	6.87%	0.35%	
宏胜镇	65.75%	34.25%			
锦山镇	6.34%	66.65%	24.82%	2.19%	
上街基镇			40.74%	58.90%	0.36%
头林镇	49.60%	50.40%			
向阳川镇	8.47%	29.18%	42.16%	20.19%	
兴隆镇	57.19%	42.81%			
砚山镇		83.58%	16.42%		

此次调查，对各类型土壤的有机质含量进行数据分析，沼泽土的有机质平均含量最高，为55.42 g/kg，其次是草甸土，有机质含量为46.69 g/kg，暗棕壤有机质含量为42.87 g/kg，白浆土的有机质含量41.64 g/kg，黑土的有机质含量为40.74 g/kg，水稻土的有机质含量为31.18 g/kg。

2008年与1984年对比，只有厚层沙底黑土、薄层黏底白浆化黑土、中层黏底白浆化黑土等少数土种的有机质没有下降，大部分土种的有机质都严重下降，平均下降19.20 g/kg，幅度为4.14~149.54 g/kg，比例为11.2%~74.4%，有机质下降幅度最大的土种是厚层沼泽化草甸土，下降了149.74 g/kg；从土属看，有机质下降幅度由大到小排序为低平地沼泽化草甸土＞平地碳酸盐草甸土＞黏底草甸黑土＞平地草甸土＞平地白浆化草甸土＞黏底黑土＞沙底黑土（表4-9至表4-13）。

表 4 - 9 2008 年与 1984 年不同土类的耕层土壤有机质含量平均值对比分析

单位：g/kg

土壤名称	1984 年平均值	2008 年平均值	差值
暗棕壤	56.4	42.87	13.53
黑土	47.5	40.74	6.76
草甸土	80.43	46.69	33.74
白浆土	44.6	41.64	2.96
水稻土	—	31.18	
沼泽土	—	55.42	

注：为对比一致，将 1984 年的有机质单位由百分比转换为 g/kg

表 4 - 10 2008 年不同土壤类型的耕层土壤有机质分析统计

单位：g/kg

土壤名称	平均值	最大值	最小值	极差
暗棕壤	42.87	54.9	30.6	24.3
薄层岗地白浆土	68.75	70.6	66.3	4.3
中层岗地白浆土	36.86	58.4	27	31.4
厚层岗地白浆土	45.33	65.2	25.8	39.4
草甸白浆土	41.7	79.9	22.4	69.7
薄层黏底黑土	36.09	91.3	21.6	69.7
中层黏底黑土	42.64	81	21.1	59.9
厚层黏底黑土	46.33	84.2	26.3	57.9
薄层沙底黑土	31.12	58.2	21.7	36.5
中层沙底黑土	28.97	51.3	20	31.3
厚层沙底黑土	40.64	61.6	25.7	35.9
薄层黏底草甸黑土	35.86	67.6	24.1	43.5
中层黏底草甸黑土	36.54	60.9	19.5	41.4
厚层黏底草甸黑土	52.08	70.3	32.9	37.4
薄层黏底白浆化黑土	40.34	52.3	26.7	25.6
中层黏底白浆化黑土	46	57.7	36.2	21.5
薄层平地草甸土	44.13	88.5	21.8	66.7
中层平地草甸土	41.65	90.9	27	63.9
厚层平地草甸土	44.01	80.9	22.3	58.6
薄层白浆化草甸土	39.92	79.6	26.1	53.5
中层白浆化草甸土	37.09	41.6	28.7	12.9
薄层碳酸盐草甸土	55.2	92.4	27.7	64.7

（续表）

土壤名称	平均值	最大值	最小值	极差
中层碳酸盐草甸土	45.25	84.7	25.6	59.1
厚层碳酸盐草甸土	46.54	85.9	25.6	60.3
薄层沼泽化草甸土	53.45	53.8	53.3	0.5
中层沼泽化草甸土	56.72	84.7	36.7	48
厚层沼泽化草甸土	51.36	61.1	23.1	38
薄层泛滥地草甸土	27.67	34.6	22.6	12
中层泛滥地草甸土	20.6	22.6	17.8	4.8
厚层泛滥地草甸土	30.4	31.3	29.8	1.5
草甸土型水稻土	31.18	40.5	25	15.5
草甸沼泽土	54.63	94.9	22.9	72
泥炭沼泽土	62.4	67.4	56.6	8.8
平均	43.91	70.51	28.1	42.9

表4-11 1984年不同土壤类型有机质含量 单位:%

土壤名称	平均值	最大值	最小值	极差
暗棕壤	5.64	11.43	3.09	8.34
薄层岗地白浆土	4.05	6.48	3.70	2.78
中层岗地白浆土	4.10	7.72	0.20	7.25
厚层岗地白浆土	5.24	6.54	2.92	3.62
薄层黏底黑土	4.50	7.88	1.85	6.03
中层黏底黑土	5.44	21.20	2.43	18.77
厚层黏底黑土	5.17	12.45	1.87	10.58
薄层沙底黑土	4.48	8.46	1.24	7.22
中层沙底黑土	4.24	8.80	2.06	6.74
厚层沙底黑土	3.28	5.49	2.52	2.97
薄层黏底草甸黑土	5.08	6.14	3.75	2.74
中层黏底草甸黑土	4.80	9.96	2.84	7.12
厚层黏底草甸黑土	6.86	16.49	3.55	12.94
薄层白浆化黑土	3.96	5.16	2.83	2.33
中层白浆化黑土	4.42	7.56	3.52	4.04
薄层平地草甸土	5.47	16.23	2.28	13.95

（续表）

土壤名称	平均值	最大值	最小值	极差
中层平地草甸土	5.71	12.40	0.39	12.01
厚层平地草甸土	5.84	12.86	3.12	2.19
薄层白浆化草甸土	5.29	10.09	3.08	7.01
中层白浆化草甸土	4.63	5.96	3.77	2.19
薄层碳酸盐草甸土	8.00	16.46	7.70	8.76
中层碳酸盐草甸土	5.78	18.79	2.13	16.66
厚层碳酸盐草甸土	5.87	16.75	1.73	15.02
薄层沼泽化草甸土	10.60	24.63	4.25	20.38
中层沼泽化草甸土	11.20	2.998	2.20	27.78
厚层沼泽化草甸土	20.09	29.98	9.04	20.94

表 4－12　2008 年与 1984 年不同土种耕层土壤有机质平均值对比分析统计

单位：g/kg

土壤名称	1984 年平均值	2008 年平均值	差值
中层岗地白浆土	41	36.86	4.14
厚层岗地白浆土	52.4	45.33	7.07
草甸白浆土	—	41.7	
薄层黏底黑土	45	36.09	8.91
中层黏底黑土	54.4	42.64	11.76
厚层黏底黑土	51.7	46.33	5.37
薄层沙底黑土	44.8	31.12	13.68
中层沙底黑土	42.4	28.97	13.43
厚层沙底黑土	32.8	40.64	－7.84
薄层黏底草甸黑土	50.8	35.86	14.94
中层黏底草甸黑土	48	36.54	11.46
厚层黏底草甸黑土	68.6	52.08	16.52
薄层黏底白浆化黑土	39.6	40.34	－0.74
中层黏底白浆化黑土	44.2	46	－1.8
薄层平地草甸土	54.7	44.13	10.57
中层平地草甸土	57.1	41.65	15.45
厚层平地草甸土	58.4	44.01	14.39
薄层白浆化草甸土	52.9	39.92	12.98

（续表）

土壤名称	1984 年平均值	2008 年平均值	差值
中层白浆化草甸土	46.3	37.09	9.21
薄层碳酸盐草甸土	80	55.2	24.8
中层碳酸盐草甸土	57.8	45.25	12.55
厚层碳酸盐草甸土	58.7	46.54	12.16
薄层沼泽化草甸土	106	53.45	52.55
中层沼泽化草甸土	112	56.72	55.28
厚层沼泽化草甸土	200.9	51.36	149.54
平均	63.11	43.91	19.20

注：为对比一致，将 1984 年的有机质单位由百分比转换为 g/kg

此次调查将水旱田的有机质含量进行对比，旱田比水田略高些，旱田的有机质含量平均值是 45.72 g/kg，水田有机质含量平均值是 42.16 g/kg，旱田比水田高 3.56 g/kg；旱田有机质最大值比水田高 9.6 g/kg，旱田有机质最小值比水田低 9.6 g/kg，有机质极差值旱田比水田多 1.22 g/kg（表 4 – 13）。

表 4 – 13　耕层水旱田有机质对比分析表　　　　单位：g/kg

项目	平均值	最大值	最小值	极差
旱田	45.72	94.9	17.8	77.1
水田	42.16	85.3	20.4	64.9
差值	3.56	9.6	– 2.6	1.22

二、pH

土壤 pH 是评价土壤各种反应的一个重要指标。它的变化会影响到土壤的化学反应、土壤养分的有效性、铝锰离子的毒害性、微生物的活性、肥料的肥效和植物群体的组成。通常把土壤 pH 分为 7 种：强酸性，pH 值 <4.5；酸性，pH 值为 4.5 ~ 5.5；微酸性，pH 值为 5.5 ~ 6.5；中性，pH 值为 6.5 ~ 7.5；微碱性，pH 值为 7.5 ~ 8.0；碱性，pH 值为 8.0 ~ 9.0；强碱性，pH 值≥9.0。此次调查，富锦市耕地 pH 平均值为 6.44，最大值为 8，最小值为 5.2。pH 值 >7.5 的耕地面积为 12 833.00 hm²，占耕地总面积的 4.43%；pH 值为 6.5 ~ 7.5 的耕地面积为 122 623.24 hm²，占耕地总面积的 42.33%；pH 值为 5.5 ~ 6.5 的耕地面积为 140 351.90 hm²，占耕地总面积的 48.45%；pH 值≤5.5 的耕地面积为 13 875.86 hm²，占耕地总面积的 4.79%（表 4 – 14）。这说明富锦市土壤大部分处于微酸性。

表 4 – 14　土壤耕层（0 ~ 20 cm）pH

pH	>7. 5	6. 5 ~ 7. 5	5. 5 ~ 6. 5	≤5. 5
面积（hm²）	12 833. 00	122 623. 24	140 351. 90	13 875. 86
占总面积（%）	4. 43	42. 33	48. 45	4. 79

　　富锦市乡镇土壤 pH 平均值为 6.43，长安镇的 pH 平均值最高，为 7.11，该镇土类多为碳酸盐草甸土。二龙山镇的 pH 平均值最低，为 5.67；富锦市耕地的 pH 最大值在兴隆岗镇，为 8；pH 最小值在二龙山镇内，为 5.2；向阳川镇、长安镇的极差值最大，同为 2。富锦市耕地 pH 平均值由高到低的乡镇为长安镇 > 兴隆岗镇 > 锦山镇 > 头林镇 > 砚山镇 > 宏胜镇 > 城关社区 > 向阳川镇 > 大榆树镇 > 上街基镇 > 二龙山镇。长安镇、兴隆岗镇、锦山镇、头林镇、砚山镇、宏胜镇、城关社区这几个乡镇 pH 差别较大，土壤类型为碳酸盐草甸土的地块 pH 高，其他土类 pH 低；头林镇耕地的 pH 差别较大，土壤类型为沼泽化草甸土的地块 pH 高，中层黏底黑土的地块 pH 低（表 4 – 15）。

表 4 – 15　富锦市乡镇耕层土壤 pH 分析统计表

乡镇名称	平均值	最大值	最小值	极差
长安镇	7. 11	7. 9	5. 9	2. 0
大榆树镇	6. 00	6. 7	5. 3	1. 4
二龙山镇	5. 67	6. 3	5. 2	1. 1
城关社区	6. 37	7. 5	5. 9	1. 6
宏胜镇	6. 39	7. 5	5. 6	1. 9
锦山镇	6. 78	7. 7	6. 0	1. 7
上街基镇	5. 97	6. 7	5. 4	1. 3
头林镇	6. 67	7. 4	6. 0	1. 4
向阳川镇	6. 04	7. 3	5. 3	2. 0
兴隆岗镇	7. 05	8. 0	6. 2	1. 8
砚山镇	6. 64	7. 3	5. 6	1. 7
平均	6. 43	7. 30	5. 67	1. 63

　　此次调查，对各土壤类型的耕层土壤 pH 数据分析，中层碳酸盐草甸土 pH 平均值最高，为 6.88；厚层泛滥地草甸土的 pH 平均值最低，为 5.63；pH 最大值的土种是厚层碳酸盐草甸土，为 7.9；pH 最小值的土种是草甸白浆土，为 5.2；pH 极差最大的土种是草甸沼泽土，为 2.5；pH 值 >7 的土壤多为草甸沼泽土或沼泽化草甸土（表 4 – 16）。

表 4 - 16　各土壤类型耕层土壤 pH 分析统计

乡镇名称	平均值	最大值	最小值	极差
暗棕壤	6.33	7.5	5.7	1.8
中层岗地白浆土	5.91	6.6	5.4	1.2
厚层岗地白浆土	5.94	7.0	5.3	1.7
草甸白浆土	5.84	7.2	5.2	2.0
薄层黏底黑土	6.08	7.1	5.4	1.7
中层黏底黑土	6.37	7.7	5.5	2.2
厚层黏底黑土	6.59	7.9	5.5	2.4
薄层沙底黑土	5.99	7.3	5.4	1.9
中层沙底黑土	5.96	7.4	5.3	2.1
厚层沙底黑土	6.75	7.7	6.0	1.7
薄层黏底草甸黑土	6.00	7.2	5.6	1.6
中层黏底草甸黑土	6.18	7.1	5.6	1.5
厚层黏底草甸黑土	6.69	8.0	5.9	2.1
薄层白浆化黑土	5.91	6.4	5.2	1.2
中层白浆化黑土	5.84	6.5	5.2	1.3
薄层平地草甸土	6.04	7.4	5.6	1.8
中层平地草甸土	6.30	7.7	5.3	2.4
厚层平地草甸土	6.40	7.6	5.5	2.1
薄层白浆化草甸土	5.98	7.2	5.2	2.0
中层白浆化草甸土	5.75	6.1	5.7	0.4
薄层碳酸盐草甸土	6.78	7.9	6.4	2.5
中层碳酸盐草甸土	6.88	7.9	6.7	2.2
厚层碳酸盐草甸土	6.80	7.9	6.8	2.1
薄层沼泽化草甸土	7.20	7.2	7.2	0
中层沼泽化草甸土	6.97	7.8	5.9	1.9
厚层沼泽化草甸土	7.00	7.3	5.9	1.4
薄层泛滥地草甸土	5.67	6.1	4.4	1.7
中层泛滥地草甸土	5.82	6.1	5.4	0.7
厚层泛滥地草甸土	5.63	5.7	5.5	0.2
草甸土型水稻土	5.98	6.2	5.6	0.6
草甸沼泽土	6.67	7.8	5.3	2.5
泥炭沼泽土	7.14	7.7	6.8	0.9
平均	6.32	7.19	5.62	1.57

第二节　大量元素及微量元素

一、土壤碱解氮

土壤中的氮素是作物营养中最主要的元素。土壤碱解氮是土壤供氮能力的重要指标，在测土配方施肥的实践中有重要的意义。

此次调查，富锦市耕地碱解氮总体分布趋势是南部高，东、西部低，含量较高的土壤主要是沼泽土和白浆土。富锦市耕地碱解氮平均值为 168.9 mg/kg，最大值为 288.49.3 mg/kg，最小值为 111.85 mg/kg，与 1984 年碱解氮平均含量 171.8 mg/kg 相比，碱解氮含量水平相差不多，下降了 1.7 个百分点。碱解氮含量 >200 mg/kg 即 1 级水平的耕地，2008 年面积为 77 924.99 hm²，占耕地总面积的 26.9%，1984 年占耕地总面积的 44.3%，2008 年与 1984 年相比，减少了 17.4%，说明碱解氮高含量水平的耕地面积明显下降；碱解氮含量 150 ~ 200 mg/kg 即 2 级水平的耕地，2008 年面积为 144 899.94 hm²，占耕地总面积的 50.02%，1984 年占耕地总面积的 28.12%，2008 年与 1984 年相比，增加了 21.9%；碱解氮含量 120 ~ 150 mg/kg 即 3 级水平的耕地，2008 年面积为 64 165.01 hm²，占耕地总面积的 22.15%，1984 年占耕地总面积的 16.3%，2008 年与 1984 年相比，增加了 5.85%；碱解氮含量 90 ~ 120 mg/kg 即 4 级水平的耕地，2008 年面积为 2 694.06 hm²，占耕地总面积的 0.93%，2008 年与 1984 年相比，减少了 0.58%；2008 年的耕地碱解氮含量没有 90 mg/kg 以下的，说明碱解氮极低含量水平的耕地面积很少。此次调查说明，第二次土壤普查到现在的二十多年，速效氮养分已下降，目前富锦市速效氮水平处于中下等水平（表 4 - 17 至表 4 - 19，图 4 - 2）。

表 4 - 17　1984 年与 2008 年耕层土壤碱解氮状况比较表　　单位：mg/kg

年份	平均值	最大值	最小值	极差
1984 年	171.8	319.9	102.9	217.1
2008 年	168.9	287.49	118.85	81.1

表 4 - 18　2008 年土壤耕层碱解氮含量

级别	1 级	2 级	3 级	4 级	5 级	6 级	7 级
碱解氮（mg/kg）	>200	150 ~ 200	120 ~ 150	90 ~ 120	60 ~ 90	30 ~ 60	≤30
面积（hm²）	77 924.99	144 899.94	64 165.01	2 694.06	0	0	0
占总面积（%）	26.9	50.02	22.15	0.93	0	0	0

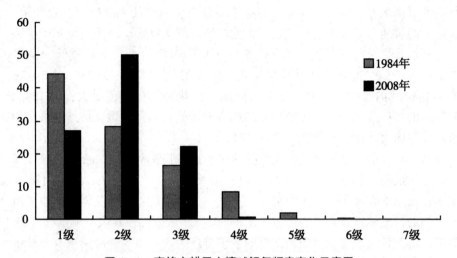

图 4-2 富锦市耕层土壤碱解氮频率变化示意图

表 4-19 1984 年土壤耕层 (0~20 cm) 碱解氮含量

级别	1 级	2 级	3 级	4 级	5 级	6 级	7 级
碱解氮 (mg/kg)	>200	150~200	120~150	90~120	60~90	30~60	≤30
面积 (hm²)	213 044.13	135 444.33	78 656.93	40 842.00	10 175.13	2 803.93	622.93
占总面积 (%)	44.3	28.12	16.3	8.5	2.1	0.58	0.10

表 4-20 2008 年与 1984 年耕地土壤耕层碱解氮含量占总耕地面积百分比对比统计表

级别	1 级	2 级	3 级	4 级	5 级	6 级	7 级
碱解氮 (mg/kg)	>200	150~200	120~150	90~120	60~90	30~60	≤30
1984 年 (%)	44.3	28.12	16.3	8.5	2.1	0.58	0.10
2008 年 (%)	26.9	50.02	22.15	0.93	0	0	0
差值 (%)	17.4	-21.9	-5.85	7.57	2.1	0.58	0.1

注：为对比一致，把 1984 年的碱解氮单位 ppm 换算成 mg/kg

此次调查，水旱田的碱解氮含量对比，旱田比水田高 6.06 mg/kg，旱田的碱解氮平均含量是 175.1 g/kg，水田碱解氮平均值是 169.04 mg/kg；旱田碱解氮含量最大值比水田高 10.95 mg/kg，旱田碱解氮含量最小值比水田低 9.6 g/kg，旱田碱解氮极差值比水田多 13.23 mg/kg（表 4-21）。

表 4-21 耕层水旱田碱解氮对比分析表　　　　　　　　　单位：mg/kg

项目	平均值	最大值	最小值	极差
旱田	175.10	287.49	111.85	175.64
水田	169.04	276.54	114.13	162.41
差值	6.06	10.95	-2.28	13.23

从行政区域情况看，碱解氮含量高的耕地多分布于南部的兴隆岗镇、宏胜镇、头林镇，碱解氮含量低的耕地多分布于上街基镇、大榆树镇、城关社区、向阳川镇4个乡镇。富锦市耕地碱解氮平均含量宏胜镇最高，为223.51 mg/kg，碱解氮平均含量最低的乡镇是城关社区，为131.67 mg/kg。富锦市耕地的碱解氮最高值在宏胜镇内，为287.49 mg/kg，碱解氮最低值在大榆树镇内，为111.85 mg/kg。向阳川镇耕地的极差值最大，为154.45 mg/kg，说明向阳川镇的各村之间或各土壤类型之间的耕地速效氮差别较大，极差值最小的是城关社区，该镇耕地整体速效氮含量都低（表4-22）。

由分级水平来分析各乡镇耕地的碱解氮含量，1级水平即>200 mg/kg的耕地以宏胜镇、头林镇所占比例最高，超过90%；大榆树镇、城关社区、上街基镇、向阳川镇耕地的碱解氮含量水平较低，很大比例处于3级水平即120～150 mg/kg；上街基镇、大榆树镇、城关社区有一定比例的耕地碱解氮含量为4级水平即90～120 mg/kg，其余乡镇没有（表4-23）。

富锦市耕地碱解氮平均含量由高到低的乡镇排序为宏胜镇>兴隆岗镇>头林镇>二龙山镇>长安镇>砚山镇>锦山镇>向阳川镇>上街基镇>大榆树镇>城关社区。

表4-22 2008年各镇耕层土壤碱解氮分析统计表 单位：mg/kg

乡镇名称	平均值	最大值	最小值	极差
长安镇	167.35	202.32	132.34	69.98
大榆树镇	135.08	157.67	111.85	45.82
二龙山镇	168.36	196.57	134.34	62.23
城关社区	131.67	152.44	117.58	34.86
宏胜镇	223.51	287.49	190.41	97.08
锦山镇	164.19	218.47	120.57	97.90
上街基镇	147.12	182.20	112.39	69.81
头林镇	181.97	209.96	163.90	46.06
向阳川镇	154.61	276.54	122.09	154.45
兴隆岗镇	212.50	246.40	159.14	87.26
砚山镇	164.48	189.78	144.71	45.07
平均	168.26	210.89	137.21	73.68

表4-23 各乡镇碱解氮分级统计表

乡镇名称	1级	2级	3级	4级
	>200 mg/kg	150～200 mg/kg	120～150 mg/kg	90～120 mg/kg
长安镇	0.41%	79.77%	19.82%	0
大榆树镇	0	6.35%	84.73%	8.92%
二龙山镇	0	94.31%	5.69%	0
城关社区	0	1.01%	95.36%	3.63%

（续表）

乡镇名称	1级 >200 mg/kg	2级 150～200 mg/kg	3级 120～150 mg/kg	4级 90～120 mg/kg
宏胜镇	93.52%	6.48%	0	0
锦山镇	6.51%	71.81%	21.68%	0
上街基镇	0	34.72%	63.32%	1.96%
头林镇	26.03%	73.97%	0	0
向阳川镇	8.47%	47.29%	44.24%	0
兴隆镇	91.23%	8.77%	0	0
砚山镇	0	96.24%	3.76%	0

　　此次调查，对各土壤类型的耕层土壤碱解氮含量数据分析，薄层岗地白浆土的碱解氮平均含量最高，为 222.7 mg/kg，但该土种在富锦市面积极小；其次是泥炭沼泽土的碱解氮平均含量较高，为 211.92 mg/kg；薄层黏底黑土的碱解氮平均含量最低，为 112.39 mg/kg。碱解氮含量最大值的土种是薄层黏底黑土，碱解氮含量最小值的土种是薄层沙底黑土，极差最大的土种是薄层黏底黑土，为 175.1 mg/kg（表 4 - 24 和表 4 - 25）。

　　2008 年与 1984 年对比，大部分土种的碱解氮含量水平都提高，但碱解氮含量的平均值 1984 年略高于 2008 年，说明二十多年土壤中速效氮含量水平变化不大（表 4 - 26）。

表 4 - 24　2008 年各土壤类型耕层土壤碱解氮分析统计　　　　单位：mg/kg

土壤名称	平均值	最大值	最小值	极差
暗棕壤	164	193.23	142.27	50.96
薄层岗地白浆土	222.78	227.38	217.49	9.89
中层岗地白浆土	168.95	206.7	128.81	77.89
厚层岗地白浆土	186.91	233.34	124.87	108.47
草甸白浆土	180.87	274.21	119.45	154.76
薄层黏底黑土	156.24	287.49	112.39	175.1
中层黏底黑土	165.66	246.66	117.58	129.08
厚层黏底黑土	172.14	243.61	124.12	119.49
薄层沙底黑土	141.55	186.01	111.85	74.16
中层沙底黑土	140.74	184.06	120.24	63.82
厚层沙底黑土	166.60	233.27	135.04	98.23
薄层黏底草甸黑土	154.96	221.32	118.25	103.07
中层黏底草甸黑土	154.81	238.09	123.63	114.46
厚层黏底草甸黑土	189.33	228.69	137.13	91.56

（续表）

土壤名称	平均值	最大值	最小值	极差
薄层白浆化黑土	167.03	199.78	133.06	66.72
中层白浆化黑土	192.58	209.44	158.38	51.06
薄层平地草甸土	177.06	263.76	114.28	149.48
中层平地草甸土	166.46	284.3	130.18	154.12
厚层平地草甸土	170.83	243.38	114.54	128.84
薄层白浆化草甸土	168.15	239.35	128.04	111.31
中层白浆化草甸土	157.12	169.98	135.3	34.68
薄层碳酸盐草甸土	198.15	279.79	124.58	155.21
中层碳酸盐草甸土	169.88	256.76	118.08	138.68
厚层碳酸盐草甸土	178.56	249.48	132.34	117.14
薄层沼泽化草甸土	177.98	179.1	177.11	1.99
中层沼泽化草甸土	190.04	242.47	157.8	84.67
厚层沼泽化草甸土	177.42	204.72	134.66	70.06
薄层泛滥地草甸土	135.22	154.32	114.41	39.91
中层泛滥地草甸土	121.4	125.4	116.4	9
厚层泛滥地草甸土	142.12	143.99	141.45	2.54
草甸土型水稻土	143.28	164.12	114.21	49.91
草甸沼泽土	189.36	275.59	119.56	156.03
泥炭沼泽土	211.92	225.6	196.27	29.33
平均	169.7	221.68	133.14	88.53

表 4-25　1984 年各土壤类型耕层土壤碱解氮分析统计　　　单位：mg/kg

土壤名称	平均值	最大值	最小值	极差
暗棕壤	193	391	116	285
薄层岗地白浆土	151	177	115	162
中层岗地白浆土	151	210	116	94
厚层岗地白浆土	196	316	137	179
薄层黏底黑土	138	219	46	173
中层黏底黑土	129	343	76	269
厚层黏底黑土	156	386	70	316
薄层沙底黑土	109	348	35	313

（续表）

土壤名称	平均值	最大值	最小值	极差
中层沙底黑土	110	193	89	104
厚层沙底黑土	55	161	46	115
薄层黏底草甸黑土	116	128	104	24
中层黏底草甸黑土	131	143	62	81
厚层黏底草甸黑土	152	408	109	299
薄层白浆化黑土	144	148	106	42
中层白浆化黑土	145	181	110	71
薄层平地草甸土	171	333	70	263
中层平地草甸土	167	319	56	253
厚层平地草甸土	149	410	90	320
中层白浆化草甸土	152	175	134	41
薄层碳酸盐草甸土	217	385	93	292
中层碳酸盐草甸土	184	483	67	416
厚层碳酸盐草甸土	152	420	91	329
薄层沼泽化草甸土	298	568	165	403
中层沼泽化草甸土	303	706	102	504
厚层沼泽化草甸土	438	499	385	114
泛滥地草甸土	161	269	87	182

表 4－26　2008 年与 1984 年碱解氮平均值对比分析　　单位：mg/kg

项　　目	1984 年平均值	2008 年平均值	差值
中层岗地白浆土	151	168.95	－17.95
厚层岗地白浆土	196	186.91	9.09
薄层黏底黑土	138	156.24	－18.24
中层黏底黑土	129	165.66	－36.66
厚层黏底黑土	156	172.14	－16.14
薄层沙底黑土	109	141.55	－32.55
中层沙底黑土	110	140.74	－30.74
厚层沙底黑土	55	166.6	－111.6
薄层黏底草甸黑土	116	154.96	－38.96
中层黏底草甸黑土	131	154.81	－23.81

（续表）

项　目	1984 年平均值	2008 年平均值	差值
厚层黏底草甸黑土	152	189.33	−37.33
薄层黏底白浆化黑土	144	167.03	−23.03
中层黏底白浆化黑土	145	192.58	−47.58
薄层平地草甸土	171	177.06	−6.06
中层平地草甸土	167	166.46	0.54
厚层平地草甸土	149	170.83	−21.83
中层白浆化草甸土	152	157.12	−5.12
薄层碳酸盐草甸土	217	198.15	18.85
中层碳酸盐草甸土	184	169.88	14.12
厚层碳酸盐草甸土	152	178.56	−26.56
薄层沼泽化草甸土	298	177.98	120.02
中层沼泽化草甸土	303	190.04	112.96
厚层沼泽化草甸土	438	177.42	260.58
平均	172.30	170.48	1.83

注：为对比一致，把 1984 年的碱解氮单位 ppm 换算成 mg/kg

二、有效磷

土壤中的磷存在对植物的营养有重要的作用，它是植物生长所必须的重要元素之一，植物用来吸收养分的根系也与磷有密切的关系。磷元素含量不足或过剩都影响作物的生长。

此次调查，有效磷总体分布趋势是南部稍高、东部稍低，含量较高的土壤主要是沼泽土和白浆土。有效磷平均值为 20.49 mg/kg，最大值为 45.9 mg/kg，最小值为 6.6 mg/kg。从平均值看，富锦市目前土壤中的磷元素含量属中等水平。此次调查与第二次土壤普查 1984 年时相比，第二次土壤普查时有效磷平均含量为 27 mg/kg，现在的耕地有效磷平均含量为 20.49 mg/kg，2008 年比 1984 年降低了 31.8%，原因是磷肥进入土壤后，除部分被作物吸收利用外，其余部分被土壤固定，成为有效磷检测法检测不到的固定或闭蓄态磷。

从分级水平看，有效磷含量 >100 mg/kg 即 1 级水平的耕地，2008 年没有，1984 年占耕地总面积的 1.8%，40 ~ 100 mg/kg 即 2 级水平的耕地，2008 年面积为 260.72 hm²，占耕地总面积的 0.09%，1984 年占耕地总面积的 10.6%，2008 年与 1984 年相比，减小了 10.51%；20 ~ 40 mg/kg 即 3 级水平的耕地，2008 年面积为 146 232.48 hm²，占耕地总面积的 50.48%，1984 年占耕地总面积的 31.2%，2008 年与 1984 年相比，增加了 19.28%；10 ~ 20 mg/kg即 4 级水平的耕地，2008 年面积为 137 860.61 hm²，占耕地总面积的 47.59%，1984 年占耕地总面积的 27.2%，2008 年与 1984 年相比，减少了 20.39%；5 ~ 10 mg/kg 即 5 级水平的耕地，2008 年面积为 5 330.19 hm²，占耕地总面积的 1.84%，1984 年占耕地总面积的 27.0%，2008 年与 1984 年相比，减少了 25.16%；有效磷含量 6 级（3 ~ 5 mg/kg）、7 级

· 56 ·

（<3 mg/kg）的耕地已没有。有效磷含量极高水平的耕地已没有，2级水平的耕地与1984年相比，所占面积比例减少了很多，大部分耕地有效磷养分含量都集中在3级水平即20～40 mg/kg，4级水平10～20 mg/kg耕地的比例也很高，5～10 mg/kg的比例极小。此次调查结果说明，目前的有效磷整体水平在二十多年间变化很大，第二次土壤普查时有效磷含量极高水平和极低水平的耕地所占比例都很大，如5～10级水平占27%，目前这个有效磷含量水平的耕地已很少，以20～40 mg/kg水平的耕地较多，现在的土壤已不缺磷，甚至有些耕地由于二铵施用过多，磷已出现过剩（表4-27至表4-29，图4-3）。

表4-27　2008年耕层土壤（0～20 cm）有效磷含量

级别	1级	2级	3级	4级	5级	6级	7级
有效磷（mg/kg）	>100	40～100	20～40	10～20	5～10	3～5	≤3
面积（hm²）		260.72	146 232.48	137 860.61	5 330.19		
占总面积（%）		0.09	50.48	47.59	1.84		

表4-28　1984年耕层土壤（0～20 cm）有效磷含量

级别	1级	2级	3级	4级	5级	6级	7级
有效磷（mg/kg）	>100	40～100	20～40	10～20	5～10	3～5	≤3
面积（hm²）	622.93	8 827.93	51 316.47	150 233.07	130 815.13	129 705.93	9 711.60
占总面积（%）	1.8	10.6	31.2	27.2	27.0	2.0	0.2

表4-29　2008年与1984年有效磷含量各级别的耕地占总耕地面积百分比对比统计表

级别	1级	2级	3级	4级	5级	6级	7级
有效磷（mg/kg）	>100	40～100	20～40	10～20	5～10	3～5	≤3
1984年（%）	1.8	10.6	31.2	27.2	27.0	2.0	0.2
2008年（%）		0.09	50.48	47.59	1.84		
差值（%）		10.51	-19.28	-20.39	25.16		

　　各乡镇的耕地有效磷平均值为22.08 mg/kg，城关社区的耕地有效磷平均含量最高，为33.3 mg/kg；二龙山镇的耕地有效磷平均含量最低，为15.02 mg/kg。富锦市耕地的有效磷最高值在城关社区内，为45.9 mg/kg；有效磷最低值在兴隆岗镇内，为6.6 mg/kg。兴隆岗镇耕地的极差值最大，为32.4 mg/kg，说明兴隆岗镇的各村之间或各土壤类型之间的有效磷差别较大；极差值最小的是二龙山镇，说明该镇耕地整体有效磷含量都相差不多，都很低（表4-30）。

　　由分级水平来分析各乡镇耕地的有效磷含量，1级水平即40～100 mg/kg的耕地比例很少，只有长安镇、城关社区有这个水平的耕地，其他乡镇没有，说明富锦市有效磷含量过剩的耕地较少，富锦市大部分耕地有效磷水平都在2、3级内，处于中等水平，只有上街基、兴隆岗、向阳川镇有少量耕地的有效磷含量水平极低为4级水平即5～10 mg/kg（表4-31）。

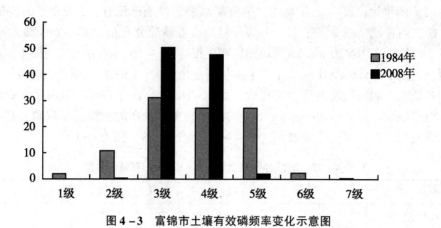

图 4 – 3　富锦市土壤有效磷频率变化示意图

富锦市耕地有效磷平均含量由高到低排序的乡镇为城关社区 > 头林镇 > 砚山镇 > 长安镇 > 锦山镇 > 兴隆岗镇 > 大榆树镇 > 宏胜镇 > 上街基镇 > 向阳川镇 > 二龙山镇（表 4 – 31）。

表 4 – 30　2008 年富锦市乡镇耕层土壤有效磷值分析统计表　　　单位：mg/kg

乡镇名称	平均值	最大值	最小值	极差
长安镇	25.20	43.3	13.0	30.3
大榆树镇	19.35	39.1	13.7	25.4
二龙山镇	15.02	22.9	10.1	12.8
城关社区	33.30	45.9	19.4	26.5
宏胜镇	18.24	25.7	10.1	15.6
锦山镇	23.43	30.7	12.6	18.1
上街基镇	17.22	30.0	6.7	23.3
头林镇	28.45	38.6	14.5	24.1
向阳川镇	16.05	24.5	9.7	14.8
兴隆岗镇	19.64	39.0	6.6	32.4
砚山镇	26.97	34.0	17.6	16.4
平均	22.08	33.97	12.18	21.79

表 4 – 31　各乡镇有效磷分级统计表

乡镇名称	1级	2级	3级	4级	5级
	>100 mg/kg	40～100 mg/kg	20～40 mg/kg	10～20 mg/kg	5～10 mg/kg
长安镇		0.45%	57.81%	41.74%	
大榆树镇			42.64%	57.36%	
二龙山镇			6.84%	93.16%	

（续表）

乡镇名称	1级	2级	3级	4级	5级
	>100 mg/kg	40~100 mg/kg	20~40 mg/kg	10~20 mg/kg	5~10 mg/kg
城关社区		6.0%	93.96%	0.04%	
宏胜镇			36.45%	63.55%	
锦山镇			73.16%	26.84%	
上街基镇			22.3%	66.85%	10.85%
头林镇			95.5%	4.5%	
向阳川镇			28.3%	71.1%	0.6%
兴隆镇			43.48%	49.01%	7.51%

　　此次调查，对各土壤类型的耕层土壤有效磷含量数据分析，厚层沼泽化草甸土的有效磷平均含量最高，为 25.1 mg/kg；厚层泛滥地草甸土的有效磷平均含量最低，为 9.73 mg/kg。有效磷最大值的土种是中层黏底黑土，含量为 45.9 mg/kg；最小值的土种是厚层黏底草甸黑土，含量为 6.6 mg/kg（表4-32）。

　　2008 年与 1984 年相比，大部分土种的有效磷含量都增加，只有少数土种有效磷含量降低（表4-32 和表4-33）。

表 4-32　2008 年各土壤类型耕层土壤有效磷分析统计　　　单位：mg/kg

土壤名称	平均值	最大值	最小值	极差
暗棕壤	22.56	29	10.8	18.2
薄层岗地白浆土	20.13	20.9	19.3	1.6
中层岗地白浆土	16.79	33.1	9	24.1
厚层岗地白浆土	17.43	25.4	10.9	14.5
草甸白浆土	16.02	30.3	10.1	20.2
薄层黏底黑土	20.1	34.6	10.5	24.1
中层黏底黑土	22.38	45.9	8.5	37.4
厚层黏底黑土	22.89	41	7.6	33.4
薄层沙底黑土	18.57	33	9.7	23.3
中层沙底黑土	19.53	29.2	7.1	22.1
厚层沙底黑土	23.0	36.7	11.8	24.9
薄层黏底草甸黑土	18.4	32.7	12.1	20.6
中层黏底草甸黑土	16.15	26.9	11	15.9
厚层黏底草甸黑土	21.79	36	6.6	29.4
薄层白浆化黑土	20.17	35.1	13.4	21.7

（续表）

土壤名称	平均值	最大值	最小值	极差
中层白浆化黑土	18.05	21.4	13.1	8.3
薄层平地草甸土	16.65	24.2	10	14.2
中层平地草甸土	20.33	36.4	8.5	27.9
厚层平地草甸土	22.54	39.9	9	30.9
薄层白浆化草甸土	16.01	23.7	8.7	15
中层白浆化草甸土	17.73	35.1	13.3	21.8
薄层碳酸盐草甸土	19.94	33.9	7.9	26
中层碳酸盐草甸土	22.98	43.3	11.2	32.1
厚层碳酸盐草甸土	20.32	42.3	7.6	34.7
薄层沼泽化草甸土	23.4	23.6	23.1	0.5
中层沼泽化草甸土	23.92	38.4	12.7	25.7
厚层沼泽化草甸土	25.1	23.7	15.6	8.1
薄层泛滥地草甸土	17.62	22.8	6.7	16.1
中层泛滥地草甸土	21.22	27.9	14.8	13.1
厚层泛滥地草甸土	9.73	10.9	8.5	2.4
草甸土型水稻土	17.33	31.5	8.2	23.3
草甸沼泽土	23.4	41.9	9.3	32.6
泥炭沼泽土	18.08	21.1	14	7.1
平均	19.7	31.27	10.93	20.34

表4-33　1984年各土壤类型耕层土壤有效磷分析统计　　　单位：mg/kg

土壤名称	平均值	最大值	最小值	极差
暗棕壤	10	15	5	10
薄层岗地白浆土	66	104	32	72
中层岗地白浆土	26	76	4	72
厚层岗地白浆土	50	94	10	84
薄层黏底黑土	25	250	5	245
中层黏底黑土	32	280	3	177
厚层黏底黑土	34	77	3	74
薄层沙底黑土	23	79	5	74
中层沙底黑土	38	260	4	256

（续表）

土壤名称	平均值	最大值	最小值	极差
厚层沙底黑土	18	38	6	32
薄层黏底草甸黑土	8	8	8	0
中层黏底草甸黑土	18	29	7	22
厚层黏底草甸黑土	26	79	6	3
薄层白浆化黑土	19	26	14	12
中层白浆化黑土	45	52	8	44
薄层平地草甸土	23	81	5	76
中层平地草甸土	27	63	4	59
厚层平地草甸土	22	93	4	89
中层白浆化草甸土	14	18	8	10
薄层碳酸盐草甸土	42	230	5	225
中层碳酸盐草甸土	21	100	3	97
厚层碳酸盐草甸土	15	155	3	152
薄层沼泽化草甸土	43	90	14	76
中层沼泽化草甸土	42	255	17	238
厚层沼泽化草甸土	54	110	12	98
泛滥土	11	45	3	42

此次调查，水旱田的有效磷含量相差不多，水旱田的有效磷含量对比，旱田比水田 0.92 mg/kg，旱田的有效磷平均含量是 20.78 g/kg，水田有效磷平均值是 19.86 mg/kg；旱田有效磷最大值比水田高 7 mg/kg，旱田有效磷最小值比水田低 0.1 g/kg，旱田有效磷极差值比水田多 7.1 mg/kg（表 4 - 34）。

表 4 - 34　水旱田耕层土壤有效磷对比分析表　　　　单位：mg/kg

项目	平均值	最大值	最小值	极差
旱田	20.78	45.9	6.6	39.3
水田	19.86	38.9	6.7	32.2
差值	0.92	7	- 0.1	7.1

三、速效钾

钾是作物生长必不可少的营养元素，它主要是以离子态或可溶性盐类或被吸附在原生质表面上而存在，而不是以有机化合物的形态存在。钾能促进光合作用，促进碳水化合物的合成和运输；钾能促进蛋白质的合成；钾是许多酶的活化剂，而酶是作物体中新陈代谢过程中的催化剂，没有酶的作用，许多生理过程无法进行；钾能增强作物茎秆的坚韧性，增强作物的抗倒伏和抗病虫能力；钾能提高作物的抗旱和抗寒能力。

此次调查，由样点数据分析，富锦市耕地土壤速效钾平均含量为 193.36 mg/kg，最高值为 934 mg/kg，最小值 33 mg/kg；由评价结果数据分析，富锦市耕地土壤速效钾平均含量为 225.9 mg/kg，最高值为 446 mg/kg，最小值 82 mg/kg。土壤速效钾总体分布趋势是南部地区高、东部地区低，含量较高的土类主要是沼泽化草甸土、碳酸盐草甸土、平地草甸土、草甸黑土、黏底黑土，含量较低的土类主要是沙底黑土、白浆土、泛滥地草甸土。

从各含量等级养分水平看，> 200 mg/kg 即 1 级水平的耕地，2008 年面积为 1 902 206.5 hm²，占耕地总面积的 65.66%，1984 年占耕地总面积的 55.4%，2008 年与 1984 年相比，增加了 10.26%；150 ~ 200 mg/kg 即 2 级水平的耕地，2008 年面积为 48 232.39 hm²，占耕地总面积的 16.65%，1984 年占耕地总面积的 12.6%，2008 年与 1984 年相比，增加了 4.05%；100 ~ 150 mg/kg 即 3 级水平的耕地，2008 年面积为 44 437.53 hm²，占耕地总面积的 15.34%，1984 年占耕地总面积的 19%，2008 年与 1984 年相比，下降了 3.66%；≤100 mg/kg 即 4 级水平的耕地，2008 年面积为 6 807.57 hm²，占耕地总面积的 2.35%，1984 年占耕地总面积的 10.65%，2008 年与 1984 年相比，下降了 10.65%。此次调查结果说明，第二次土壤普查到现在的二十多年，速效钾养分含量变化不大（表 4 - 35 至表 4 - 37，图 4 - 4）。

表 4 - 35　1984 年土壤耕层（0 ~ 20 cm）速效钾含量

级别	1 级	2 级	3 级	4 级
速效钾（mg/kg）	>200	150 ~ 200	100 ~ 150	≤100
面积（hm²）	267 211.40	60 277.60	91 971.47	61 948.73
占总面积（%）	55.4	12.6	19.0	13

表 4 - 36　2008 年土壤耕层（0 ~ 20 cm）速效钾含量

级别	1 级	2 级	3 级	4 级
速效钾（mg/kg）	>200	150 ~ 200	100 ~ 150	≤100
面积（hm²）	190 206.5	48 232.39	44 437.53	6 807.574
占总面积（%）	65.66	16.65	15.34	2.35

表 4 - 37　2008 年与 1984 年速效钾含量各级别的耕地面积占总耕地面积百分比对比统计表

级别	1 级	2 级	3 级	4 级
速效钾（mg/kg）	>200	150 ~ 200	100 ~ 150	≤100
1984 年（%）	55.4	12.6	19.0	13
2008 年（%）	65.66	16.65	15.34	2.35
差值（%）	- 10.26	- 4.05	3.66	10.65

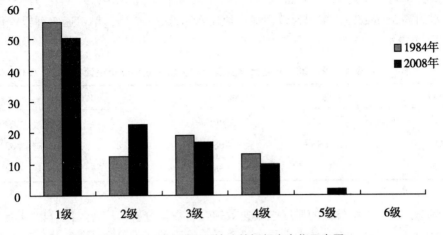

图 4 – 4　富锦耕层土壤速效钾频率变化示意图

富锦市耕地速效钾含量高的乡镇有砚山、长安、兴隆岗、锦山镇；速效钾含量低的区域主要分布在二龙山镇的大部分村屯，向阳川镇的正太、正和、兴隆、东兴、中和、建和、东来、东新民、宝山、安洪、连山、桂仁、马鞍山、徐家店、中和、丰太、兴隆、永福、择林、永太等村及宏胜镇的东岗、龙胜村等，这些地块的土壤类型主要是速效钾含量低的白浆土。还有一些速效钾含量低的耕地分布在大榆树镇的富民、富海、富士、富珍、长发、福合、邵店、新旭、正东、七桥村、福胜村等及上街基镇的和悦陆、鲜丰、林河、江南等村，这些地块的土类主要是一些沿江地段的沙土，速效钾含量低（表 4 – 38）。

表 4 – 38　2008 年各镇耕层土壤速效钾分析统计表　　　　单位：mg/kg

乡镇名称	平均值	最大值	最小值	极差
长安镇	336. 47	446	248	198
大榆树镇	225. 55	273	116	157
二龙山镇	115. 65	166	82	84
富锦镇	295. 54	339	252	87
宏胜镇	203. 3	308	139	169
锦山镇	250. 93	352	202	150
上街基镇	206. 57	286	128	158
头林镇	248. 88	343	183	160
向阳川镇	160. 26	312	116	196
兴隆岗镇	263. 96	399	149	250
砚山镇	276. 35	384	118	266
平均	234. 86	328	157. 55	170. 45

此次调查，水旱田的速效钾相差不多，水旱田的速效钾含量对比，旱田比水田 5. 82 mg/kg，

旱田的速效钾平均含量是197.75 mg/kg；水田速效钾平均值是191.93 mg/kg；旱田速效钾最大值比水田高38 mg/kg，旱田速效钾最小值比水田低5 mg/kg，旱田速效钾极差值比水田多43 mg/kg（表4-39）。

表4-39　2008年各土壤类型耕层土壤速效钾分析统计　　　单位：mg/kg

项目	平均值	最大值	最小值	极差
旱田	227.75	446	82	364
水田	221.93	408	87	321
差值	5.82	38	-5	43

此次调查，对各土壤类型的耕层土壤速效钾含量数据分析，按土类区分以沼泽土的速效钾平均含量最高，白浆土的速效钾平均含量最低。按土种区分以中层碳酸盐草甸土的速效钾平均含量最高，为238.7 mg/kg；中层岗地白浆土的速效钾平均含量最低，为108.8 mg/kg。速效钾最高值的土种是中层黏底黑土，含量为416 mg/kg；最小值的土种是厚层碳酸盐草甸土，含量为290 g/kg。速效钾含量低的土类主要有白浆土、沙底黑土和泛滥地草甸土（表4-40）。

因为富锦市第二次土壤普查时没有对各土类的速效钾养分进行详细分析，无法与现在状况对比。

表4-40　2008年各土壤类型耕层土壤速效钾分析统计　　　单位：mg/kg

乡镇名称	平均值	最大值	最小值	极差
暗棕壤	216.27	303	123	210
薄层岗地白浆土	197.5	199	196	33
中层岗地白浆土	138.8	261	91	200
厚层岗地白浆土	162.52	228	86	172
草甸白浆土	146.76	307	82	255
薄层黏底黑土	190.57	291	105	216
中层黏底黑土	239.12	395	145	280
厚层黏底黑土	258.08	409	94	345
薄层沙底黑土	174.7	397	89	338
中层沙底黑土	182.13	398	109	319
厚层沙底黑土	319	423	193	260
薄层黏底草甸黑土	207.5	323	101	252
中层黏底草甸黑土	184.93	301	94	237
厚层黏底草甸黑土	271.4	408	155	283
薄层白浆化黑土	149.48	236	113	153

（续表）

乡镇名称	平均值	最大值	最小值	极差
中层白浆化黑土	154.69	233	91	172
薄层平地草甸土	170.17	276	97	209
中层平地草甸土	228.15	356	90	296
厚层平地草甸土	246.53	401	118	313
薄层白浆化草甸土	161.45	233	93	170
中层白浆化草甸土	167.63	314	134	210
薄层碳酸盐草甸土	257.5	403	91	342
中层碳酸盐草甸土	268.7	446	178	298
厚层碳酸盐草甸土	269.37	429	139	320
薄层沼泽化草甸土	267.25	268	267	31
中层沼泽化草甸土	268.14	408	140	298
厚层沼泽化草甸土	262.36	323	193	160
薄层泛滥地草甸土	146.66	203	117	116
中层泛滥地草甸土	177.33	193	167	56
厚层泛滥地草甸土	152.67	159	146	43
草甸土型水稻土	213.76	283	146	167
草甸沼泽土	241.77	440	88	382
泥炭沼泽土	244.27	319	200	149
平均	210.22	320.18	129.42	220.76

四、有效锌

土壤有效锌是影响作物产量和质量的重要因素，随着农业生产条件的改善和作物产量的提高，土壤中微量元素消耗逐渐加大，锌是作物生长发育必不可少的微量元素，在缺锌土壤上容易发生玉米"花白苗"和水稻"僵苗""缩苗"。

此次调查，富锦市耕地有效锌含量较低，平均含量为 1.26 mg/kg，最高值为 3.78 mg/kg，最小值 0.34 mg/kg，黑龙江省的有效锌平均含量为 2.23 mg/kg，富锦市耕地有效锌含量低于全省平均水平。土壤有效锌总体分布趋势是南部高、东部低，含量较高的土类主要是沼泽化草甸土、碳酸盐草甸土、平地草甸土、草甸黑土、黏底黑土，含量较低的土类主要是沙底黑土、白浆土、泛滥地草甸土。

从分级水平看，>3 mg/kg 即 1 级水平的耕地，2008 年面积为 260.72 hm²，占耕地总面积的 0.09%；2~3 mg/kg 即 2 级水平的耕地，2008 年面积为 19 292.95 hm²，占耕地总面积的 6.66%；1~2 mg/kg 即 3 级水平的耕地，2008 年面积为 206 979.22 hm²，占耕地总面积的 71.45%；0.5~1 mg/kg 即 4 级水平的耕地，2008 年面积为 60 601.89 hm²，占耕地总面

积的 20.92%。≤0.5 mg/kg 即 5 级水平的耕地，2008 年面积为 2 549.22 hm²，占耕地总面积的 0.88%（表 4 - 41）。

表 4 - 41 2008 年土壤耕层有效锌含量

级别	1 级	2 级	3 级	4 级	5 级
有效锌（mg/kg）	>3	2~3	1~2	0.5~1	≤0.5
面积（hm²）	260.72	19 292.95	206 979.22	60 601.89	2 549.22
占总面积（%）	0.09	6.66	71.45	20.92	0.88

各乡镇的有效锌平均值为 22.08 mg/kg，城关社区耕地的有效锌平均含量最高，为 2.45 mg/kg；城关社区耕地面积小，以种植蔬菜为主，施农肥较多，喷施叶面肥的次数多、量大，因此有效锌含量高；上街基镇耕地的有效锌平均含量最低，为 0.72 mg/kg，上街基镇耕地有效锌含量低的原因，是此镇以种植水稻为主，并且种植年限较长，水稻是需锌量大的作物，因此消耗土壤中的锌也多，使得该镇出现缺锌现象；锦山镇耕地的有效锌平均含量为 0.88 mg/kg，也非常低，原因是该镇也以种植水稻为主，消耗土壤中的锌多，而且该镇的土壤类型以碳酸盐草甸土为主，pH 较高，碱性土壤有效锌含量低，容易缺锌。富锦市耕地的有效锌最高值在城关社区和大榆树镇，同为 3.78 mg/kg；有效锌最低值在上街基镇内，为 0.34 mg/kg。极差值最大的镇是大榆树镇，为 3.04 mg/kg；该镇土壤类型较多，有效锌含量差别较大，黏底黑土、平地草甸土含锌量较高，有机质含量低的沙底黑土，有效锌含量低。极差值最小的镇是宏胜镇，说明该镇耕地整体有效锌含量相差不多，含量水平中等。富锦市耕地有效锌平均含量由高到低的乡镇为城关社区 > 头林镇 > 兴隆岗镇 > 砚山镇 > 二龙山镇 > 长安镇 > 宏胜镇 > 大榆树镇 > 向阳川镇 > 锦山镇 > 上街基镇（表 4 - 42 和表 4 - 43）。

表 4 - 42 富锦市乡镇耕层土壤有效锌含量分析统计表　　　单位：mg/kg

乡镇名称	平均值	最大值	最小值	极差
长安镇	1.40	2.08	0.8	1.28
大榆树镇	1.22	3.78	0.74	3.04
二龙山镇	1.44	2.41	1.02	1.39
城关社区	2.45	3.78	1.36	2.42
宏胜镇	1.36	1.72	1	0.72
锦山镇	0.88	1.62	0.51	1.11
上街基镇	0.72	1.49	0.34	1.15
头林镇	2.00	2.46	1.39	1.07
向阳川镇	1.15	2.18	0.75	1.43
兴隆岗镇	1.50	2.5	0.96	1.54
砚山镇	1.49	2	0.81	1.19
平均	1.42	2.37	0.88	1.49

表 4 – 43 各乡镇有效锌分级统计表

乡镇名称	1 级	2 级	3 级	4 级	5 级
	>100 mg/kg	40～100 mg/kg	20～40 mg/kg	10～20 mg/kg	5～10 mg/kg
长安镇		1.13%	85.57%	13.30%	
大榆树镇		2.86%	83.20%	13.94%	
二龙山镇		8.04%	91.96%		
城关社区	11.02%	59.10%	29.88%		
宏胜镇			99.99%	0.01%	
锦山镇			22.87%	77.13%	
上街基镇			10.46%	76.19%	13.35%
头林镇		43.01%	56.99%		
向阳川镇		0.80%	70.29%	28.91%	
兴隆镇		2.31%	97.38%	0.31%	
砚山镇			98.49%	1.51%	

此次调查，水旱田的有效锌含量对比，旱田比水田多0.12 mg/kg，旱田的有效锌平均值是1.3 mg/kg，水田有效锌平均值是1.18 mg/kg；旱田有效锌最大值比水田高0.31 mg/kg，有效锌最小值旱田比水田低0.01 g/kg，有效锌极差值旱田比水田多0.3 mg/kg（表4 – 44）。

表 4 – 44 水旱田耕层土壤有效锌对比分析表　　　　　单位：mg/kg

项目	平均值	最大值	最小值	极差
旱田	1.30	3.78	0.35	3.43
水田	1.18	3.47	0.34	3.13
差值	0.12	0.31	0.01	0.30

富锦市水田有效锌平均含量为1.38 mg/kg，水田有效锌平均含量最高值是城关社区，为2.34 mg/kg；水田有效锌平均含量最低值是上街基镇，为0.66 mg/kg。水田有效锌最大值在城关社区，为3.47 mg/kg；有效锌最小值在上街基镇内，为0.34 mg/kg；极差最大的镇是大榆树镇，为2.11 mg/kg。富锦市水田有效锌平均含量由高到低的乡镇排序为城关社区 > 头林镇 > 兴隆岗镇 > 二龙山镇 > 宏胜镇 > 砚山镇 > 长安镇、大榆树镇 > 向阳川镇 > 锦山镇 > 上街基镇（表4 – 45）。

表 4 – 45　富锦市乡镇水田有效锌含量统计表　　　　单位：mg/kg

乡镇名称	平均值	最大值	最小值	极差
长安镇	1.30	1.95	0.80	1.15
大榆树镇	1.30	2.85	0.74	2.11
二龙山镇	1.40	2.15	1.02	1.13
城关社区	2.34	3.47	1.42	2.05
宏胜镇	1.38	1.73	1.00	0.73
锦山镇	0.87	1.62	0.52	1.10
上街基镇	0.66	1.22	0.34	0.88
头林镇	1.99	2.46	1.39	1.07
向阳川镇	1.15	1.75	0.75	1.00
兴隆岗镇	1.47	2.00	1.08	0.92
砚山镇	1.34	1.90	0.81	1.09
平均	1.38	2.10	0.90	1.20

此次调查，对各土壤类型的耕层土壤有效锌含量分析，厚层黏底黑土的有效锌平均含量最高，为 1.45 mg/kg；厚层泛滥地草甸土的有效锌平均含量最低，为 0.41 mg/kg；有效锌含量最大值的土种是中层黏底黑土，为 3.78 mg/kg；最小值的土种是薄层泛滥地草甸土，为 0.34 g/kg；极差最大值的土种是厚层平地草甸土，为 3.34 g/kg（表 4 – 46）。

表 4 – 46　2008 年各土壤类型耕层土壤有效锌含量分析统计　　　　单位：mg/kg

乡镇名称	平均值	最大值	最小值	极差
暗棕壤	1.26	2.2	0.83	1.37
薄层岗地白浆土	1.26	1.29	1.22	0.07
中层岗地白浆土	1.5	2.41	0.41	2
厚层岗地白浆土	1.35	1.65	0.98	0.67
草甸白浆土	1.35	2.28	0.89	1.39
薄层黏底黑土	1.16	2.42	0.65	1.77
中层黏底黑土	1.33	3.78	0.48	3.3
厚层黏底黑土	1.45	3.47	0.63	2.84
薄层沙底黑土	1.16	2.35	0.37	1.98
中层沙底黑土	1.12	2.06	0.35	1.71
厚层沙底黑土	1.40	2.03	0.86	1.17
薄层黏底草甸黑土	1.34	3.01	0.75	2.26
中层黏底草甸黑土	1.04	1.84	0.47	1.37

（续表）

乡镇名称	平均值	最大值	最小值	极差
厚层黏底草甸黑土	1.5	2.01	0.96	1.05
薄层白浆化黑土	1.57	2.24	1.01	1.23
中层白浆化黑土	1.5	1.65	1.1	0.55
薄层平地草甸土	1.16	1.86	0.44	1.42
中层平地草甸土	1.02	2.3	0.43	1.87
厚层平地草甸土	1.35	3.78	0.44	3.34
薄层白浆化草甸土	1.21	1.73	0.43	1.3
中层白浆化草甸土	1.15	2.28	0.91	1.37
薄层碳酸盐草甸土	1.39	2.3	0.82	1.48
中层碳酸盐草甸土	0.98	2.5	0.52	1.98
厚层碳酸盐草甸土	1.18	1.99	0.52	1.47
薄层沼泽化草甸土	0.89	0.9	0.88	0.02
中层沼泽化草甸土	1.42	2.45	0.51	1.94
厚层沼泽化草甸土	1.2	1.85	0.71	1.14
薄层泛滥地草甸土	1.11	2.05	0.34	1.71
中层泛滥地草甸土	1.04	1.35	0.86	0.49
厚层泛滥地草甸土	0.41	0.42	0.39	0.03
草甸土型水稻土	0.96	2.89	0.51	2.38
草甸沼泽土	1.54	2.46	0.64	1.82
泥炭沼泽土	1.29	1.42	1.16	0.26
平均	1.23	2.16	0.68	1.48

第五章　耕地地力评价

此次耕地地力评价是根据土壤的肥力性状及其所处的环境条件（地形、水文、地质等）对土壤生产力进行综合评价，为合理利用土地资源和土壤改良利用提供依据。

第一节　耕地地力评价的原则和依据

耕地地力的评价是对耕地的基础地力及其生产能力的全面鉴定，因此，在评价时应遵循以下 3 个原则。

一、综合因素研究与主导因素分析相结合的原则

耕地地力是各类要素的综合体现，综合因素研究是对地形地貌、土壤理化性状以及相关的社会经济因素进行综合研究、分析与评价，以全面了解耕地地力状况。主导因素是指对耕地地力起决定作用的、相对稳定的因子，在评价中要着重对其进行研究分析。

二、定性与定量相结合的原则

影响耕地地力的因素有定性的和定量的，评价时定量和定性评价相结合。可定量的评价因子按其数值参与计算评价；对非数量化的定性因子要充分应用专家知识，先进行数值化处理，再进行计算评价。

三、采用 GIS 支持的自动化评价方法的原则

充分应用计算机技术，通过建立数据库、评价模型，实现评价流程的全数字化、自动化。应代表我国目前耕地地力评价的最新技术方法。

第二节　耕地地力评价原理和方法

在此次评价工作中，我们一方面充分收集有关富锦市耕地情况资料，建立起耕地质量管理数据库；另一方面，还进行了外业的补充调查（包括土壤调查和农户入户调查两部分）和室内化验分析。在此基础上，通过 GIS 系统平台，采用 Arcview 软件对调查的数据和图件进行矢量化处理，利用扬州土肥管理站开发的《全国耕地力调查与质量评价软件系统 V3.0》进行耕地地力评价。主要的工作流程如图 5 - 1 所示。

具体评价步骤如下。

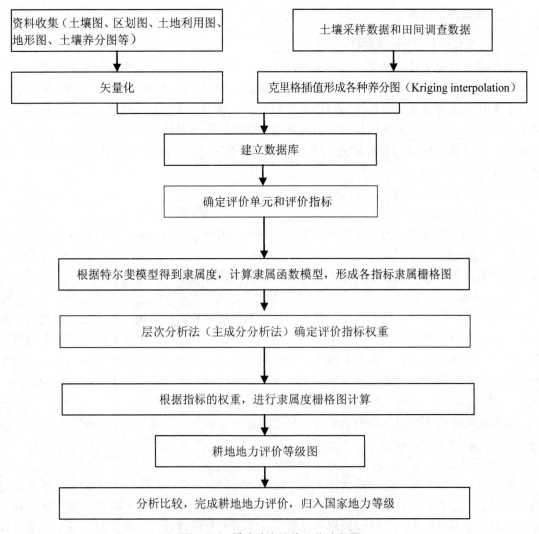

图 5 – 1　耕地地力评价工作流程图

一、确定评价单元

耕地评价单元是由耕地构成因素组成的综合体。目前通用的确定评价单元方法有几种，一种是以土壤图为基础，将农业生产影响一致的土壤类型归并在一起成为一个评价单元；二是以耕地类型图为基础确定评价单元；三是以土地利用现状图为基础确定评价单元；四是采用网格法确定评价单元。上述方法各有利弊。这次我们根据《全国耕地地力调查与质量评价技术规程》的要求，采用综合方法确定评价单元，即用 1 : 50 000的土壤图、土地利用现状图、行政区划图，先数字化，再在计算机上叠加复合生成评价单元图斑，然后进行综合取舍，形成评价单元。这种方法的优点是考虑全面，综合性强，形成的评价单元，同一评价单元内土壤类型相同、土地利用类型相同，既满足了对耕地地力和质量做出评价，而且便于耕地利用与管理。此次调查富锦共确定形成评价单元 5 030个。

二、确定评价指标

（一）选择评价指标的原则

富锦市耕地地力评价因子是根据全国耕地地力评价因子总集，结合富锦市实际情况，从气象、立地条件、耕层理化性状、剖面性状、障碍因素、土壤管理六大方面的因子中选取；同时，农田基础建设水平对耕地地力影响也很大，也应当适当考虑。此次评价工作侧重于为农业生产服务，因此，选择评价因素的原则是：选取的因子对耕地生产力有较大的影响；选取的因子在评价区域内的变异较大，在时间序列上具有相对的稳定性，因子之间独立性较强，便于划分等级。

选取评价指标时应遵循以下几个原则。

1. 重要性

选取的因子对耕地地力有比较大的影响，如地形因素、土壤因素、灌排条件等。

2. 易获取性

通过常规的方法可以获取，如土壤因素、灌排条件等。

3. 差异性

选取的因子在评价区域内的变异较大，便于划分耕地地力的等级。如在地形起伏较大的区域，地面坡度对耕地地力有很大影响，必须列入评价项目之中；再如有效土层厚度是影响耕地生产能力的重要因素，在多数地方都应列入评价指标体系，但在冲积平原地区，耕地土壤都是由松软的沉积物发育而成，有效土层深厚而且比较均一，就可以不作为参评因素。

4. 稳定性

选取的评价因素在时间序列上具有相对的稳定性，如土壤的质地、有机质含量等，评价的结果能够有较长的有效期。

5. 评价范围

选取评价因素与评价区域的大小有密切的关系。当评价区域很大（国家或省级的耕地地力评价），气候因素（降雨、无霜期等）就必须作为评价因素。此次调查以县为基本调查单位，在一个县的范围内，气候因素变化较小，在进行县域耕地地力评价时，气候因素可以不作为参评因子。

（二）评价指标的确定

基于以上原则，结合富锦市本地的自然及社会因素，当前农业生产中耕地存在的突出问题等，并根据农业部的总体工作方案和《耕地地力调查评价指南》的要求，按照省土肥管理站、东北地理所有关专家的意见，邀请了参加过富锦市农业区划和第二次土壤普查中有农业、水利、土地等经验丰富的老专家，从《全国耕地地力评价指标体系》的 66 项指标中，选出了适合富锦市的耕地地力评价指标。由于富锦市的水田面积较大，约占总耕地的 1/5，所以评价指标分水田及旱田两部分，旱田评价指标有 10 项：有机质、质地、障碍层类型、耕层厚度、抗旱能力、排涝能力、碱解氮、速效钾、有效磷、pH、有效锌；水田评价指标有 9 项：灌溉保证率、有机质、质地、耕层厚度、速效钾、有效磷、有效锌、pH、排涝能力。每一个指标的名称、释义、单位、上下限等定义如下。

1. 排涝能力

反映排涝骨干工程（干、支渠）和田间工程（斗、农渠）按多年一遇的暴雨不致成灾的要求能达到的标准,属文本型,单位为年。

2. 抗旱能力

土壤在无灌溉的条件下能抗旱维持作物存活的天数,单位为天。

3. 有机质

反映耕地土壤耕层(0~20 cm)有机质含量的指标,反映土壤中除碳酸盐以外的所有含碳化合物的总含量,属数值型,单位为 g/kg。

4. 耕层厚度

反映耕层土壤表层的厚度,该层土壤质地疏松、结构良好,有机质含量较多,是作物根系主要活动层,属数值型,单位为 cm。

5. 有效磷

反映耕层土壤(0~20 cm)中能供作物吸收的磷元素的含量。以每千克干土中所含 P 的毫克数表示,属数值型,单位为 mg/kg。

6. 速效钾

反映耕层土壤(0~20 cm)中容易为作物吸收利用的钾素含量。包括土壤溶液中的以及吸附在土壤胶体上的代换性钾离子。以每千克干土中所含 K 的毫克数表示,属数值型,单位为 mg/kg。

7. 有效锌

反映耕层土壤(0~20 cm)中能供作物吸收锌元素的含量。以每千克干土中所含 Zn 的毫克数表示,属数值型,单位为 mg/kg。

8. 障碍层类型

反映构成植物生长障碍的土层类型,属文本型,单位无。

9. 质地

反映土壤中各种粒径土粒的组合比例关系称为机械组成,根据机械组成的近似性,划分为若干类别。属文本型,单位无,小数位 0,极小值 0,极大值 0。

10. pH

反映土壤酸碱度,代表土壤溶液中氢离子活度的负对数,属数值型,单位无。

11. 灌溉保证率

灌溉工程在长期运行中,灌溉用水得到充分满足的年数占总年数的百分数。

三、评价单元赋值

根据选取富锦市的各项耕地评价因子的空间分布图或属性数据库,将各评价因子数据赋值给评价单元,主要采取以下方法:①对点位数据作为指标的主要有有机质、有效磷、速效钾等,采用插值的方法形成栅格图与评价单元图叠加,通过统计给评价单元赋值;②对质地、灌溉保证率等概念性作为指标的,直接与评价单元图叠加,通过加权统计、属性提取,给评价单元赋值。

四、评价指标的标准化

所谓评价指标标准化就是要对每一个评价单元不同数量级、不同单位的评价指标数据进行 0→1 化。数值型指标的标准化,采用数学方法进行处理;概念型指标标准化先采用家经验法，对定性指标进行数值化描述，然后进行标准化处理。

模糊评价法是数值标准化最通用的方法。它是采用模糊数学的原理，建立起评价指标值与耕地生产能力的隶属函数关系，其数学表达式 $\mu = f(x)$。μ 是隶属度，这里代表生产能力；x 代表评价指标值。根据隶属函数关系，可以对于每个 x 算出其对应的隶属度 μ，是0→1中间的数值。在这次评价中，我们将选定的评价指标与耕地生产能力的关系分为戒上型函数、戒下型函数、峰型函数、直线型函数以及概念型5种类型的隶属函数。前4种类型可以先通过专家打分的办法对一组评价单元值评估出相应的一组隶属度，根据这两组数据拟合隶属函数，计算所有评价单元的隶属度；后一种是采用专家直接打分评估法，确定每一种概念型的评价单元的隶属度。以下是各个评价指标隶属函数的建立和标准化结果。

（一）排涝能力

1. 专家评估

排涝能力隶属度是根据在不同的地块内，按作物能抵御多年一遇的暴雨不致成灾的年数来确定。属于戒上型函数（表5-1）。

表5-1　排涝能力隶属度评估

排涝能力	10	5	3	1
隶属度	1	0.8	0.6	0.4

2. 建立隶属函数

排涝能力隶属函数拟合曲线如图5-2所示，其曲线方程为 $Y = 1/[1 + 0.021192(X - 8.763875)^2]$。

（二）抗旱能力

1. 专家评估

抗旱能力隶属度是根据在不同的地块内，作物能抗御干旱的天数来确定。属于戒上型函数（表5-2）。

表5-2　抗旱能力隶属度评估

抗旱能力	60	50	40	30
隶属度	1	0.90	0.80	0.65

2. 建立隶属函数

抗旱能力隶属函数拟合曲线如图5-3所示，其曲线方程为 $Y = 1/[1 + 0.000436(X - 64.792141)^2]$。

（三）有机质

1. 专家评估

有机质隶属度是根据在不同的地块内，作物耕地土壤耕层（0~20 cm）有机质含量的高低来确定。属于戒上型函数。旱田有机质隶属度评估如表5-3所示，水田有机质隶属度评估如表5-4所示。

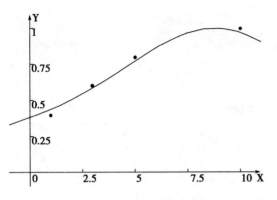

图 5 - 2　排涝能力隶属函数拟合曲线　　　　　图 5 - 3　抗旱能力隶属函数拟合曲线

表 5 - 3　旱田有机质隶属度评估

有机质	70	60	50	40	25	15	5
隶属度	1.0	0.9	0.8	0.7	0.56	0.48	0.4

表 5 - 4　表水田有机质隶属度评估

有机质	70	60	55	45	35	25	15	5
隶属度	1	0.9	0.8	0.7	0.6	0.5	0.4	0.2

2. 建立隶属函数

（1）旱田有机质隶属函数拟合曲线如图 5 - 4 所示，其曲线方程为 $Y = 1 / [1 + 0.000267(X - 79.684043)^2]$。

（2）水田有机质隶属函数拟合曲线如图 5 - 5 所示，其曲线方程为 $Y = 1 / [1 + 0.000474(X - 75.140995)^2]$。

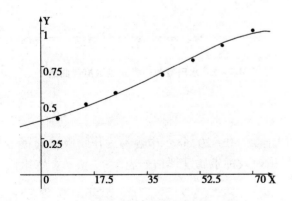 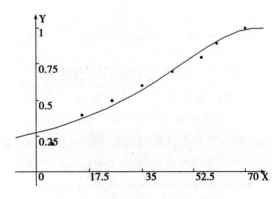

图 5 - 4　旱田有机质隶属函数拟合曲线　　　　　图 5 - 5　水田有机质隶属函数拟合曲线

（四）有效磷

1. 专家评估

有效磷隶属度是根据在不同的地块内，耕层土壤（0~20 cm）中能供作吸收的磷元素的含量高低来确定。属于峰型函数。旱田有效磷隶属度评估如表5-5所示，水田有效磷隶属度评估如表5-6所示。

表5-5 旱田有效磷隶属度评估

有效磷	20	30	40	15	10	7
隶属度	1	0.90	0.80	0.85	0.7	0.6

表5-6 水田有效磷隶属度评估

有效磷	20	30	15	10	7	5
隶属度	1	0.90	0.9	0.8	0.7	0.60

2. 建立隶属函数

（1）旱田有效磷隶属函数拟合曲线如图5-6所示，其曲线方程为 $Y = 1/[1 + 0.002443(X - 23.306724)^2]$。

（2）水田有效磷隶属函数拟合曲线如图5-7所示，其曲线方程为 $Y = 1/[1 + 0.001966(X - 22.208803)^2]$。

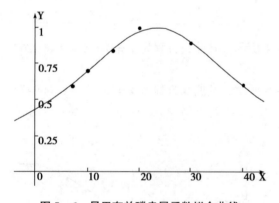

图5-6 旱田有效磷隶属函数拟合曲线

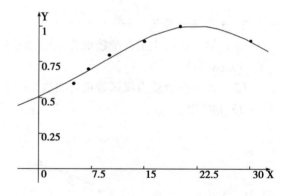

图5-7 水田有效磷隶属函数拟合曲线

（五）速效钾

1. 专家评估

速效钾隶属度是根据在不同的地块内，耕层土壤（0~20 cm）中容易为作物吸收利用的钾素含量的高低来确定。属于戒上型函数。旱田速效钾隶属度评估如表5-7所示，水田速效钾隶属度评估如表5-8所示。

表 5 - 7　旱田速效钾隶属度评估

速效钾	300	250	200	160	120	80	60
隶属度	1	0.9	0.8	0.7	0.6	0.5	0.4

表 5 - 8　水田速效钾隶属度评估

速效钾	300	250	200	160	120	80	60
隶属度	1	0.9	0.8	0.7	0.6	0.5	0.3

2. 建立隶属函数

（1）旱田速效钾隶属函数拟合曲线如图 5 - 8 所示，其曲线方程为 $Y = 1/[1 + 0.000019(X - 315.269686)^2]$。

（2）水田速效钾隶属函数拟合曲线如图 5 - 9 所示，其曲线方程为 $Y = 1/[1 + 0.000021(X - 265.235004)^2]$。

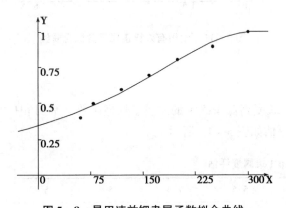

图 5 - 8　旱田速效钾隶属函数拟合曲线

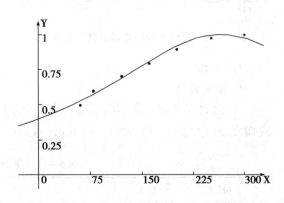

图 5 - 9　水田速效钾隶属函数拟合曲线

（六）有效锌

1. 专家评估

有效锌隶属度是根据在不同的地块内，耕层土壤（0～20 cm）中能供作物吸收锌元素的含量高低来确定。属于戒上型函数。旱田有效锌隶属评估如表 5 - 9 所示，水田有效锌隶属评估如表 5 - 10 所示。

表 5 - 9　旱田有效锌隶属度评估

有效锌	6.0	4.0	3.0	1.3	0.7	0.2
隶属度	1	0.90	0.80	0.70	0.60	0.55

表 5 - 10　水田有效锌隶属度评估

有效锌	6.0	4.0	3.0	1.3	0.7	0.2
隶属度	1	0.90	0.80	0.70	0.60	0.5

2. 建立隶属函数

（1）旱田有效锌隶属函数拟合曲线如图 5 - 10 所示，其曲线方程为 $Y = 1/ [1 + 0.020020 (X - 6.363712)^2]$。

（2）水田有效锌隶属函数拟合曲线如图 5 - 11 所示，其曲线方程为 $Y = 1/ [1 + 0.023950 (X - 6.078536)^2]$。

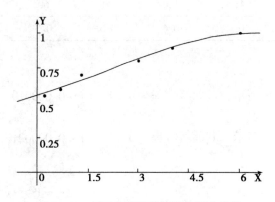
图 5 - 10　旱田有效锌隶属函数拟合曲线

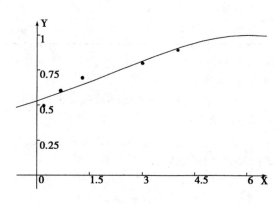
图 5 - 11　水田有效锌隶属函数拟合曲线

（七）pH

1. 专家评估

pH 隶属度是根据在不同的地块内，土壤酸碱度高低来确定的。属于峰型函数。旱田 pH 隶属度评估如表 5 - 11 所示，水田 pH 隶属度评估如表 5 - 12 所示。

表 5 - 11　旱田 pH 隶属度评估

pH	6.5	6.0	7.0	5.5	7.5	5	5
隶属度	1	0.95	0.95	0.90	0.85	0.8	0.75

表 5 - 12　水田 pH 隶属度评估

pH	5.5	6.0	5.0	6.5	7.0	7.5
隶属度	1	0.98	0.9	0.88	0.75	0.6

2. 建立隶属函数

（1）旱田 pH 隶属函数拟合曲线如图 5 - 12 所示，其曲线方程为 $Y = 1/ [1 + 0.133777 (X - 6.399667)^2]$。

（2）水田 pH 隶属函数拟合曲线如图 5 - 13 所示，其曲线方程为 $Y = 1/ [1 + 0.207838 (X - 5.713633)^2]$。

（八）耕层厚度

1. 专家评估

耕层厚度隶属度是根据在不同的地块内，耕层土壤表层的厚度来确定。属于戒上型函数。旱田耕层厚度隶属度评估如表 5 – 13 所示，水田耕层厚度隶属度评估如表 5 – 14 所示。

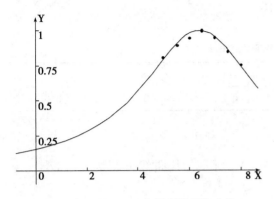

图 5 – 12　旱田 pH 隶属函数拟合曲线

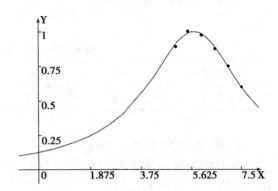

图 5 – 13　水田 pH 隶属函数拟合曲线

表 5 – 13　旱田耕层厚度隶属度评估

耕层厚度	27	25	22	20	18	16
隶属度	1	0.9	0.8	0.7	0.6	0.5

表 5 – 14　水田耕层厚度隶属度评估

耕层厚度	20	19	18	17	16	15
隶属度	0.9	0.85	0.8	0.75	0.70	0.65

2. 建立隶属函数

（1）旱田耕层厚度隶属函数拟合曲线如图 5 – 14 所示，其曲线方程为 $Y = 1/[1 + 0.005922(X - 28.692004)^2]$。

（2）水田耕层厚度隶属函数拟合曲线如图 5 – 15 所示，其曲线方程为 $Y = 1/[1 + 0.006298(X - 24.263464)^2]$。

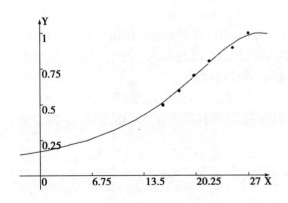

图 5 – 14　旱田耕层厚度隶属函数拟合曲线

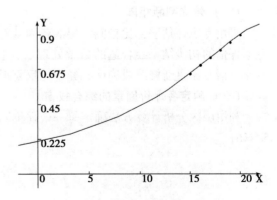

图 5 – 15　水田耕层厚度隶属函数拟合曲线

（九）灌溉保证率

1. 专家评估（表 5 - 15）

表 5 - 15　水田灌溉保证率隶属度评估

灌溉保证率	100	95	90	85	80
隶属度	1.0	0.9	0.8	0.7	0.6

2. 建立隶属函数（图 5 - 16）

水田灌溉保证率隶属函数拟合曲线如图 5 - 16 所示，其曲线方程为 $Y = 1/[1 + 0.001153(X - 104.331859)^2]$。

五、确定指标权重

采用层次分析法确定每一个评价因素对耕地综合地力的贡献大小。

（一）构造评价指标层次结构图

根据各个评价因素间的关系，构造了层次结构图（图 5 - 17）。

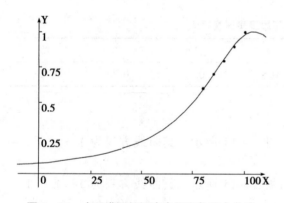

图 5 - 16　水田灌溉保证率隶属函数拟合曲线

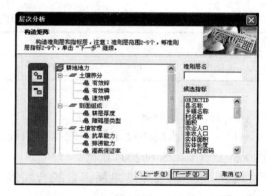

图 5 - 17　耕地地力评价指标层次分析结构图

（二）建立判断矩阵

采用专家评估法，比较同一层次各因素对上一层次的相对重要性，给出数量化的评估。专家评估的初步结果经合适的数学处理后（包括实际计算的最终结果—组合权重）反馈给专家，请专家重新修改或确认。经多轮反复形成最终的判断矩阵。

（三）确定各评价因素的综合权重

利用层次分析计算方法确定每一个评价因素的综合评价权重（图 5 - 18 至图 5 - 20，表 5 - 16）。

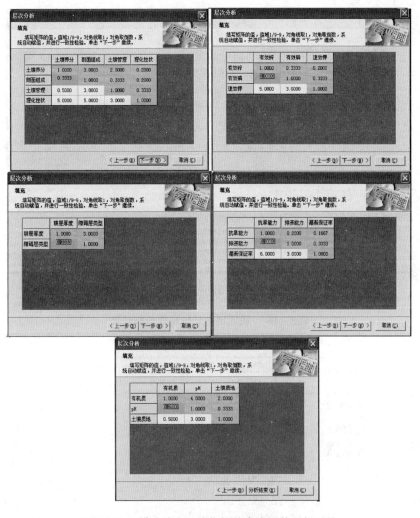

图 5 – 18 耕地地力评价指标的专家评估及权重值

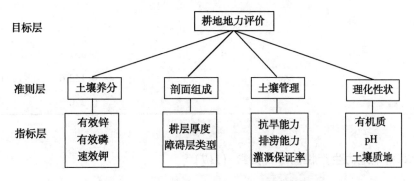

图 5 – 19 富锦市耕地地力评价层次分析模型

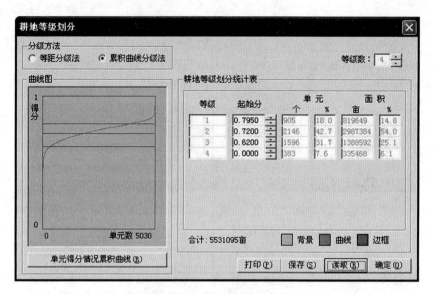

图 5 – 20 耕地等级分级法

表 5 – 16 耕地地力评价层次分析结果

| 层次 A | 层次 C | | | | 组合权重 $\sum C_i A_i$ |
	土壤养分 0.206 9	剖面组成 0.075 0	土壤管理 0.168 3	理化性状 0.549 7	
有效锌	0.106 2				0.022 0
有效磷	0.260 5				0.053 9
速效钾	0.633 4				0.131 0
耕层厚度		0.750 0			0.056 3
障碍层类型		0.250 0			0.018 8
抗旱能力			0.080 7		0.013 6
排涝能力			0.292 3		0.049 2
灌溉保证率			0.627 0		0.105 5
有机质				0.557 1	0.306 3
pH				0.122 6	0.067 4
土壤质地				0.320 2	0.176 1

六、计算耕地地力生产性能综合指数（IFI）

$$IFI = \sum F_i \times C_i \quad (i = 1, 2, 3 \cdots)$$

式中：IFI（Integrated Fertility Index）代表耕地地力数；F_i = 第 i 个因素评语；C_i —— 第 i 个因素的组合权重。

七、确定耕地地力综合指数分级方案

采取累积曲线分级法划分耕地地力等级，用加法模型计算耕地生产性能综合指数（*IFI*），将富锦市耕地地力划分为四级（表5-17）。

表5-17　耕地地力指数分级表

地力分级	地力综合指数分级（*IFI*）
一级	>0.795
二级	0.72~0.795
三级	0.62~0.72
四级	<0.62

第三节　耕地地力评价结果与分析

富锦市耕地总面积为363 733.3 hm^2，旱田面积为303 733.3 hm^2，占总耕地面积的83.5%，水田面积为60 000 hm^2，占总耕地面积的16.5%。其中，乡镇面积为289 684 hm^2，其余为市属单位、市直单位面积为74 049.33 hm^2，此次耕地地力调查和质量评价只对各乡镇的耕地进行评价，不对其他面积评价。将富锦市乡镇的耕地面积28 9684 hm^{2}划分为4个等级，一级地面积为12 869.35 hm^2，占总耕地面积的4.4%，产量为10 200 kg/hm^2；二级地面积182 932.7 hm^2，占总耕地面积的63.1%，产量为8 700 kg/hm^2；三级地面积为75 054.25 hm^2，占总耕地面积的26.0%，产量为7 200 kg/hm^2；四级地面积为18 827.69 hm^2，占总耕地面积的6.5%，产量为5 700 kg/hm^2。一级地属富锦市域内高产土壤，二、三级地属中产土壤，占89.1%，四级地属低产土壤。按照《全国耕地类型区耕地地力等级划分标准》进行归并，富锦市的一级地、二级地、三级地、四级地分别对应国家的四级地、五级地、六级地、七级地，各级别耕地面积，所占耕地总面积的比例、产量同上（表5-18）。

表5-18　富锦市耕地地力等级面积统计表

富锦市地力分级	国家地力分类分级	地力综合指数分级（IFI）	耕地面积（hm^2）	占耕地总面积（%）	产量（kg/hm^2）
一级	四级	>0.795	12 869.35	4.4	10 200
二级	五级	0.72~0.795	182 932.7	63.1	8 700
三级	六级	0.62~0.72	75 054.25	26.0	7 200
四级	七级	<0.62	18 827.69	6.5	5 700
合计			289 684	100.0	

此次评价结果与第二次土壤普查的对比情况如下：一级地的耕地面积占耕地总面积的百分比，2008 年为 4.4%，1984 年为 20.44%，2008 年比 1984 年降低了 16.04%，说明一级地的耕地面积明显下降；二级地的耕地面积占耕地总面积的百分比，2008 年为 63.1%，1984 年为 36.06%，2008 年比 1984 年上升了 27.04%；三级地的耕地面积占耕地总面积的百分比，2008 年为 26%，1984 年为 19.28%，2008 年比 1984 年上升了 6.72%；四级地的耕地面积占耕地总面积的百分比，2008 年为 6.5%，1984 年为 24.29%，2008 年比 1984 年下降了 18.4%。此次评价结果说明，第二次土壤普查到现在的二十多年，土壤肥力已严重下降，目前富锦市的地力处于中等水平（表 5 – 19 和表 5 – 20）。

表 5 – 19　2009 年与 1984 年富锦耕地地力等级对比表

地力分级	2009 年占耕地总面积（%）	1984 年占耕地总面积（%）
一级	4.4	20.44
二级	63.1	36.06
三级	26.0	19.28
四级	6.5	24.29
合计	100.0	100.00

表 5 – 20　1984 年富锦县耕地地力等级面积统计表

富锦市地力分级	耕地面积（hm²）	占耕地总面积（%）
一级	98 484	20.44
二级	173 663.8	36.06
三级	92 469.13	19.28
四级	116 972.3	24.29
合计	481 589.2	100

富锦市水田面积 60 000 hm²，其中，乡镇水田面积为 43 317.12 hm²，其余 16 682.88 hm²，分布在其他各市属单位、市直单位。进行地力评价的 43 317.12 hm² 水田，一级地面积较少，为 5 277.75 hm²，占富锦市水田面积的 12.2%，占富锦市一级地总面积的 41.0%，占富锦市耕地面积的 1.8%；二级地面积为 20 022.68 hm²，占富锦市水田面积比例较大，为 46.2%，占富锦市二级地总面积比例很小，只占 10.9%，占富锦市耕地面积的 6.9%；三级地面积较小为 9 251.17 hm²，占富锦市水田面积的 21.4%，占富锦市三级地总面积的 12.3%，占富锦市耕地面积的 3.2%；四级地面积为 8 765.53 hm²，占富锦市水田面积的 20.2%，占富锦市四级地总面积比例较大，为 46.6%，占富锦市耕地面积的 3.0%。综上所述，水田地力等级属中等（表 5 – 21）。

表 5 – 21　富锦市水田耕地地力等级面积统计表

地力分级	耕地面积 （hm²）	占富锦市乡镇水田 耕地面积（%）	占富锦市同级地力 耕地面积（%）	占富锦市乡镇 耕地面积（%）
一级	5 277.75	12.2	41.0	1.8
二级	20 022.68	46.2	10.9	6.9
三级	9 251.17	21.4	12.3	3.2
四级	8 765.53	20.2	46.6	3.0
合计	43 317.12			

　　富锦市旱田面积为 303 733.3 hm²，其中，57 366.45 hm²分布在各市属、市直单位。进行地力评价的旱田面积为 246 366.9 hm²，其中，一级地面积为 7 591.60 hm²，占富锦市旱田面积的 3.1%，占富锦市一级地总面积的 59%，占富锦市耕地面积的 2.6%；二级地面积为 162 910 hm²，占富锦市旱田面积的 66.1%，占富锦市二级地总面积的 89.1%，占富锦市耕地面积的 56.2%；三级地面积为 65 803.08 hm²，占富锦市旱田面积的 26.7%，占富锦市三级地总面积的 87.7%，占富锦市耕地面积的 22.7%；四级地面积为 10 062.16 hm²，占富锦市旱田面积的 4.1%，占富锦市四级地总面积的 53.4%，占富锦市耕地面积的 3.47%（表 5 – 22 至表 5 – 24）。

表 5 – 22　富锦市旱田耕地地力等级面积统计表

地力分级	耕地面积 （hm²）	占富锦市乡镇水田 耕地面积（%）	占富锦市同级地力 耕地面积（%）	占富锦市乡镇 耕地面积（%）
一级	7 591.60	3.1	58.9	2.6
二级	162 910	66.1	89.1	56.2
三级	65 803.08	26.7	87.7	22.7
四级	10 062.16	4.1	53.4	3.5
合计	246 366.90			

表 5 – 23　富锦市各乡镇地力等级面积统计表　　　　　　单位：hm²

乡镇名称	一级地	二级地	三级地	四级地	面积
长安镇	979.88	21 579.44	2 593.68	0	25 153.00
大榆树镇	1.26	8 040.07	10 239.62	0	24 130.00
二龙山镇	0	4 305.13	24 094.33	5 849.05	31 773.00
城关社区	122.77	4 010.79	473.45	3 373.54	4 607.00
宏胜镇	989.72	22 830.97	964.30	0	24 785.00
锦山镇	2 553.96	40 861.23	5 051.81	0	48 467.00
上街基镇	0	1 295.47	12 932.24	0	22 643.00

（续表）

乡镇名称	一级地	二级地	三级地	四级地	面积
头林镇	3 470.16	21 570.07	512.77	8 415.30	25 553.00
向阳川镇	215.73	13 474.88	15 096.59	0	29 977.00
兴隆岗镇	4 264.46	27 725.52	52.02	1 189.81	32 042.00
砚山镇	271.41	17 239.16	3 043.43	0	20 554.00
合计	12 869.35	182 932.70	75 054.25	282 415.33	289 684.00

注：城关社区为原富锦镇

表 5-24　富锦市各土类不同地力等级面积统计表　　　单位：hm²

土类	一级地	二级地	三级地	四级地	合计
沼泽土	78.71	20 726.28	5 621.56	845.36	27 271.91
草甸土	3 048.85	112 814.60	31 605.34	12 068.55	159 537.30
暗棕壤	0	2 890.34	165.12	0	3 055.46
黑土	9 392.45	39 019.55	18 238.18	4 912.14	71 562.32
白浆土	349.35	7 481.95	18 973.71	69.66	26 874.67
水稻土	0	0	427.81	931.97	1 359.78
泥炭土	0	0	22.52	0	22.52
合计	12 869.35	182 932.70	75 054.25	18 827.69	289 684.00

一、一级地

一级地所处地形条件：高平地、缓坡地，坡度 <5°，基本无侵蚀现象；土壤类型及养分状况：黑土、草甸黑土，黑土层 20 cm 以上，有机质含量在 40 g/kg 以上，供肥能力较好；植被类型：杂类草草甸，五花草塘及小叶樟草甸等；无明显限制因素；耕层深厚，大多数在 20 cm 以上；团粒结构较好，质地适宜；保肥性能好；抗旱排涝能力强。适于种植各种作物，产量水平高。

此次调查，一级地总面积 12 869.35 hm²，占富锦市乡镇耕地总面积的 4.4%，主要分布于兴隆岗镇、头林镇、锦山镇，分布面积最大的镇是兴隆岗镇，为 4 264.46 hm²，占一级地总面积为 33.14%，其次是头林镇、锦山镇，面积分别是 3 470.16 hm²、2 553.96 hm²，所占的比例分别是 26.96%、19.85%，没有一级地分布的乡镇是二龙山镇、上街基镇，两镇土壤肥力较差。一级地面积从大到小排序为兴隆岗镇 > 头林镇 > 锦山镇 > 宏胜镇 > 长安镇 > 砚山镇 > 向阳川镇 > 城关社区 > 大榆树镇 > 二龙山镇、上街基镇（表 5-25）。

表 5 – 25 富锦市各镇一级地面积分布统计表

乡镇名称	一级地面积（hm²）	占富锦市乡镇一级地面积（%）	占本乡镇耕地面积（%）
长安镇	979.88	7.61	3.89
大榆树镇	1.26	0.01	0.01
二龙山镇	0	0	
城关社区	122.77	0.95	2.66
宏胜镇	989.72	7.69	3.99
锦山镇	2 553.96	19.85	5.27
上街基镇	0	0	
头林镇	3 470.16	26.96	13.58
向阳川镇	215.73	1.68	0.72
兴隆岗镇	4 264.46	33.14	13.31
砚山镇	271.41	2.11	1.32
合计	12 869.35		

一级地土壤类型以黑土类面积最大为 9 392.45 hm²，占一级地的 73%，占本土类的 13.12%；其次是草甸土类，面积为 3 048.85 hm²，占一级地的 23.7%，占本土类的 1.91%；白浆土类面积为 349.35 hm²，占一级地面积的 2.7%，占本土类的 1.3%；沼泽土类一级地面积为 78.71 hm²，占富锦市一级地土壤的 0.6%，占本土类的 0.29%；暗棕壤、水稻土、泥炭土类没有一级地（表 5 – 26）。

表 5 – 26 富锦市乡镇一级地土壤类型分布面积统计表

土壤类型	一级地面积（hm²）	占富锦市乡镇一级地面积（%）	占本土类面积（%）
沼泽土	78.71	0.60	0.29
草甸土	3 048.85	23.70	1.91
暗棕壤	0		
黑土	9 392.45	73.00	13.12
白浆土	349.35	2.70	1.30
水稻土	0		
泥炭土	0		
合计	12 869.35	100.00	

一级地土壤理化性状较好，有机质平均含量为 58.8 g/kg，范围为 34.7 ~ 85.3 mg/kg；碱解氮平均为 196.3 mg/kg，范围为 126.8 ~ 276.5 mg/kg；有效磷平均为 21.7 mg/kg，范围

为 9~38.8 mg/kg；速效钾平均为 263.3 mg/kg，范围为 145~423 mg/kg；有效锌平均为 1.43 mg/kg，范围为 0.62~3.47 mg/kg；土壤 pH 平均值为 6.8，pH 范围在 5.7~7.9（表 5-27）。

表 5-27　一级地理化性状统计表

项目	平均值	最大值	最小值
有机质（g/kg）	58.8	85.3	34.7
碱解氮（mg/kg）	196.3	276.5	126.8
有效磷（mg/kg）	21.7	38.8	9
速效钾（mg/kg）	263.3	423	145
有效锌（mg/kg）	1.43	3.47	0.62
pH	6.8	7.9	5.7

二、二级地

二级地所处地形条件：平地、低平地；土壤类型及养分状况：草甸土、碳酸盐草甸土、白浆化草甸土；有机质含量较高；供肥、保肥性能较好；植被类型：小叶樟为主的草甸植被群落；限制因素：黏重、内涝、冷浆；抗旱排涝能力相对较强。基本适于种植各种作物，产量水平较高。

富锦市各乡镇二级地总面积 182 932.7 hm²，占富锦市乡镇耕地总面积的 63.1%，二级地分布面积最大的镇是锦山镇，为 40 861.23 hm²，占二级地总面积为 22.33%，占本镇面积的 84.37%；其次是兴隆岗镇 27 725.52 hm²，占二级地总面积为 15.16%、占本镇面积的 86.53%；二级地面积所占比例较少的乡镇有大榆树镇、二龙山镇、城关社区、上街基镇。各乡镇的二级地面积从大到小排序为锦山镇＞兴隆岗镇＞宏胜镇＞长安镇＞头林镇＞砚山镇＞向阳川镇＞大榆树镇＞二龙山镇＞城关社区＞上街基镇。锦山镇、兴隆岗镇、宏胜镇、长安镇、头林镇、砚山镇这几个镇占本镇面积都超过 80%，说明富锦市的土壤以二级地居多（表 5-28）。

表 5-28　富锦市各镇二级地面积分布统计表

乡镇名称	二级地面积 （hm²）	占富锦市乡镇二级地 面积（%）	占本乡镇耕地 面积（%）
长安镇	21 579.44	11.80	85.79
大榆树镇	8 040.07	4.4	33.32
二龙山镇	4 305.13	2.35	13.55
城关社区	4 010.79	2.19	87.06
宏胜镇	22 830.97	12.48	92.11
锦山镇	40 861.23	22.33	84.31

（续表）

乡镇名称	二级地面积 （hm²）	占富锦市乡镇二级地 面积（%）	占本乡镇耕地 面积（%）
上街基镇	1 295.47	0.71	5.72
头林镇	21 570.07	11.79	84.41
向阳川镇	13 474.88	7.37	44.95
兴隆岗镇	27 725.52	15.16	86.53
砚山镇	17 239.16	9.42	83.87
合计	182 932.7	100	

二级地土壤类型以草甸土类面积最大为 112 814.6 hm²，占二级地的 61.67%，占本土类的 70.71%；其次是黑土类面积较大为 39 019.55 hm²，占二级地的 21.33%，占本土类的 54.53%；沼泽土类二级地面积为 20 726.28 hm²，占二级地的 11.33%，占本土类的 76%，该土类在第二次土壤普查时以四级地居多，目前二级地占了很大比重，说明这二十多年，很大部分沼泽土由于气温升高，干旱年份多，已由荒地变为耕地，土壤肥力高，变为以二级地为主；白浆土类面积为 7 481.948 hm²，占二级地面积的 4.09%，占本土类的 27.84%；暗棕壤面积为 2 890.337 hm²，占二级地面积的 1.58%，占本土类的 94.6%，水稻土、泥炭土类没有二级地（表 5 - 29）。

表 5 - 29　富锦市乡镇二级地土壤类型分布面积统计表

土壤类型	二级地面积 （hm²）	占富锦市乡镇二级地 面积（%）	占本土类 面积（%）
沼泽土	20 726.28	11.33	76.00
草甸土	112 814.60	61.67	70.71
暗棕壤	2 890.34	1.58	94.60
黑土	39 019.55	21.33	54.53
白浆土	7 481.95	4.09	27.84
水稻土	0	0	0
泥炭土	0	0	0
合计	182 932.7	100.00	100.00

二级地土壤有机质平均含量为 49.9 g/kg，比一级地的值低 11.1 g/kg，范围为 25.7 ~ 92.4 g/kg，最小值比一级地的值低；碱解氮平均为 183 mg/kg，比一级地的值低 13 mg/kg，范围为 114.1 ~ 287.5 mg/kg，最小值比一级地的值低；有效磷平均为 22.4 mg/kg，比一级地的值高 0.7 mg/kg，范围为 7.6 ~ 45.9 mg/kg，最小值及最大值比一级地的值低，说明在富锦市土壤有效磷含量超过 21.7 mg/kg，就不影响作物产量；速效钾平均含量为 252.5 mg/kg，比一级地的值低 10.8 mg/kg，范围为 111 ~ 446 mg/kg，最小值及最大值比一级地的值低；

有效锌平均含量为 1.34 mg/kg，比一级地的值低 0.9 mg/kg，范围为 0.5 ~ 3.78 mg/kg，最小值比一级地的值低；土壤 pH 平均值为 6.69，比一级地的值低 0.11 mg/kg，pH 范围在 5.2 ~ 7.9，最小值比一级地的值低（表 5 - 30）。

表 5 - 30　二级地理化性状统计表

项目	平均值	最大值	最小值
有机质（g/kg）	49.9	92.4	25.7
碱解氮（mg/kg）	183.0	287.5	114.1
有效磷（mg/kg）	22.4	45.9	7.6
速效钾（mg/kg）	252.5	446	111
有效锌（mg/kg）	1.34	3.78	0.5
pH	6.69	7.9	5.2

三、三级地

三级地所处地形条件：平地、低平地；土壤类型及养分状况：草甸白浆土、泛滥地草甸土、岗地白浆土、中层白浆化黑土，黑土层有机质含量 30 g/kg 以上。植被类型：小叶樟为主草甸群落、杂类草等。限制因素：白浆层不透水，易受洪涝灾害；保肥性能较差；抗旱排涝能力相对较弱。适于种植抗逆性强的作物，产量水平较低。

富锦市各乡镇三级地总面积 75 054.25 hm²，占富锦市乡镇耕地总面积的 26%，二龙山镇的三级地面积分布最大，为 24 094.33 hm²，占三级地总面积的 32.1%，占本镇面积的 75.83%；其次是向阳川镇 15 096.59 hm²，占二级地总面积的 20.11%、占本镇面积的 50.36%；三级地面积所占比例较少的乡镇有兴隆岗镇、头林镇、城关社区。各乡镇的三级地面积从大到小排序为二龙山镇 > 向阳川镇 > 上街基镇 > 大榆树镇 > 锦山镇 > 砚山镇 > 长安镇 > 宏胜镇 > 头林镇 > 城关社区 > 兴隆岗镇。二龙山镇、向阳川镇、上街基镇、大榆树镇这几个镇无论是占富锦市三级地的面积还是占本镇面积的比例都较大，说明这几个镇的土壤相对较瘠薄（表 5 - 31）。

表 5 - 31　富锦市乡镇三级地面积分布统计表

乡镇名称	三级地面积（hm²）	占富锦市乡镇三级地面积（%）	占本镇耕地面积（%）
长安镇	2 593.68	3.46	10.31
大榆树镇	10 239.62	13.64	42.44
二龙山镇	24 094.33	32.1	75.83
城关社区	473.45	0.63	10.28
宏胜镇	964.30	1.29	3.89
锦山镇	5 051.81	6.73	10.42

乡镇名称	三级地面积 （hm²）	占富锦市乡镇三级地 面积（%）	占本镇耕地 面积（%）
上街基镇	12 932.24	17.23	57.11
头林镇	512.77	0.68	2
向阳川镇	15 096.59	20.11	50.36
兴隆岗镇	52.02	0.07	0.16
砚山镇	3 043.43	4.06	14.81
合计	75 054.25	100	

从三级地土壤类型来看，白浆土类面积为 18 973.71 hm²，占三级地面积的25.28%，占本类的70.6%；暗棕壤面积为 165.12 hm²，占三级地面积的0.22%，占本土类的54.04%；这两个土类占本土类的面积大，虽然占三级地面积小，但它们本身土类面积也小，说明这两个土类都是低产土壤，需改良。草甸土类面积为 31 605.34 hm²，占三级地的42.11%，占本土类的19.81%；黑土类面积为 18 238.18 hm²，占三级地的24.3%，占本土类的25.49%；沼泽土类三级地面积为 5 621.56 hm²，占三级地的20.61%，占本土类的7.49%；水稻土类面积为 427.81 hm²，占三级地的0.57%，占本土类的31.46%；泥炭土类面积为 22.52 hm²，占三级地的0.03%，占本土类的100%，泥炭土类开垦为耕地的面积极小，但全部属于三级地，该土类虽然有机质较高，但因有潜育层、潴育层、障碍层的影响，不属于高产土壤（表5－32）。

表5－32　富锦市三级地土壤类型分布面积统计表

土壤类型	三级地面积 （hm²）	占富锦市乡镇三级地 面积（%）	占本土类 面积（%）
沼泽土	5 621.56	7.49	20.61
草甸土	31 605.34	42.11	19.81
暗棕壤	165.12	0.22	54.04
黑土	18 238.18	24.3	25.49
白浆土	18 973.71	25.28	70.6
水稻土	427.81	0.57	31.46
泥炭土	22.52	0.03	100.00
合计	75 054.25	100.00	

三级地土壤有机质平均含量为 32.3 g/kg，范围为 19.5～94.9 g/kg；碱解氮平均含量为151.0 mg/kg，范围为 112.4～275.6 mg/kg；有效磷平均含量为 17.4 mg/kg，范围为 6.6～39.9 mg/kg；速效钾平均含量为 143.0 mg/kg，比一、二级地的含量低，范围为 52～354 mg/kg，最小值及最大值均比一、二级低；有效锌平均含量为 1.09 mg/kg，比一、二级地的含量低，

范围为 0.35 ~ 3.78 mg/kg，最小值比一、二级地低；土壤 pH 平均值为 5.9，pH 范围在 5.2~8（表 5 – 33）。

表 5 – 33　三级地理化性状统计表

项目	平均值	最大值	最小值
有机质	32.3	94.9	19.5
碱解氮	151.0	275.6	112.4
有效磷	17.4	39.9	6.6
速效钾	173	384	82
有效锌	1.09	3.78	0.35
pH	5.9	8	5.2

四、四级地

四级地是富锦市最差的地力，所处地形条件：低平洼地；土壤类型及养分状况：沼泽化草甸土、潜育白浆土、泛滥地草甸土、沼泽土、水稻土，土壤黏重过湿，土壤养分贮量丰富，有机质 10 g/kg 以上；植被类型草甸沼泽及沼泽；结构较差，多为质地不良，保肥性能差；抗旱排涝能力差。适于种植耐瘠薄作物，产量低。

富锦市四级地只分布在二龙山镇、向阳川镇、上街基镇、大榆树镇 4 个镇，其他乡镇没有四级地，各乡镇四级地总面积 18 827.69 hm²，占富锦市乡镇耕地总面积的 6.5%，四级地分布面积最大的镇是上街基镇，为 8 415.30 hm²，占四级地总面积为 44.7%，占本镇面积的 37.17%；其次是大榆树镇为 5 849.05 hm²，占四级地总面积为 31.06%、占本镇面积的 24.24%；二龙山镇 3 373.54 hm²，占四级地总面积为 17.92%、占本镇面积的 10.62%；向阳川镇 1 189.81 hm²，占四级地总面积为 6.32%、占本镇面积的 3.97%；说明这几个镇的土壤相对较瘠薄（表 5 – 34）。

表 5 – 34　富锦市各镇四级地面积分布统计表

乡镇名称	四级地面积（hm²）	占富锦市乡镇三级地面积（%）	占本镇耕地面积（%）
长安镇	0		
大榆树镇	5 849.05	31.06	24.24
二龙山镇	3 373.54	17.92	10.62
城关社区	0		
宏胜镇	0		
锦山镇	0		
上街基镇	8 415.30	44.7	37.17
头林镇	0		

（续表）

乡镇名称	四级地面积（hm²）	占富锦市乡镇三级地面积（%）	占本镇耕地面积（%）
向阳川镇	1 189.81	6.32	3.97
兴隆岗镇	0		
砚山镇	0		
合计	18 827.69	100.00	6.00

从四级地土壤类型看，水稻土类面积为931.97 hm²，占四级地面积的4.95%，占本类的68.54%，水稻土虽然占四级地面积小，但其本身土类面积也小，说明这个土类肥力低。草甸土类面积大为12 068.55 hm²，占四级地面积的64.1%，占本土类的7.56%；黑土类面积为4 912.14 hm²，占四级地的26.09%，占本土类的6.86%；沼泽土类四级地面积为845.36 hm²，占四级地的4.49%，占本土类的3.1%；白浆土类面积为69.66 hm²，占四级地的0.37%，占本土类的0.26%，四级地没有泥炭土类、暗棕壤土类（表5-35）。

表5-35　富锦市四级地土壤类型分布面积统计表

土壤类型	四级地面积（hm²）	占富锦市乡镇四级地面积（%）	占本土类面积（%）
沼泽土	845.36	4.49	3.10
草甸土	12 068.55	64.10	7.56
暗棕壤	0.00		
黑土	4 912.14	26.09	6.86
白浆土	69.66	0.37	0.26
水稻土	931.97	4.95	68.54
泥炭土	0.00		
合计	18 827.69	100.00	

四级地土壤所有相关属性的养分含量都是富锦市最低的，表现缺乏。四级地土壤有机质平均含量为29.4 g/kg，比一级地的值低29.4 g/kg，比二级地的值低20.5 g/kg，比三级地的值低2.9 g/kg，范围为17.8～37.1 g/kg，最小值比一级地、二级地、三级地的值都低；碱解氮平均为143.5 mg/kg，比一级地的值低52.8 mg/kg，比二级地的值低39.5 mg/kg，比三级地的值低7.5 mg/kg，范围为111.8～182.2 mg/kg，最小值及最大值比一级地、二级地、三级地的值都低；有效磷平均为14.7 mg/kg，比一级地的值低7 mg/kg，比二级地的值低7.7 mg/kg，比三级地的值低2.7 mg/kg，范围为6.7～27.9 mg/kg，最大值比一级地、二级地、三级地的值都低；速效钾平均为163.2 mg/kg，比一级地的值低100.1 mg/kg，比二级地的值低89.3 mg/kg，比三级地的值低9.8 mg/kg，范围为88～279 mg/kg，最大值均比一、二级地、三级地的值都低；有效锌平均为0.92 mg/kg，比一级地的值低0.51 mg/kg，比二级地的值低0.42 mg/kg，比三级地的值低0.17 mg/kg，范围为0.34～2.05 mg/kg，最大值

比一、二级地、三级地的值都低；土壤 pH 平均值为 5.8，比一级地的值低 1.0，比二级地的值低 0.89，比三级地的值低 0.1，pH 范围在 5.3~6.6，最大值比一级地、二级地、三级地的值都低（表 5-36）。

表 5-36 四级地相关指标统计表

项目	平均值	最大值	最小值
有机质（g/kg）	29.4	37.1	17.8
碱解氮（mg/kg）	143.5	182.2	111.8
有效磷（mg/kg）	14.7	27.9	6.7
速效钾（mg/kg）	163.2	279	88
有效锌（mg/kg）	0.92	2.05	0.34
pH	5.8	6.6	5.3

第六章 耕地适宜性评价

第一节 大豆适宜性评价

大豆是富锦市的主栽作物，占据着主导地位，多年以来种植面积一直保持在 133 333 hm^2 以上，占富锦市总耕地面积的 50%~60%，适宜种植性较广。

一、评价指标的标准化

根据全国耕地地力评价因子总集，结合富锦市大豆的实际情况，从气象、立地条件、耕层理化性状、剖面性状、障碍因素、土壤管理六大方面的因子中进行选取；选取对大豆生产有较大影响的评价因子，最后确定大豆的评价指标为 7 项：有机质、速效钾、有效磷、抗旱能力、排涝能力、土壤质地、耕层厚度，按各项指标的重要性排序为，排涝能力 > 有机质 > 抗旱能力 > 有效磷 > 土壤质地 > 速效钾 > 耕层厚度。

（一）排涝能力

1. 专家评估（表 6 – 1）

表 6 – 1 大豆排涝能力隶属度评估

排涝能力	10	5	3	1
隶属度	1	0.8	0.65	0.5

2. 建立隶属函数

大豆排涝能力隶属函数拟合曲线如图 6 – 1 所示，其曲线方程为 $Y = 1/[1 + 0.014380(X - 9.206004)^2]$。

（二）抗旱能力

1. 专家评估（表 6 – 2）

表 6 – 2 大豆抗旱能力隶属度评估

抗旱能力	60	50	40	30
隶属度	1	0.92	0.80	0.65

2. 建立隶属函数

大豆抗旱能力隶属函数拟合曲线如图 6 – 2 所示，其曲线方程为 $Y = 1/[1 + 0.000495(X - 62.816998)^2]$。

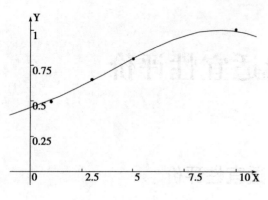

图 6 – 1　大豆排涝能力隶属函数拟合曲线　　图 6 – 2　大豆抗旱能力隶属函数拟合曲线

（三）有机质

1. 专家评估（表 6 – 3）

表 6 – 3　大豆有机质隶属度评估

有机质	70	60	55	45	35	25	15	5
隶属度	1	0.88	0.82	0.7	0.58	0.48	0.40	0.32

2. 建立隶属函数

大豆有机质隶属函数拟合曲线如图 6 – 3 所示，其曲线方程为 $Y = 1/[1 + 0.000391(X - 78.013391)^2]$。

（四）耕层厚度

1. 专家评估（表 6 – 4）

表 6 – 4　大豆耕层厚度隶属度评估

耕层厚度	27	25	22	20	18	16
隶属度	1	0.95	0.8	0.7	0.6	0.5

2. 建立隶属函数

大豆耕层厚度隶属函数拟合曲线如图 6 – 4 所示，其曲线方程为 $Y = 1/[1 + 0.007103(X - 27.798428)^2]$。

（五）碱解氮

1. 专家评估（表 6 – 5）

表 6 – 5　大豆碱解氮隶属度评估

碱解氮	220	180	160	140	120	100	80
隶属度	1	0.90	0.80	0.70	0.60	0.50	0.42

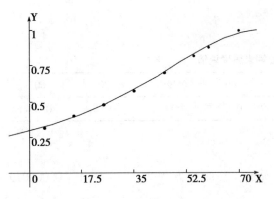

图6-3　大豆有机质隶属函数拟合曲线

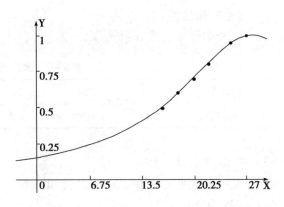

图6-4　大豆耕层厚度隶属函数拟合曲线

2. 建立隶属函数

大豆碱解氮隶属函数拟合曲线如图 6 – 5 所示，其曲线方程为 $Y = 1/[1 + 0.000070(X - 219.341294)^2]$。

（六）有效磷

1. 专家评估（表6-6）

表6-6　大豆有效磷隶属度评估

有效磷	20	30	15	10	7	5
隶属度	1	0.90	0.90	0.78	0.68	0.62

2. 建立隶属函数

大豆有效磷隶属函数拟合曲线如图 6 – 6 所示，其曲线方程为 $Y = 1/[1 + 0.001975(X - 22.351857)^2]$。

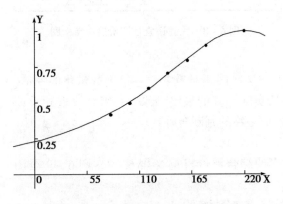

图6-5　大豆碱解氮隶属函数拟合曲线

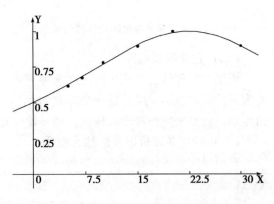

图6-6　大豆有效磷隶属函数拟合曲线

(七) 速效钾

1. 专家评估 (表6-7)

表6-7　大豆速效钾隶属度评估

速效钾	300	250	20	160	120	80	60
隶属度	1	0.98	0.9	0.8	0.7	0.58	0.53

2. 建立隶属函数

大豆速效钾隶属函数拟合曲线如图6-7所示, 其曲线方程为 $Y = 1/[1 + 0.000019(X - 274.500105)^2]$。

二、确定指标权重

采用层次分析法确定每一个评价因素对耕地综合地力的贡献大小。

(一) 构造评价指标层次结构图

根据各个评价因素间的关系, 构造了以下层次结构图, 如图6-8所示。

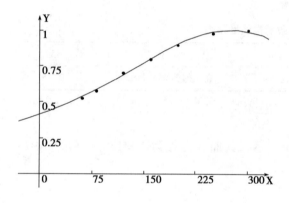

图6-7　大豆速效钾隶属函数拟合曲线

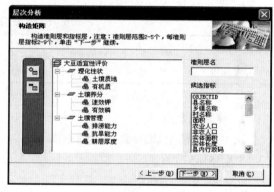

图6-8　大豆适宜性评价层次结构图

(二) 建立判断矩阵

采用专家评估法, 比较同一层次各因素对上一层次的相对重要性, 给出数量化的评估。专家评估的初步结果经合适的数学处理后 (包括实际计算的最终结果——组合权重) 反馈给专家, 请专家重新修改或确认。经多轮反复形成最终的判断矩阵。

(三) 确定各评价因素的综合权重

利用层次分析计算方法确定每一个评价因素的综合评价权重 (表6-8, 图6-9至图6-11)。

表6-8　大豆适宜性评价层次分析结果

层次 A	层次 C			组合权重
	理化性状 0.311 9	土壤养分 0.197 6	土壤管理 0.490 5	$\sum C_i A_i$
土壤质地	0.333 3			0.104 0
有机质	0.666 7			0.207 9

（续表）

层次 A	层次 C			组合权重 $\sum C_i A_i$
	理化性状 0.311 9	土壤养分 0.197 6	土壤管理 0.490 5	
速效钾	0.333 3			0.065 9
有效磷	0.666 7			0.131 7
排涝能力			0.580 0	0.284 5
抗旱能力			0.349 6	0.171 5
耕层厚度			0.070 4	0.034 5

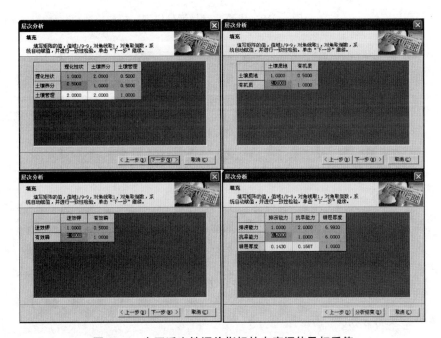

图 6 - 9　大豆适宜性评价指标的专家评估及权重值

富锦市大豆适宜性评价单元分值为 0.53 ~ 0.81，详见表 6 - 9。

表 6 - 9　大豆适宜性指数分级表

地力分级	地力综合指数分级（IFI）
高度适宜	> 0.81
适宜	0.65 ~ 0.81
勉强适宜	0.53 ~ 0.65
不适宜	< 0.53

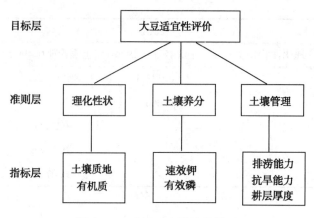

图 6-10 大豆适宜性评价模型

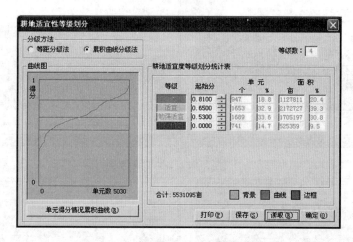

图 6-11 大豆适宜性耕地等级分级法

三、评价结果与分析

此次将富锦市乡镇的耕地划分为 4 个等级对大豆进行适宜性评价，高度适宜耕地面积为 59 066.57 hm²，占耕地总面积的 20.39%，适宜耕地面积为 113 787.87 hm²，占耕地总面积的 39.28%，勉强适宜耕地面积为 89 309.6 hm²，占耕地总面积的 30.83%，不适宜耕地面积 27 519.98 hm²，占耕地总面积的 9.5%（表 6-10）。

表 6-10 大豆不同适宜性耕地面积统计

适应性	面积（hm²）	所占比例（%）
高度适宜	59066.57	20.39
适宜	113 787.87	39.28
勉强适宜	89 309.6	30.83
不适宜	27 519.98	9.5
合计	289 684	100

由理化性状统计数据分析，高度适宜种植大豆的耕地理化性状最好，养分含量最高；适宜种植大豆的耕地理化性状较好，养分含量次之；勉强适宜种植大豆的耕地理化性状差些，养分含量中下等；不适宜种植大豆的耕地理化性状差，养分含量最低（表6-11）。

表6-11 大豆不同适宜性耕地理化性状统计表

适宜性	碱解氮（mg/kg）	有效磷（mg/kg）	速效钾（mg/kg）	有效锌（mg/kg）	pH	有机质（g/kg）
不适宜	156.83	17.14	185.42	0.97	6.09	35.75
高度适宜	202.32	20.75	260.25	1.52	6.79	58.53
勉强适宜	167.92	21.21	214.36	1.2	6.33	41.46
适宜	169.21	21.11	236.18	1.31	6.49	43.79

（一）高度适宜

高度适宜种植大豆这些区域，地势平坦，无明显起伏，质地多为中壤土或重壤土，基本无侵蚀，各项理化性状都是富锦市最佳的，土壤肥力高，抗旱能力、排涝能力强，耕层深厚，都在20 cm以上，种植大豆产量高。高度适宜种植大豆的面积为59 066.57 hm²，占耕地总面积的20.39%，主要集中在长安镇、兴隆岗镇、宏胜镇、头林镇、砚山镇，其次是大榆树镇和城关社区有少量分布，二龙山镇、锦山镇、上街基镇没有高度适宜种植大豆的耕地。有机质平均含量为58.53 g/kg，有机质含量最大值92.4 g/kg，有机质含量最小值26.3 g/kg；pH平均值为6.79，最大值为8，最小值为5.6；碱解氮平均含量为202.32 mg/kg，碱解氮含量最大值287.49 mg/kg，碱解氮含量最小值129.92 mg/kg；有效磷平均含量20.75 mg/kg，有效磷含量最大值45.9 mg/kg，有效磷含量最小值6.6 mg/kg；速效钾平均含量为260.25 mg/kg，速效钾含量最大值445 mg/kg，速效钾含量最小值138 mg/kg；有效锌平均含量1.52 mg/kg，有效锌含量最大值3.57 mg/kg，有效锌含量最小值0.93 mg/kg（表6-12）。

表6-12 大豆高度适宜耕地理化性状统计表

项目	平均值	最大值	最小值
有机质（g/kg）	58.53	92.4	26.3
有效磷（mg/kg）	20.75	45.9	6.6
速效钾（mg/kg）	260.25	445	138
有效锌（mg/kg）	1.52	3.57	0.93
碱解氮（mg/kg）	202.32	287.49	129.92
pH	6.79	8	5.6

（二）适宜

适宜种植大豆的区域，所处地势低平，无明显起伏，质地为沙壤土—重壤土，基本无侵蚀，各项理化性状较佳，土壤肥力中等，排涝能力、抗旱能力较强，种植大豆产量较高。适宜种植大豆的面积为113 787.87 hm²，占总耕地面积的39.28%。富锦市除了二龙山镇、上街基镇，大部分乡镇都有适宜种植大豆的地块。适宜种植大豆的耕地有机质平均含量为43.79 g/kg，有机质含量最大值90.9 g/kg，有机质含量最小值21.7 g/kg；碱解氮平均含量为 169.21 mg/kg，碱解氮含量最大值 284.3 mg/kg，碱解氮含量最小值 111.85 mg/kg；有效磷平均含量 21.11 mg/kg，有效磷含量最大值 43.3 mg/kg，有效磷含量最小值 9.8 mg/kg，速效钾平均含量为 236.18 mg/kg，速效钾含量最大值 446 mg/kg，速效钾含量最小值 116 mg/kg；有效锌平均含量 1.31 mg/kg，有效锌含量最大值 3.78 mg/kg，有效锌含量最小值 0.59 mg/kg；pH 平均值为 6.49，最大值为 7.9，最小值为 5.3（表 6-13）。

表 6-13　大豆适宜耕地理化性状统计表

项目	平均值	最大值	最小值
有机质（g/kg）	43.79	90.9	21.7
有效磷（mg/kg）	21.11	43.3	9.8
速效钾（mg/kg）	236.18	446	116
有效锌（mg/kg）	1.31	3.78	0.59
碱解氮（mg/kg）	169.21	284.3	111.85
pH	6.49	7.9	5.3

（三）勉强适宜

勉强适宜种植大豆的区域，所处地势低平，土壤肥力中下等，土壤黏重，质地中壤土—轻黏土，耕层薄，排涝抗旱能力较差，障碍因素有白浆层、潜育层，大豆产量较低。土壤类型主要是白浆土、碳酸盐草甸土、沼泽化草甸土、平地草甸土。富锦市各乡镇都有勉强适宜种植大豆的地块。勉强适宜种植大豆的耕地总面积 89 309.6 hm²，占富锦市总耕地面积的 30.83%。勉强适宜种植大豆的耕地有机质平均含量为 41.46 g/kg，有机质含量最大值 94.9 g/kg，有机质含量最小值 17.8 g/kg；碱解氮平均含量为 167.92 mg/kg，碱解氮含量最大值 275.59 mg/kg，碱解氮含量最小值 112.39 mg/kg；有效磷平均含量 21.21 mg/kg，有效磷含量最大值 41.9 mg/kg，有效磷含量最小值 7.1 mg/kg，速效钾平均含量为 214.36 mg/kg，速效钾含量最大值 440 mg/kg，速效钾含量最小值 82 mg/kg；有效锌平均含量 1.2 mg/kg，有效锌含量最大值 3.78 mg/kg，有效锌含量最小值 0.35 mg/kg；pH 平均值为 6.33，最大值为 7.7，最小值为 5.2（表 6-14）。

表 6-14　大豆勉强适宜耕地理化性状统计表

项目	平均值	最大值	最小值
有机质（g/kg）	41.46	94.9	17.8
有效磷（mg/kg）	21.21	41.9	7.1
速效钾（mg/kg）	214.36	440	82
有效锌（mg/kg）	1.2	3.78	0.35
碱解氮（mg/kg）	167.92	275.59	112.39
pH	6.33	7.7	5.2

（四）不适宜

不适宜种植大豆的区域所处地势低洼，土质黏重，多为重壤土、轻黏土，土壤肥力低，排涝抗旱能力差，耕层浅、大豆产量低。不适宜种植大豆的耕地总面积 27 519.98 hm²，占富锦市总耕地面积的 9.5%。不适宜种植大豆的乡镇主要分布在大榆树镇、二龙山镇、锦山镇、上街基镇、向阳川镇，其他乡镇没有不适宜种植大豆的耕地。大榆树镇的保林、长发、福合、福来、富士、富珍、华胜、健康、庆胜、沙岗、邵店、盛田、拾房、新旭、兴达、腰中、永东等村的肥力低，包括有机质含量低，速效氮、有效磷含量低；二龙山镇北地界、北山、共荣、吉良、集民、康庄、莲花、龙山、庆平、双合、太东、新安、新富、新合、新宏、新龙、新民、新桥、新兴、永丰、永乐等村，有的土类是白浆土，含白浆层障碍因素，有的土类是沙底黑土，含沙砾层障碍因素，有的土类是沼泽土，含潜育层障碍因素，并且有机质含量低，速效氮、有效磷、速效钾含量都低；锦山镇的德祥、二砖、富国、富廷、公安、黑鱼、后甲、继承、建设、锦山、近山、民兴、南化、强盛、仁和、仁义、山北、胜利、世一、信安、永庆、永阳、重兴等村，有的是有机质含量低，有的有机质虽然含量高，但土壤类型是中、厚层沼泽化草甸土，有潜育层，排涝能力差；上街基镇诚信、大户、德安、德福、东富乡、东立、福民、合发、和悦、宏甸、林河、清化、三合、四合、宋店、天安、万发、西安、西福山、西富乡、鲜丰、永升、振永、治安、中胜等村的某些地块，不适宜种植大豆的原因，除少数泛滥地草甸土含沙砾层障碍因素及低洼地含潜育层障碍因素，其他主要原因是有机质含量低，向阳川镇的大兴、东兴、丰太、福安、福庆、后山、六合、向阳川、永太、择林、正和、中里等村的某些地块，不适宜种植大豆的原因，主要是土壤肥力低，有机质含量低，速效氮、有效磷、速效钾值都低。不适宜种植的耕地有机质平均含量为 35.75 g/kg，有机质含量最大值 62.9 g/kg，有机质含量最小值 21.8 g/kg；碱解氮平均含量为 156.83 mg/kg，碱解氮含量最大值 213.3 mg/kg，碱解氮含量最小值 114.21 mg/kg；有效磷平均含量 17.4 mg/kg，有效磷含量最大值 29.9 mg/kg，有效磷含量最小值 6.7 mg/kg，速效钾平均含量为 185.42 mg/kg，速效钾含量最大值 352 mg/kg，速效钾含量最小值 87 mg/kg；有效锌平均含量 0.97 mg/kg，有效锌含量最大值 2.65 mg/kg，有效锌含量最小值 0.34 mg/kg；pH平均值为 6.09，最大值为 7.6，最小值为 5.3（表 6-15）。

表 6-15　大豆不适宜耕地理化性状统计表

项目	平均值	最大值	最小值
有机质（g/kg）	35.75	62.9	21.8
有效磷（mg/kg）	17.4	29.9	6.7
速效钾（mg/kg）	185.42	352	87
有效锌（mg/kg）	0.97	2.65	0.34
碱解氮（mg/kg）	156.83	213.3	114.21
pH	6.09	7.6	5.3

第二节　玉米适宜性评价

玉米是富锦市的主要粮食作物之一，种植面积较大，近几年来种植面积在 46 700 ~ 66 700 hm²，占总耕地面积的 20% 左右，种植适宜性较广。

一、评价指标的标准化

根据全国耕地地力评价因子总集，结合富锦市玉米的实际情况，从气象、立地条件、耕层理化性状、剖面性状、障碍因素、土壤管理六大方面的因子中进行选取；选取对玉米生产有较大影响的评价因子，最后确定玉米的评价指标为 8 项：有机质、速效钾、有效磷、抗旱能力、排涝能力、土壤质地、碱解氮、耕层厚度，按各项指标的重要性排序为排涝能力 > 有机质 > 抗旱能力 > 碱解氮 > 耕层厚度 > 土壤质地 > 有效磷 > 速效钾。

（一）排涝能力

1. 专家评估（表 6 - 16）

表 6 - 16　玉米排涝能力隶属度评估

排涝能力	10	5	3	1
隶属度	1	0.8	0.65	0.5

2. 建立隶属函数

玉米排涝能力隶属函数拟合曲线如图 6 - 12 所示，其曲线方程为 $Y = 1/[1 + 0.021192(X - 8.763875)^2]$。

（二）抗旱能力

1. 专家评估（表 6 - 17）

表 6 - 17　玉米抗旱能力隶属度评估

抗旱能力	60	50	40	30
隶属度	1	0.92	0.80	0.65

2. 建立隶属函数

玉米抗旱能力隶属函数拟合曲线如图 6 - 13 所示，其曲线方程为 $Y = 1/[1 + 0.000436(X - 64.792141)^2]$。

（三）有机质

1. 专家评估（表 6 - 18）

表 6 - 18　玉米有机质隶属度评估

有机质	70	60	55	45	35	25	15	5
隶属度	1	0.88	0.82	0.7	0.58	0.48	0.40	0.32

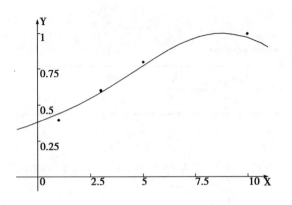

图6-12　玉米排涝能力隶属函数拟合曲线

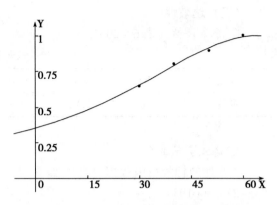

图6-13　玉米抗旱能力隶属函数拟合曲线

2. 建立隶属函数

玉米有机质隶属函数拟合曲线如图6-14所示，其曲线方程为 $Y = 1/[1 + 0.000391(X - 78.013391)^2]$。

（四）有效磷

1. 专家评估（表6-19）

表6-19　玉米有效磷隶属度评估

有效磷	20	30	15	10	7	5
隶属度	1	0.90	0.90	0.78	0.68	0.62

2. 建立隶属函数

玉米有效磷隶属函数拟合曲线如图6-15所示，其曲线方程为 $Y = 1/[1 + 0.001975(X - 22.351857)^2]$。

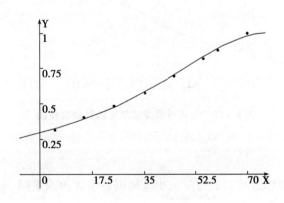

图6-14　玉米有机质隶属函数拟合曲线

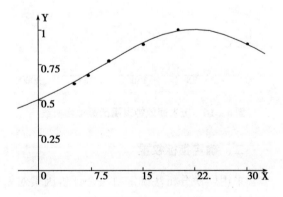

图6-15　玉米有效磷隶属函数拟合曲线

（五）速效钾

1. 专家评估（表6-20）

表6-20　玉米速效钾隶属度评估

速效钾	300	250	20	160	120	80	60
隶属度	1	0.98	0.9	0.8	0.7	0.58	0.53

2. 建立隶属函数

玉米速效钾隶属函数拟合曲线如图6-16所示，其曲线方程为 $Y = 1/[1 + 0.000019(X - 274.500105)^2]$。

（六）耕层厚度

1. 专家评估（表6-21）

表6-21　玉米耕层厚度隶属度评估

耕层厚度	27	25	22	20	18	16
隶属度	1	0.9	0.8	0.7	0.6	0.5

2. 建立隶属函数

玉米耕层厚度隶属函数拟合曲线如图6-17所示，其曲线方程为 $Y = 1/[1 + 0.005922(X - 28.692004)^2]$。

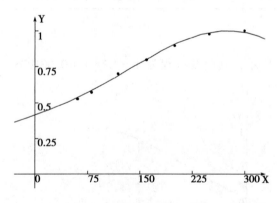

图6-16　玉米速效钾隶属函数拟合曲线

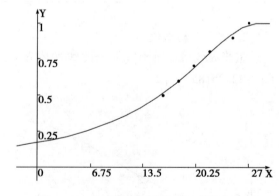

图6-17　玉米耕层厚度隶属函数拟合曲线

二、确定指标权重

采用层次分析法确定每一个评价因素对耕地综合地力的贡献大小。根据各个评价因素间的关系，构造了以下层次结构图。

（一）构造评价指标层次结构图（图6-18）

（二）建立层判断矩阵

采用专家评估法，比较同一层次各因素对上一层次的相对重要性，给出数量化的评估。专家评估的初步结果经合适的数学处理后（包括实际计算的最终结果——组合权重）反馈给专家，请专家重新修改或确认。经多轮反复形成最终的判断矩阵。

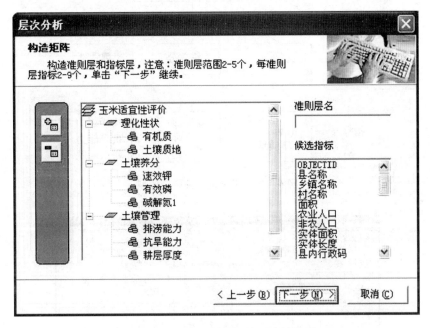

图 6-18 玉米适宜性评价层次结构图

（三）确定各评价因素的综合权重

利用层次分析计算方法确定每一个评价因素的综合评价权重（图 6-19 至图 6-21，表 6-22）。

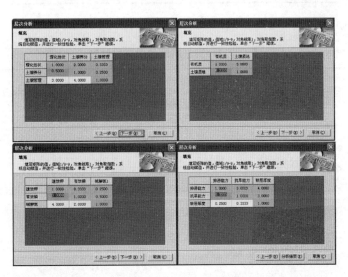

图 6-19 玉米适宜性评价指标的专家评估及权重值

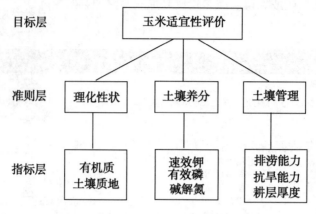

图 6-20　玉米适宜性评价模型

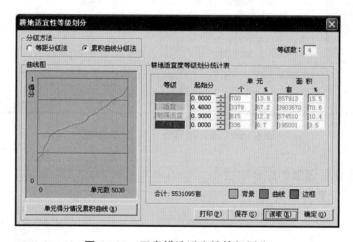

图 6-21　玉米耕地适宜性等级划分

表 6-22　玉米耕地层次分析结果

层次 A	层次 C			组合权重 $\sum C_i A_i$
	理化性状 0.239 5	土壤养分 0.137 3	土壤管理 0.623 2	
有机质	0.750 0			0.179 6
土壤质地	0.250 0			0.059 9
速效钾		0.122 6		0.016 8
有效磷		0.320 2		0.044 0
碱解氮		0.557 1		0.076 5
排涝能力			0.608 0	0.378 9
抗旱能力			0.272 1	0.169 6
耕层厚度			0.119 9	0.074 7

富锦市玉米适宜性评价单元分值为 0.30~0.80，详见表 6-23。

表 6-23　玉米适宜性指数分级表

地力分级	地力综合指数分级（IFI）
高度适宜	>0.80
适宜	0.48~0.80
勉强适宜	0.30~0.48
不适宜	<0.30

三、评价结果与分析

此次将富锦市乡镇的耕地划分为 4 个等级对玉米进行适宜性评价，高度适宜耕地面积为 44 901.02 hm²，占耕地总面积的 15.5%，适宜耕地面积为 204 459 hm²，占耕地总面积的 70.58%，勉强适宜耕地面积为 30 098.17 hm²，占耕地总面积的 10.39%，不适宜耕地面积 10 225.85 hm²，占耕地总面积的 3.53%（表 6-24）。

表 6-24　玉米不同适宜性耕地面积统计

适应性	面积（hm²）	所占比例（%）
高度适宜	44 901.02	15.5
适宜	204 458.97	70.58
勉强适宜	30 098.17	10.39
不适宜	10 225.85	3.53
合计	289 684	100

由理化性状统计数据分析，高度适宜种植玉米的耕地理化性状最好，养分含量最高；适宜种植玉米的耕地理化性状较好，养分含量次之；勉强适宜种植玉米的耕地理化性状差些，养分含量中下等；不适宜种植玉米的耕地理化性状差，养分含量最低（表 6-25）。

表 6-25　玉米不同适宜性耕地理化性状统计表

适宜性	碱解氮（mg/kg）	有效磷（mg/kg）	速效钾（mg/kg）	有效锌（mg/kg）	pH	有机质（g/kg）
不适宜	151.39	17.52	162.69	0.86	6.0	33.03
高度适宜	213.92	19.54	217.81	1.51	6.82	63.14
勉强适宜	161.04	21.37	184.89	1.27	6.31	39.62
适宜	169.12	20.82	196.68	1.25	6.42	42.81

（一）高度适宜

高度适宜种植玉米的这些区域，地势平坦，无明显起伏，质地多为中壤土或重壤土，各项理化性状都是富锦市最佳的，土壤肥力高，抗旱能力、排涝能力强，耕层深厚，都在 20 cm 以上，种植玉米产量高。高度适宜种植玉米的面积为 44 901.02 hm²，占耕地总面积的 15.5%，主要集中在长安镇、兴隆岗镇、宏胜镇、头林镇、砚山镇，其次是向阳川镇有少量分布，二龙山镇、锦山镇、上街基镇和城关社区没有高度适宜种植玉米的耕地。有机质平均含量为 63.14 g/kg，有机质含量最大值为 92.4 g/kg，有机质含量最小值为 36.5 g/kg；pH 值平均为 6.82，最大值为 8，最小值为 5.6；碱解氮平均含量为 213.92 mg/kg，碱解氮含量最大值 287.49 mg/kg，碱解氮含量最小值为 153.72 mg/kg；有效磷平均含量 19.54 mg/kg，有效磷含量最大值为 39 mg/kg，有效磷含量最小值为 6.6 mg/kg；速效钾平均含量为 247.81 mg/kg，速效钾含量最大值为 423 mg/kg，速效钾含量最小值为 138 mg/kg；有效锌平均含量 1.51 mg/kg，有效锌含量最大值为 2.5 mg/kg，有效锌含量最小值为 0.87 mg/kg（表 6－26）。

表 6－26　玉米高度适宜耕地理化性状统计表

项目	平均值	最大值	最小值
有机质（g/kg）	63.14	92.4	36.5
有效磷（mg/kg）	19.54	39	6.6
速效钾（mg/kg）	247.81	423	138
有效锌（mg/kg）	1.51	2.5	0.87
pH	6.82	8	5.6
碱解氮（mg/kg）	213.92	287.49	153.72

（二）适宜

适宜种植玉米的区域，所处地势低平，无明显起伏，质地为沙壤土—重壤土，基本无侵蚀，各项理化性状较佳，土壤肥力中等，排涝能力、抗旱能力较强，种植玉米产量较高。适宜种植玉米的面积为 204 458.97 hm²，占总耕地面积的 70.58%。富锦市所有乡镇都有适宜种植玉米的地块。适宜种植玉米的耕地有机质平均含量为 42.81 g/kg，有机质含量最大值 94.9 g/kg，有机质含量最小值 17.8 g/kg；碱解氮平均含量为 169.12 mg/kg，碱解氮含量最大值 284.3 mg/kg，碱解氮含量最小值 111.85 mg/kg；有效磷平均含量 20.82 mg/kg，有效磷含量最大值 45.9 mg/kg，有效磷含量最小值 6.7 mg/kg，速效钾平均含量为 196.68 mg/kg，速效钾含量最大值 416 mg/kg，速效钾含量最小值 52 mg/kg；有效锌平均含量 1.25 mg/kg，有效锌含量最大值 3.78 mg/kg，有效锌含量最小值 0.34 mg/kg；pH 平均值为 6.42，最大值为 7.9，最小值为 5.2（表 6－27）。

表 6－27　玉米适宜耕地理化性状统计表

项目	平均值	最大值	最小值
有机质（g/kg）	42.81	94.9	17.8
有效磷（mg/kg）	20.82	45.9	6.7
速效钾（mg/kg）	196.68	416	52

（续表）

项目	平均值	最大值	最小值
有效锌（mg/kg）	1.25	3.78	0.34
碱解氮（mg/kg）	169.12	284.3	111.85
pH	6.42	7.9	5.2

（三）勉强适宜

勉强适宜种植玉米的区域，所处地势低平，土壤肥力中下等，土壤黏重，质地中壤土—轻黏土，耕层薄，排涝抗旱能力较差，障碍层有白浆层、潜育层、沙砾层，玉米产量较低。勉强适宜种植玉米的面积为 30 098.17 hm²，占总耕地面积的 10.39%。富锦市除了宏胜镇和兴隆岗镇，其他乡镇都有勉强适宜种植玉米的地块。勉强适宜种植玉米的耕地有机质平均含量为 39.62 g/kg，有机质含量最大值 62.9 g/kg，有机质含量最小值 21.8 g/kg；碱解氮平均含量为 161.04 mg/kg，碱解氮含量最大值 213.3 mg/kg，碱解氮含量最小值 114.21 mg/kg；有效磷平均含量 21.37 mg/kg，有效磷含量最大值 41.9 mg/kg，有效磷含量最小值 10.1 mg/kg，速效钾平均含量为 184.89 mg/kg，速效钾含量最大值 410 mg/kg，速效钾含量最小值 57 mg/kg；有效锌平均含量 1.27 mg/kg，有效锌含量最大值 3.78 mg/kg，有效锌含量最小值 0.61 mg/kg；pH 平均值为 6.31，最大值为 7.6，最小值为 5.3（表 6-28）。

表 6-28 玉米勉强适宜耕地理化性状统计表

项目	平均值	最大值	最小值
有机质（g/kg）	39.62	62.9	21.8
有效磷（mg/kg）	21.37	41.9	10.1
速效钾（mg/kg）	184.89	410	57
有效锌（mg/kg）	1.27	3.78	0.61
碱解氮（mg/kg）	161.04	213.3	114.21
pH	6.31	7.6	5.3

（四）不适宜

不适宜种植的区域所处地势低洼，土质黏重，多为重壤土、轻黏土，土壤肥力低，排涝抗旱能力差，尤其排涝能力差，耕层浅，障碍层类型主要是潜育层，玉米产量低。不适宜种植玉米的耕地总面积 10225.85 hm²，占富锦市总耕地面积的 9.5%。不适宜种植玉米的乡镇只有二龙山镇、锦山镇、上街基镇，其他乡镇没有不适宜种植玉米的耕地。不适宜种植玉米的土壤类型主要有草甸土、水稻土、沼泽土。不适宜种植的耕地有机质平均含量为 33.03 g/kg，有机质含量最大值 41.9 g/kg，有机质含量最小值 23.1 g/kg；碱解氮平均含量为 151.39 mg/kg，碱解氮含量最大值 190.65 mg/kg，碱解氮含量最小值 128.26 mg/kg；有效磷平均含量 17.52 mg/kg，有效磷含量最大值 28.8 mg/kg，有效磷含量最小值 8.2 mg/kg，速效钾平均含量为 162.69 mg/kg，速效钾含量最大值 263 mg/kg，速效钾含量最小值 58 mg/kg；有效锌平均含量 0.86 mg/kg，有效锌含量最大值 1.53 mg/kg，有效锌含量最小值 0.43 mg/kg；pH 平均值为 6.0，最大值为 6.8，最小值为 5.3（表 6 – 29）。

表 6 – 29　玉米不适宜耕地理化性状统计表

项目	平均值	最大值	最小值
有机质（g/kg）	33.03	41.9	23.1
有效磷（mg/kg）	17.52	28.8	8.2
速效钾（mg/kg）	162.69	263	58
有效锌（mg/kg）	0.86	1.53	0.43
碱解氮（mg/kg）	151.39	190.65	128.26
pH	6	6.8	5.3

第三节　水稻适宜性评价

一、评价指标的标准化

根据全国耕地地力评价因子总集，结合富锦市水稻的实际情况，从气象、立地条件、耕层理化性状、剖面性状、障碍因素、土壤管理六大方面的因子中进行选取；选取对水稻生产有较大影响的评价因子，最后确定水稻的评价指标为 7 项：有机质、速效钾、有效磷、有效锌、灌溉保证率、pH、土壤质地，按各项指标的重要性排序为灌溉保证率 > pH > 土壤质地 > 有机质 > 速效钾 > 有效磷 > 有效锌。

（一）灌溉保证率

1. 专家评估（表 6 – 30）

表 6 – 30　水稻灌溉保证率隶属度评估

灌溉保证率	100	80	60	20	0
隶属度	1.0	0.9	0.8	0.55	0.45

2. 建立隶属函数

水稻灌溉保证率隶属函数拟合曲线如图 6 – 22 所示，其曲线方程为 $Y = 1/[1 + 0.000098(X - 111.337848)^2]$。

（二）有机质

1. 专家评估（表 6 – 31）

表 6 – 31　水稻有机质隶属度评估

有机质	70	60	55	45	35	25	15	5
隶属度	1	0.88	0.82	0.7	0.58	0.48	0.40	0.32

2. 建立隶属函数

水稻有机质隶属函数拟合曲线如图 6 – 23 所示，其曲线方程为 $Y = 1/\ [1 + 0.000391$ $(X - 78.013391)^2]$。

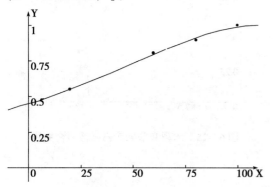

图 6 – 22	水稻灌溉保证率隶属函数拟合曲线

图 6 – 23　水稻有机质隶属函数拟合曲线

（三）速效钾

1. 专家评估（表 6 – 32）

表 6 – 32　水稻速效钾隶属度评估

速效钾	300	250	200	160	120	80	60
隶属度	1	0.98	0.9	0.8	0.7	0.6	0.5

2. 建立隶属函数

水稻速效钾隶属函数拟合曲线如图 6 – 24 所示，其曲线方程为 $Y = 1/\ [1 + 0.000019$ $(X - 274.500105)^2]$。

（四）有效磷

1. 专家评估（表 6 – 33）

表 6 – 33　水稻有效磷隶属度评估

有效磷	20	30	15	10	7	5
隶属度	1	0.90	0.9	0.78	0.68	0.62

2. 建立隶属函数

水稻有效磷隶函数拟合曲线如图 6 – 25 所示，其曲线方程为 $Y = 1/\ [1 + 0.001975\ (X -$ $22.351857)^2]$。

（五）有效锌

1. 专家评估（表 6 – 34）

表 6 – 34　水稻有效锌隶属度评估

有效锌	6.0	4.0	3.0	1.3	0.7	0.2
隶属度	1	0.90	0.80	0.60	0.55	0.5

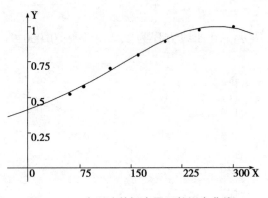

图 6 - 24　水稻速效钾隶属函数拟合曲线

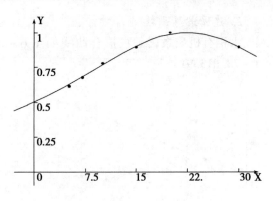

图 6 - 25　水稻有效磷隶属函数拟合曲线

2. 建立隶属函数

水稻有效锌隶属函数拟合曲线如图 6 - 26 所示，其曲线方程为 $Y = 1 / [1 + 0.031124 (X - 5.868871)^2]$。

（六）pH

1. 专家评估（表 6 - 35）

表 6 - 35　水稻 pH 隶属度评估

pH	5.5	6.0	5.0	6.5	7.0	7.5
隶属度	1	0.98	0.9	0.88	0.75	0.6

2. 建立隶属函数

水稻 pH 隶属函数拟合曲线如图 6 - 27 所示，其曲线方程为 $Y = 1 / [1 + 0.207838 (X - 5.712633)^2]$。

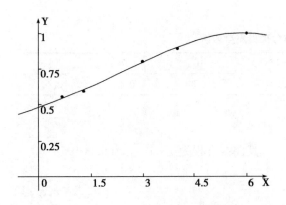

图 6 - 26　水稻有效锌隶属函数拟合曲线

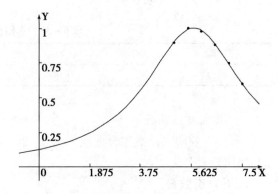

图 6 - 27　水稻 pH 隶属函数拟合曲线

二、确定指标权重

采用层次分析法确定每一个评价因素对耕地综合地力的贡献大小。根据各个评价因素间的关系，构造了以下层次结构图。

（一）构造评价指标层次结构图（图6-28）

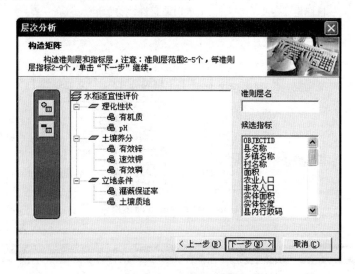

图6-28 层次结构图

（二）建立层判断矩阵

采用专家评估法，比较同一层次各因素对上一层次的相对重要性，给出数量化的评估。专家评估的初步结果经合适的数学处理后（包括实际计算的最终结果—组合权重）反馈给专家，请专家重新修改或确认。经多轮反复形成最终的判断矩阵。

（三）确定各评价因素的综合权重

利用层次分析计算方法确定每一个评价因素的综合评价权重（图6-29至图6-31，表6-36）。

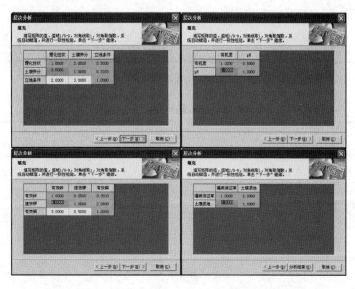

图6-29 水稻适宜性评价指标的专家评估及权重值

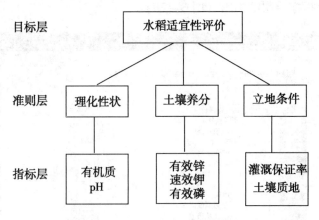

图 6 – 30　水稻适宜性评价模型

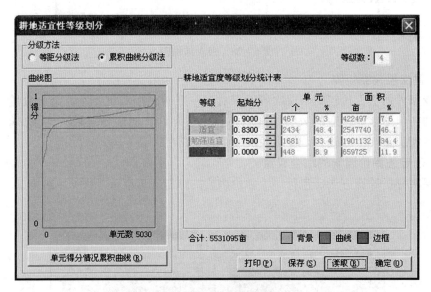

图 6 – 31　水稻耕地适宜性等级划分

表 6 – 36　水稻耕地层次分析结果

层次 A	层次 C			组合权重 $\sum C_i A_i$
	理化性状 0.297 3	土壤养分 0.163 8	立地条件 0.539 0	
有机质	0.333 3			0.099 1
pH	0.666 7			0.198 2
有效锌		0.122 6		0.020 1
速效钾		0.557 1		0.091 2
有效磷		0.320 2		0.052 4
灌溉保证率			0.666 7	0.359 3
土壤质地			0.333 3	0.179 7

富锦市水稻适宜性评价单元分值为 0.75～0.90，详见表 6－37。

表 6－37　水稻适宜性指数分级表

地力分级	地力综合指数分级（IFI）
高度适宜	>0.90
适宜	0.83～0.90
勉强适宜	0.75～0.83
不适宜	<0.75

三、评价结果与分析

此次将富锦市乡镇的耕地划分为 4 个等级对水稻进行适宜性评价，高度适宜耕地面积为 22 131.86 hm²，占耕地总面积的 7.64%；适宜耕地面积为 99 564.39 hm²，占耕地总面积的 34.37%；勉强适宜耕地面积为 133 428.45 hm²，占耕地总面积的 46.06%；不适宜耕地面积 34 559.30 hm²，占耕地总面积的 11.93%（表 6－38 和表 6－39）。

表 6－38　水稻不同适宜性耕地面积统计

适应性	耕地面积（hm²）	所占比例（%）
高度适宜	22 131.86	7.64
适宜	99 564.39	34.37
勉强适宜	133 428.45	46.06
不适宜	34 559.30	11.93
合计	289 684.00	100

表 6－39　水稻不同适宜性耕地理化性统计表

适宜性	碱解氮（mg/kg）	有效磷（mg/kg）	速效钾（mg/kg）	有效锌（mg/kg）	pH	有机质（g/kg）
不适宜	159.92	21.44	217.97	1.34	6.47	41.37
高度适宜	157.49	23.65	239.84	1.25	6.56	42.48
勉强适宜	183.74	19.17	174.61	1.34	6.39	48.54
适宜	171.35	20.62	196.21	1.2	6.43	42.87

（一）高度适宜

高度适宜种植水稻这些区域，地势平坦，质地多为重壤土，灌溉保证率为 100%，pH 值≤7，土壤肥力中等，无障碍层，种植水稻产量高。高度适宜种植水稻的面积为为 22 131.86 hm²，占耕地总面积的 7.64%，主要集中在长安镇、大榆树镇、锦山镇、城关社区，只有兴隆岗镇、二龙山镇没有高度适宜种植水稻的耕地。有机质平均含量为 42.48 mg/kg，有机质含量最大值76.1 mg/kg，有机质含量最小值25.6 mg/kg；pH 值平均为6.56，最大值为7.3，最小值为5.7；碱解氮平均含量为157.49 mg/kg，碱解氮含量最大值235.46 mg/kg，碱解氮含量最小值117.55 mg/kg；有效磷平均含量23.65 mg/kg，有效磷含量最大值39.9 mg/kg，有效磷含量最小值11.5 mg/kg；速效钾平均含量为249.84 mg/kg，速效钾含量最大值350 mg/kg，速效钾含量最小值170 mg/kg；有效锌平均含量1.25 mg/kg，有效锌含量最大值3.78 mg/kg，有效锌含量最小值0.69 mg/kg（表6-40）。

表6-40　水稻高度适宜耕地理化性状统计表

项目	平均值	最大值	最小值
有机质（g/kg）	42.48	76.1	25.6
有效磷（mg/kg）	23.65	39.9	11.5
速效钾（mg/kg）	249.84	350	170
有效锌（mg/kg）	1.25	3.78	0.69
pH	6.56	7.3	5.7
碱解氮（mg/kg）	157.49	235.46	117.55

（二）适宜

适宜种植水稻的区域，灌溉保证率较好，多为80%~100%，pH 值≤7，质地多为中壤土、重壤土，少量轻黏土，基本无侵蚀，各项理化性状较佳，土壤肥力中等，种植水稻产量较高。适宜种植水稻的面积为99 564.39 hm²，占耕地总面积的34.37%。富锦市每个乡镇都有适宜种植水稻的地块。适宜种植水稻的耕地有机质平均含量为42.87 mg/kg，有机质含量最大值91.3 mg/kg，有机质含量最小值21.8 mg/kg；碱解氮平均含量为171.35 mg/kg，碱解氮含量最大值287.49 mg/kg，碱解氮含量最小值112.39 mg/kg；有效磷平均含量20.62 mg/kg，有效磷含量最大值45.9 mg/kg，有效磷含量最小值9 mg/kg，速效钾平均含量为196.21 mg/kg，速效钾含量最大值416 mg/kg，速效钾含量最小值57 mg/kg；有效锌平均含量1.2 mg/kg，有效锌含量最大值3.78 mg/kg，有效锌含量最小值0.44 mg/kg；pH 平均值为6.43，最大值为7.9，最小值为5.2（表6-41）。

表6-41　水稻适宜耕地理化性状统计表

项目	平均值	最大值	最小值
有机质（g/kg）	42.87	91.3	21.8
有效磷（mg/kg）	20.62	45.9	9
速效钾（mg/kg）	196.21	416	57
有效锌（mg/kg）	1.2	3.78	0.44
碱解氮（mg/kg）	171.35	287.49	112.39
pH	6.43	7.9	5.2

（三）勉强适宜

勉强适宜种植水稻的区域，灌溉保证率较差，多为 60%～80%，对 pH 要求不严，可以是酸性，可以是碱性，质地多为中壤土、重壤土，少量轻黏土，障碍层有潜育层、白浆层、沙砾层，土壤肥力中等，种植水稻产量较低。勉强适宜种植水稻的面积是 133 428.45 hm²，占耕地总面积的 46.06%。富锦市除了城关社区，所有乡镇都有勉强适宜种植水稻的地块，分布较广。勉强适宜种植水稻的耕地有机质平均含量为 48.54 mg/kg，有机质含量最大值 94.9 mg/kg，有机质含量最小值 17.8 mg/kg；碱解氮平均含量为 183.74 mg/kg，碱解氮含量最大值 284.3 mg/kg，碱解氮含量最小值 111.85 mg/kg；有效磷平均含量 19.17 mg/kg，有效磷含量最大值 41.9 mg/kg，有效磷含量最小值 7.1 mg/kg，速效钾平均含量为 174.61 mg/kg，速效钾含量最大值 400 mg/kg，速效钾含量最小值 52 mg/kg；有效锌平均含量 1.34 mg/kg，有效锌含量最大值 2.5 mg/kg，有效锌含量最小值 0.35 mg/kg；pH 平均值为 6.39，最大值为 7.9，最小值为 5.2（表 6 - 42）。

表 6 - 42　水稻勉强适宜耕地理化性状统计表

项目	平均值	最大值	最小值
有机质（g/kg）	48.54	94.9	17.8
有效磷（mg/kg）	19.17	41.9	7.1
速效钾（mg/kg）	174.61	400	52
有效锌（mg/kg）	1.34	2.5	0.35
碱解氮（mg/kg）	183.74	284.3	111.85
pH	6.39	7.9	5.2

（四）不适宜

不适宜种植水稻的区域，灌溉保证率差，基本无保证，土壤质地差，土壤肥力稍差，障碍层主要有白浆层、沙砾层，易漏水，种植水稻产量低。不适宜种植水稻的土壤类型有沙底黑土、暗棕壤、碳酸盐草甸土、泛滥地草甸土。不适宜种植水稻的面积为 34 559.30 hm²，占耕地总面积的 11.93%。所有乡镇都有不适宜种植水稻的地块。这些地块不适宜种植水稻的原因，主要是无法保证灌溉条件，或沙土地漏水，如大榆树镇临山村、金山村及锦山镇仁和村的耕地的暗棕壤土类，灌溉无法得到保证，上街基镇的德福村、和悦陆村、鲜丰村的泛滥地草甸土、上街基镇耕地的沙底黑土土类易漏水。不适宜种植水稻的耕地有机质平均含量为 41.37 mg/kg，有机质含量最大值 90.5 mg/kg，有机质含量最小值 20.8 mg/kg；碱解氮平均含量为 159.92 mg/kg，碱解氮含量最大值 275.59 mg/kg，碱解氮含量最小值 115.56 mg/kg；有效磷平均含量 21.44 mg/kg，有效磷含量最大值 40 mg/kg，有效磷含量最小值 6.6 mg/kg；速效钾平均含量为 217.97 mg/kg，速效钾含量最大值 410 mg/kg，速效钾含量最小值 88 mg/kg；有效锌平均含量 1.34 mg/kg，有效锌含量最大值 2.2 mg/kg，有效锌含量最小值 0.34 mg/kg；pH 平均值为 6.47，最大值为 8，最小值为 5.3（表 6 - 43）。

表 6 - 43　水稻不适宜耕地理化性状统计表

项目	平均值	最大值	最小值
有机质（g/kg）	41.37	90.5	20.8
有效磷（mg/kg）	21.44	40	6.6
速效钾（mg/kg）	217.97	410	88
有效锌（mg/kg）	1.34	2.2	0.34
碱解氮（mg/kg）	159.92	275.59	115.56
pH	6.47	8	5.3

第七章　富锦市土壤资源规划

富锦市是黑龙江省土地面积较大的县市之一，是重要的商品粮生产基地。富锦市的土壤资源的利用既有合理的一面，更存在不可忽视的问题，因此搞好土壤资源的利用与综合治理对富锦市的经济可持续发展有着重要的意义。

土壤资源是指具有农林牧生产性能的土壤类型的总称，是人类生活和生产最重要的自然资源，属于地球上陆地生态系统的重要组成部分。具有农、林、牧生产能力的各种土壤类型，包括森林土壤、草原土壤、农业土壤等分布面积和质量状况，是供人类开发利用而不断创造物质财富的一种自然资源。作为农业生产利用的土壤资源具有再生性、可变性、多宜性和最宜性等多种属性。再生性又称可更性，即土壤中的养分和水分被植物不断吸收，同化为植物有机体，其残体再归还到土壤中，如此不断循环、演替更新，使土壤保持永续生产的活力。可变性是指土壤经过人们的利用管理，可以向好的方向转化；但如果利用管理不当，也可以使土壤退化，成为一种可变的自然资源。多宜性是指某些土壤的适应能力较强，能够适应多种利用方式和适宜种植多种作物。最宜性是按土壤属性的特点，最适宜于某一种利用方式或种植某些作物。

第一节　土壤资源与农业生产概况

一、土壤资源概况

富锦市市属耕地土壤面积为 363 733.3 hm^2，占市属总面积 72.10%。耕地主要土壤类型有黑土、草甸土、白浆土、水稻土、沼泽土、泥炭土、暗棕壤，7 个土类、18 个亚类、39 个土种。

二、农业生产概况

富锦市种植作物以大豆、玉米、水稻三大作物为主。据富锦市统计局统计，2008 年富锦市大豆 286.8 万亩，平均单产 139 kg，总产 398 185 t；玉米 100.7 万亩，平均单产 552 kg，总产 556 031 t；水稻 90.2 万亩，平均单产 555 kg，总产 500 752 t；小麦 6.8 万亩，平均单产 270 kg，总产 18 493 t；薯类 14.5 万亩，平均单产 405 kg，总产 58 771 t；杂粮 0.63 万亩，平均单产 156.7kg，总产 987t，杂豆 1.77 万亩，平均单产 124 kg，总产 2 199 t；向日葵 0.75 万亩，平均单产 125.6 kg，总产 942 t；白瓜籽 17 万亩，平均单产 61 kg，总产 10 392 t；甜菜 8.6 万亩，平均单产 1 750kg，总产 150 545 t；烤烟 1.74 万亩，平均单产 155 kg，总产 2 700 t；蔬菜 8.7 万亩，平均单产 2 303.2 kg，总产 200 376 t；瓜果类 5.72 万亩，平均单产 5 968 kg，总产 141 389 t。

第二节 耕地地力调查方法与调查结果

一、耕地地力调查方法

（一）评价原则

耕地地力的评价是对耕地的基础地力及其生产能力的全面鉴定，因此，在评价时应遵循综合因素研究与主导因素分析相结合的原则、定性与定量相结合的原则。采用 GIS 支持的自动化评价方法的 3 个原则。充分应用计算机技术，通过建立数据库、评价模型，实现评价流程的全数字化、自动化。应代表我国目前耕地地力评价的最新技术方法。

（二）调查内容

此次富锦市耕地地力调查的内容主要有以下几个方面：一是耕地的立地条件，包括经纬度、海拔、地形地貌、成土母质、植被；二是耕层理化性状和剖面性状，具体有耕层厚度、质地、pH、有机质、全磷、全钾、有效磷、速效钾、碱解氮、有效锌、有效锰、有效铁等；三是障碍因素，包括障碍层类型及出现位置等；四是土壤管理，包括抗旱能力、排涝能力和灌溉保证率；五是农田基础设施条件包括水利、农田防护林网建设等；六是农业生产情况，包括良种应用、化肥施用、病虫害防治、轮作制度等。

（三）评价方法

此次评价工作我们一方面充分收集有关富锦市耕地情况资料，建立起耕地质量管理数据库，另一方面还进行了外业的补充调查（包括土壤调查和农户的入户调查两部分）和室内化验分析。在此基础上，通过 GIS 系统平台，采用 ArcView 软件对调查的数据和图件进行矢量化处理，利用扬州土肥管理站开发的《全国耕地力调查与质量评价软件系统 V3.0》进行耕地地力评价。

1. 建立空间数据库

将富锦市土壤图、行政区划图、土地利用现状图等基本图件扫描后，用屏幕数字化的方法进行数字化，即建成富锦市地力评价系统空间数据库。

2. 建立属性数据库

将收集、调查和分析化验的数据资料按照数据字典的要求规范整理后，输入数据库系统，即建成富锦市地力评价系统属性数据库。

3. 确定评价因子

根据全国耕地地力调查评价指标体系，经过专家采用经验法进行选取，选出了适合富锦市的耕地地力评价指标。由于富锦市的水田面积较大，约占总耕地的 1/5，所以评价指标分水田及旱田两部分，旱田评价指标有 10 项：有机质、质地、障碍层类型、耕层厚度、抗旱能力、排涝能力、碱解氮、速效钾、有效磷、pH、有效锌；水田评价指标有 9 项：灌溉保证率、有机质、质地、耕层厚度、速效钾、有效磷、有效锌、pH、排涝能力。

4. 确定评价单元

把数字化后的富锦市土壤图、基本农田保护区规划图和土地利用现状图相叠加，形成的图斑即为富锦市耕地地力评价单元，共确定形成评价单元 5030 个。

5. 确定指标权重

组织专家对所选定的各评价因子进行经验评估，确定指标权重。

6. 数据标准化

选用隶属函数法和专家经验法等数据标准化方法，对富锦市耕地评价指标进行数据标准化，并对定性数据进行数值化描述。

7. 计算综合地力指数

选用累加法计算每个评价单元的综合地力指数。

8. 划分地力等级

根据综合地力指数分布，确定分级方案，划分地力等级。

9. 归入全国耕地地力等级体系

依据《全国耕地类型区、耕地地力等级划分》（NY/T 309—1996），归纳整理各级耕地地力要素主要指标，结合专家经验，将富锦市各级耕地归入全国耕地地力等级体系。

10. 划分中低产田类型

依据《全国中低产田类型划分与改良技术规范》（NY/T 309—1996），分析评价单元耕地土壤主导障碍因素，划分并确定富锦市中低产田类型。

二、耕地地力评价结果与分析

富锦市耕地总面积为363 733.3 hm²，旱田面积为303 733.3 hm²，占总耕地面积的83.5%，水田面积为60 000 hm²，占总耕地面积的16.5%。其中，乡镇面积为289 684 hm²，其余为市属单位、市直单位面积为74 049.33 hm²，此次耕地地力调查和质量评价只对各乡镇的耕地进行评价，不对其他面积评价。将富锦市乡镇的耕地面积289 684 hm²划分为4个等级：一级地面积为12 869.35 hm²，占总耕地面积的4.4%，产量为10 200 kg/hm²；二级地面积182 932.7 hm²，占总耕地面积的63.1%，产量为8 700 kg/hm²；三级地面积75 054.25 hm²，占总耕地面积的26.0%，产量为7 200 kg/hm²；四级地面积为18 827.69 hm²，占总耕地面积的6.5%，产量为5 700 kg/hm²。一级地属富锦市域内高产土壤，二、三级地属中产土壤，占89.1%，四级地属低产土壤。按照《全国耕地类型区耕地地力等级划分标准》进行归并，富锦市的一级地、二级地、三级地、四级地分别对应国家的四级地、五级地、六级地、七级地，各级别耕地面积，所占耕地总面积的比例、产量同上（表7-1）。

表7-1　富锦市耕地地力等级面积统计表

富锦市地力分级	国家地力分类分级	地力综合指数分级（IFI）	耕地面积（hm²）	占耕地总面积（%）	产量（kg/hm²）
一级	四级	>0.795	12 869.35	4.4	10 200
二级	五级	0.72~0.795	182 932.7	63.1	8 700
三级	六级	0.62~0.72	75 054.25	26	7 200
四级	七级	<0.62	18 827.69	6.5	5 700
合计			289 684	100	

富锦市水田面积 60 000 hm²，其中乡镇水田面积为 43 317.12 hm²，其余 16 682.88 hm²，分布在其他各市属单位、市直单位。进行地力评价的 43 317.12 hm² 水田，一级地面积较少为 5 277.75 hm²，占富锦市水田面积的 12.2%，占富锦市一级地总面积的 41.0%，占富锦市耕地面积的 1.8%；二级地面积为 20 022.68 hm²，占富锦市水田面积比例较大为 46.2%，占富锦市二级地总面积比例很小，只占 10.9%，占富锦市耕地面积的 6.9%；三级地面积较小为 9 251.17 hm²，占富锦市水田面积的 21.4%，占富锦市三级地总面积的 12.3%，占富锦市耕地面积的 3.2%；四级地面积为 8 765.53 hm²，占富锦市水田面积的 20.2%，占富锦市四级地总面积比例较大为 46.6%，占富锦市耕地面积的 3.0%。综上所述，水田地力等级属中等（表 7-2）。

表 7-2　富锦市水田耕地地力等级面积统计表

地力分级	耕地面积（hm²）	占富锦市乡镇水田耕地面积（%）	占富锦市同级地力耕地面积（%）	占富锦市乡镇耕地面积（%）
一级	5 277.75	12.2	41	1.8
二级	20 022.68	46.2	10.9	6.9
三级	9 251.17	21.4	12.3	3.2
四级	8 765.53	20.2	46.6	3
合计	43 317.12			

富锦市旱田面积为 303 733.3 hm²，其余 57 366.45 hm²，分布在各市属、市直单位。进行地力评价的 246 366.9 hm² 旱田，其中，一级地面积为 7 591.60 hm²，占富锦市旱田面积的 3.1%，占富锦市一级地总面积的 59%，占富锦市耕地面积的 2.6%；二级地面积为 162 910 hm²，占富锦市旱田面积的 66.1%，占富锦市二级地总面积的 89.1%，占富锦市耕地面积的 56.2%；三级地面积为 65 803.08 hm²，占富锦市旱田面积的 26.7%，占富锦市三级地总面积的 87.7%，占富锦市耕地面积的 22.7%；四级地面积为 10 062.16 hm²，占富锦市旱田面积的 4.1%，占富锦市四级地总面积的 53.4%，占富锦市耕地面积的 3.47%（表 7-3 至表 7-5）。

表 7-3　富锦市旱田耕地地力等级面积统计表

地力分级	耕地面积（hm²）	占富锦市乡镇水田耕地面积（%）	占富锦市同级地力耕地面积（%）	占富锦市乡镇耕地面积（%）
一级	7 591.60	3.1	58.9	2.6
二级	162 910	66.1	89.1	56.2
三级	65 803.08	26.7	87.7	22.7
四级	10 062.16	4.1	53.4	3.47
合计	246 366.9			

表7-4　富锦市各乡镇地力等级面积统计表　　　　　　　单位：hm²

乡镇名称	一级地	二级地	三级地	四级地	面　积
长安镇	979.88	21 579.44	2 593.68	0.00	25 153.00
大榆树镇	1.26	8 040.07	10 239.62	0.00	24 130.00
二龙山镇	0.00	4 305.13	24 094.33	5 849.05	31 773.00
城关社区	122.77	4 010.79	473.45	3 373.54	4 607.00
宏胜镇	989.72	22 830.97	964.30	0.00	24 785.00
锦山镇	2 553.96	40 861.23	5 051.81	0.00	48 467.00
上街基镇	0.00	1 295.47	12 932.24	0.00	22 643.00
头林镇	3 470.16	21 570.07	512.77	8 415.30	25 553.00
向阳川镇	215.73	13 474.88	15 096.59	0.00	29 977.00
兴隆岗镇	4 264.46	27 725.52	52.02	1 189.81	32 042.00
砚山镇	271.41	17 239.16	3 043.43	0.00	20 554.00
合计	12 869.35	182 932.70	75 054.25	282 415.33	289 684.00

注：城关社区为原富锦镇

表7-5　富锦市各土类不同地力等级面积统计表　　　　　单位：hm²

土类	一级地	二级地	三级地	四级地	合计
沼泽土	78.71	20 726.28	5 621.56	845.36	27 271.91
草甸土	3 048.85	112 814.60	31 605.34	12 068.55	159 537.30
暗棕壤	0	2 890.34	165.12	0	3 055.46
黑土	9 392.45	39 019.55	18 238.18	4 912.14	71 562.32
白浆土	349.35	7 481.95	18 973.71	69.66	26 874.67
水稻土	0	0	427.81	931.97	1 359.78
泥炭土	0	0	22.52	0	22.52
合计	12 869.35	182 932.70	75 054.25	18 827.69	289 684.00

（一）一级地

一级地所处地形条件：高平地、缓坡地，坡度＜5°，基本无侵蚀现象；土壤类型及养分状况：黑土、草甸黑土，黑土层20 cm以上，有机质含量在40 g/kg以上（二级以上），供肥能力较好。植被类型：植被杂类草草甸，五花草塘及小叶樟草甸等；无明显限制因素；易于改造改良成本较低，增施有机肥。一级地耕层深厚，大多数在20 cm以上，团粒结构较好，质地适宜。保肥性能好，抗旱排涝能力强，适于种植各种作物，产量水平高。

此次调查，一级地总面积12 869.35 hm²，占富锦市乡镇耕地总面积的4.4%，分布面积最大的镇是兴隆岗镇，为4 264.46 hm²，占一级地总面积为33.14%；其次是头林镇、锦山镇，面积分别是3 470.16 hm²、2 553.96 hm²，所占的比例分别是26.96%、19.85%；二龙山镇、上街基镇没有一级地。一级地面积从大到小排序为兴隆岗镇＞头林镇＞锦山镇＞宏胜镇＞长安镇＞砚山镇＞向阳川镇＞城关社区＞大榆树镇＞二龙山镇、上街基镇（表7-6）。

表7-6　富锦市各镇一级地面积分布统计表

乡镇名称	一级地面积（hm²）	占富锦市乡镇一级地面积（%）	占本乡镇耕地面积（%）
长安镇	979.88	7.61	3.89
大榆树镇	1.26	0.01	0.01
二龙山镇	0	0	
城关社区	122.77	0.95	2.66
宏胜镇	989.72	7.69	3.99
锦山镇	2 553.96	19.85	5.27
上街基镇	0	0	
头林镇	3 470.16	26.96	13.58
向阳川镇	215.73	1.68	0.72
兴隆岗镇	4 264.46	33.14	13.31
砚山镇	271.41	2.11	1.32
合计	12 869.35		

一级地土壤类型以黑土类面积最大为9 392.45 hm²，占一级地的73%，占本土类的13.12%；其次是草甸土类面积较大为3 048.85 hm²，占一级地的23.7%，占本土类的1.91%；白浆土类面积为349.35 hm²，占一级地面积的2.7%，占本土类的1.3%；沼泽土类一级地面积为78.71 hm²，占富锦市一级地土壤的0.6%，占本土类的0.29%；暗棕壤、水稻土、泥炭土类没有一级地（表7-7）。

表7-7　富锦市乡镇一级地土壤类型分布面积统计表

土壤类型	一级地面积（hm²）	占富锦市乡镇一级地面积（%）	占本土类面积（%）
沼泽土	78.71	0.60	0.29
草甸土	3 048.85	23.70	1.91
暗棕壤	0		
黑土	9 392.45	73.00	13.12
白浆土	349.35	2.70	1.30
水稻土	0		
泥炭土	0		
合计	12 869.35	100.00	

一级地土壤理化性状较好，有机质平均含量为 58.8 g/kg，范围为 34.7~85.3 mg/kg；碱解氮平均为 196.3 mg/kg，范围为 126.8~276.5 mg/kg；有效磷平均为 21.7 mg/kg，范围为 9~38.8 mg/kg；速效钾平均为 263.3 mg/kg，范围为 145~423 mg/kg；有效锌平均为 1.43 mg/kg，范围为 0.62~3.47 mg/kg；土壤 pH 平均值为 6.8，范围在 5.7~7.9（表 7-8）。

表 7-8　一级地理化性状统计表

项目	平均值	最大值	最小值
有机质（g/kg）	58.8	85.3	34.7
碱解氮（mg/kg）	196.3	276.5	126.8
有效磷（mg/kg）	21.7	38.8	9
速效钾（mg/kg）	263.3	423	145
有效锌（mg/kg）	1.43	3.47	0.62
pH	6.8	7.9	5.7

（二）二级地

二级地所处地形条件：平地、低平地；土壤类型及养分状况：草甸土、碳酸盐草甸土、白浆化草甸土，有机质含量在二级以上，供肥能力较好。植被类型：植被小叶樟为主的草甸植被群落；限制因素：黏重、内涝、冷浆；改良措施是兴修一定的排涝工程。保肥性能较好，抗旱排涝能力相对较强，基本适于种植各种作物，产量水平较高。

富锦市各乡镇二级地总面积 182 932.7 hm²，占富锦市乡镇耕地总面积的 63.1%，二级地分布面积最大的镇是锦山镇，为 40 861.23 hm²，占二级地总面积为 22.33%，占本镇面积的 84.37%；其次是兴隆岗镇 27 725.52 hm²，占二级地总面积为 15.16%、占本镇面积的 86.53%；二级地面积所占比例较少的乡镇有大榆树镇、二龙山镇、城关社区、上街基镇。各乡镇的二级地面积从大到小排序为锦山镇 > 兴隆岗镇 > 宏胜镇 > 长安镇 > 头林镇 > 砚山镇 > 向阳川镇 > 大榆树镇 > 二龙山镇 > 城关社区 > 上街基镇。锦山镇、兴隆岗镇、宏胜镇、长安镇、头林镇、砚山镇这几个镇占本镇面积都超过 80%，说明富锦市的土壤以二级地居多（表 7-9 和表 7-10）。

表 7-9　富锦市各镇二级地面积分布统计表

乡镇名称	二级地面积 （hm²）	占富锦市乡镇 二级地面积 （%）	占本乡镇 耕地面积 （%）
长安镇	21 579.44	11.80	85.79
大榆树镇	8 040.07	4.4	33.32
二龙山镇	4 305.13	2.35	13.55
城关社区	4 010.79	2.19	87.06
宏胜镇	22 830.97	12.48	92.11
锦山镇	40 861.23	22.33	84.31
上街基镇	1 295.47	0.71	5.72

（续表）

乡镇名称	二级地面积 （hm²）	占富锦市乡镇 二级地面积 （%）	占本乡镇 耕地面积 （%）
头林镇	21 570.07	11.79	84.41
向阳川镇	13 474.88	7.37	44.95
兴隆岗镇	27 725.52	15.16	86.53
砚山镇	17 239.16	9.42	83.87
合计	182 932.7	100	

二级地土壤类型以草甸土类面积最大为 112 814.6 hm²，占二级地的 61.67%，占本土类的 70.71%；其次是黑土类面积较大为 39 019.55 hm²，占二级地的 21.33%，占本土类的 54.53%；沼泽土类二级地面积为 20 726.28 hm²，占二级地的 11.33%，占本土类的 76%，该土类在第二次土壤普查时以四级地居多，目前二级地占了很大比重，说明这二十多年，很大部分沼泽土由于气温升高，干旱年份多，已由荒地变为耕地，土壤肥力高，变为以二级地为主；白浆土类面积为 7 481.948 hm²，占二级地面积的 4.09%，占本土类的 27.84%；暗棕壤面积为 2 890.337 hm²，占二级地面积的 1.58%，占本土类的 94.6%，水稻土、泥炭土类没有二级地（表 7-9 和表 7-10）。

表 7-10　富锦市乡镇二级地土壤类型分布面积统计表

土壤类型	二级地面积 （hm²）	占富锦市乡镇 二级地（%）	占本土类 面积（%）
沼泽土	20 726.28	11.33	76
草甸土	112 814.6	61.67	70.71
暗棕壤	2 890.337	1.58	94.6
黑土	39 019.55	21.33	54.53
白浆土	7 481.948	4.09	27.84
水稻土	0		
泥炭土	0		
合计	182 932.7	100	

二级地土壤有机质平均含量为 49.9 g/kg，比一级地的值低 11.1 g/kg，范围为 25.7～92.4 g/kg，最小值比一级地的值低；碱解氮平均为 183 mg/kg，比一级地的值低 13 mg/kg，范围为 114.1～287.5 mg/kg，最小值比一级地的值低；有效磷平均为 22.4 mg/kg，比一级地的值高 0.7 mg/kg，范围为 7.6～45.9 mg/kg，最小值及最大值比一级地的值低，说明在富锦市土壤有效磷含量超过 21.7 mg/kg，就不影响作物产量；速效钾平均含量为 252.5 mg/kg，比一级地的值低 10.8 mg/kg，范围为 111～446 mg/kg，最小值及最大值比一级地的值低；有效锌平均含量为 1.34 mg/kg，比一级地的值低 0.9 mg/kg，范围为 0.5～3.78 mg/kg，最小值比一级地的值低；土壤 pH 平均值为 6.69，比一级地的值低 0.11 mg/kg，pH 范围在 5.2～7.9，最小值比一级地的值低（表 7-11）。

表 7-11　二级地理化性状统计表

项目	平均值	最大值	最小值
有机质（g/kg）	49.9	92.4	25.7
碱解氮（mg/kg）	183.0	287.5	114.1
有效磷（mg/kg）	22.4	45.9	7.6
速效钾（mg/kg）	252.5	446	111
有效锌（mg/kg）	1.34	3.78	0.5
pH	6.69	7.9	5.2

（三）三级地

三级地所处地形条件：平地、低平地；土壤类型及养分状况：草甸白浆土、泛滥地草甸土、岗地白浆土、中层白浆化黑土，黑土层有机质含量 30 g/kg 以上。利用现状及植被类型：耕地、荒地植被小叶樟为主草甸群落等。限制因素：白浆层不透水，易受洪涝灾害，改良措施：平地兴建排水设施，岗坡地防止水土流失，增施有机肥。保肥性能较差，抗旱排涝能力相对较弱，适于种植抗逆性强的作物，产量水平较低。

富锦市各乡镇三级地总面积 75 054.25 hm²，占富锦市乡镇耕地总面积的 26%，二龙山镇的三级地面积分布最大，为 24 094.33 hm²，占三级地总面积的 32.1%，占本镇面积的 75.83%；其次是向阳川镇 15 096.59 hm²，占二级地总面积为 20.11%，占本镇面积的 50.36%；三级地面积所占比例少的乡镇有兴隆岗镇、头林镇、城关社区。各乡镇的三级地面积从大到小排序为二龙山镇 > 向阳川镇 > 上街基镇 > 大榆树镇 > 锦山镇 > 砚山镇 > 长安镇 > 宏胜镇 > 头林镇 > 城关社区 > 兴隆岗镇。二龙山镇、向阳川镇、上街基镇、大榆树镇这几个镇无论是占富锦市三级地的面积还是占本镇面积的比例都较大，说明这几个镇的土壤相对较瘠薄（表 7-12）。

表 7-12　富锦市乡镇三级地面积分布统计表

乡镇名称	三级地面积（hm²）	占富锦市乡镇三级地面积（%）	占本乡镇耕地面积（%）
长安镇	2 593.68	3.46	10.31
大榆树镇	10 239.62	13.64	42.44
二龙山镇	24 094.33	32.1	75.83
城关社区	473.45	0.63	10.28
宏胜镇	964.30	1.29	3.89
锦山镇	5 051.81	6.73	10.42
上街基镇	12 932.24	17.23	57.11
头林镇	512.77	0.68	2
向阳川镇	15 096.59	20.11	50.36
兴隆岗镇	52.02	0.07	0.16
砚山镇	3 043.43	4.06	14.81
合计	75 054.25	100	

从三级地土壤类型看，白浆土类面积为 18 973.71 hm²，占三级地面积的 25.28%，占本类的 70.6%；暗棕壤面积为 165.12 hm²，占三级地面积的 0.22%，占本土类的 54.04%；这两个土类占本土类的面积大，虽然占三级地面积小，但它们本身土类面积也小，说明这两个土类都是低产土壤，需改良。草甸土类面积为 31 605.34 hm²，占三级地的 42.11%，占本土类的 19.81%；黑土类面积为 18 238.18 hm²，占三级地的 24.3%，占本土类的 25.49%；沼泽土类三级地面积为 5 621.56 hm²，占三级地的 20.61%，占本土类的 7.49%；水稻土类面积为 427.81 hm²，占三级地的 0.57%，占本土类的 31.46%；泥炭土类面积为 22.52 hm²，占三级地的 0.03%，占本土类的 100%，泥炭土类开垦为耕地的面积极小，但全部属于三级地，该土类虽然有机质较高，但因有潜育层、潴育层障碍层的影响，不属于高产土壤（表 7 - 13）。

表 7 - 13　富锦市三级地土壤类型分布面积统计表

土壤类型	三级地面积（hm²）	占富锦市乡镇三级地面积（%）	占本土类面积（%）
沼泽土	5 621.56	7.49	20.61
草甸土	31 605.34	42.11	19.81
暗棕壤	165.12	0.22	54.04
黑土	18 238.18	24.3	25.49
白浆土	18 973.71	25.28	70.6
水稻土	427.81	0.57	31.46
泥炭土	22.52	0.03	
合计	75 054.25	100.00	100.00

三级地土壤有机质平均含量为 32.3 g/kg，范围为 19.5 ~ 94.9 g/kg；碱解氮平均含量为 151.0 mg/kg，范围为 112.4 ~ 275.6 mg/kg；有效磷平均含量为 17.4 mg/kg，范围为 6.6 ~ 39.9 mg/kg；速效钾平均含量为 173.0 mg/kg，比一、二级地的含量低，范围为 82 ~ 384 mg/kg，最小值及最大值均比一、二级低；有效锌平均含量为 1.09 mg/kg，比一、二级地的含量低，范围为 0.35 ~ 3.78 mg/kg，最小值比一、二级地低；土壤 pH 平均值为 5.9，pH 范围在 5.2 ~ 8（表 7 - 14）。

表 7 - 14　三级地理化性状统计表

项目	平均值	最大值	最小值
有机质（g/kg）	32.3	94.9	19.5
碱解氮（mg/kg）	151.0	275.6	112.4
有效磷（mg/kg）	17.4	39.9	6.6
速效钾（mg/kg）	173	384	82
有效锌（mg/kg）	1.09	3.78	0.35
pH	5.9	8	5.2

（四）四级地

四级地是富锦市最差的地力，在所处地形条件：低平洼地；土壤类型及养分状况：沼泽化草甸土、潜育白浆土、泛滥地草甸土、沼泽土、水稻土，土壤黏重过湿，土壤养分贮量丰富，有机质 10 g/kg 以上。利用现状及植被类型：荒地植被为草甸沼泽及沼泽。修建排水工程和防洪堤。结构较差，多为质地不良、保肥性能差，抗旱排涝能力差，适于种植耐瘠薄作物，产量低。

富锦市四级地只分布在二龙山镇、向阳川镇、上街基镇、大榆树镇 4 个镇，其他乡镇没有四级地，各乡镇四级地总面积 18 827.69 hm²，占富锦市乡镇耕地总面积的 6.5%，四级地分布面积最大的镇是上街基镇，为 8 415.30 hm²，占四级地总面积为 44.7%，占本镇面积的37.17%；其次是大榆树镇为 5 849.05 hm²，占四级地总面积为 31.06%、占本镇面积的24.24%；二龙山镇 3 373.54 hm²，占四级地总面积为 17.92%、占本镇面积的 10.62%；向阳川镇 1 189.81 hm²，占四级地总面积为 6.32%、占本镇面积的 3.97%；说明这几个镇的土壤相对较瘠薄（表 7 – 15）。

表 7 – 15　富锦市各镇四级地面积分布统计表

乡镇名称	四级地面积 （hm²）	占富锦市乡镇四级地 面积（%）	占本乡镇耕地 面积（%）
长安镇	0		
大榆树镇	5 849.05	31.06	24.24
二龙山镇	3 373.54	17.92	10.62
城关社区	0		
宏胜镇	0		
锦山镇	0		
上街基镇	8 415.30	44.7	37.17
头林镇	0		
向阳川镇	1 189.81	6.32	3.97
兴隆岗镇	0		
砚山镇	0		
合计	18 827.69	100	6

从四级地土壤类型看，水稻土类面积为 931.97 hm²，占四级地面积的 4.95%，占本类的 68.54%，水稻土虽然占四级地面积小，但其本身土类面积也小，说明这个土类肥力低。草甸土类面积大为 12 068.55 hm²，占四级地面积的 64.1%，占本土类的 7.56%；黑土类面积为 4 912.14 hm²，占四级地的 26.09%，占本土类的 6.86%；沼泽土类四级地面积为845.36 hm²，占四级地的 4.49%，占本土类的 3.1%；白浆土类面积为 69.66 hm²，占四级地的 0.37%，占本土类的 0.26%，四级地没有泥炭土类、暗棕壤土类（表 7 – 16）。

表 7 – 16　富锦市四级地土壤类型分布面积统计表

土壤类型	四级地面积（hm²）	占富锦市乡镇四级地面积（%）	占本土类面积（%）
沼泽土	845.36	4.49	3.10
草甸土	12 068.55	64.10	7.56
暗棕壤	0		
黑土	4 912.14	26.09	6.86
白浆土	69.66	0.37	0.26
水稻土	931.97	4.95	68.54
泥炭土	0		
合计	18 827.69	100.00	

四级地土壤所有相关属性的养分含量都是富锦市最低的，表现缺乏。四级地土壤有机质平均含量为 29.4 g/kg，比一级地的值低 29.4 g/kg，比二级地的值低 20.5 g/kg，比三级地的值低 2.9 g/kg，范围为 17.8 ~ 37.1 g/kg，最小值比一级地、二级地、三级地的值都低；碱解氮平均为 143.5 mg/kg，比一级地的值低 52.8 mg/kg，比二级地的值低 39.5 mg/kg，比三级地的值低 7.5 mg/kg，范围为 111.8 ~ 182.2 mg/kg，最小值及最大值比一级地、二级地、三级地的值都低；有效磷平均为 14.7 mg/kg，比一级地的值低 7 mg/kg，比二级地的值低 7.7 mg/kg，比三级地的值低 2.7 mg/kg，范围为 6.7 ~ 27.9 mg/kg，最大值比一级地、二级地、三级地的值都低；速效钾平均为 163.2 mg/kg，比一级地的值低 100.1 mg/kg，比二级地的值低 89.3 mg/kg，比三级地的值低 9.8 mg/kg，范围为 88 ~ 279 mg/kg，最大值均比一、二级地、三级地的值都低；有效锌平均为 0.92 mg/kg，比一级地的值低 0.51 mg/kg，比二级地的值低 0.42 mg/kg，比三级地的值低 0.17 mg/kg，范围为 0.34 ~ 2.05 mg/kg，最大值比一、二级地、三级地的值都低；土壤 pH 平均值为 5.8，比一级地的值低 1.0，比二级地的值低 0.89，比三级地的值低 0.1，pH 范围在 5.3 ~ 6.6，最大值比一级地、二级地、三级地的最大值都低（表 7 – 17）。

表 7 – 17　四级地相关指标统计表

项目	平均值	最大值	最小值
有机质（g/kg）	29.4	37.1	17.8
碱解氮（mg/kg）	143.5	182.2	111.8
有效磷（mg/kg）	14.7	27.9	6.7
速效钾（mg/kg）	163.2	279	88
有效锌（mg/kg）	0.92	2.05	0.34
pH	5.8	6.6	5.3

第三节　土壤资源存在的主要问题

一、土壤恶化的原因

(一) 生态系统被破坏，土壤资源环境恶化

富锦市由于森林被大量砍伐，草原被过度开垦，直接造成严重的水土流失。林地过度采伐，造成林蓄积量严重下降，1986 年林地用地面积 57 708 hm²，占林地经营面积 77%，占市属土地面积的 11.6%，到了 2005 年林业用地面积减少为 48 357 hm²，少了 9 351 hm²，占林业经营总面积的 70.78%，占市属土地面积的 9.78%。1988 年，随着农村家庭承包责任制的不断深入，富锦市实施了"五荒拍卖"政策，使大量草原被开垦种地，1989 年，富锦市对土地进行了详查，富锦市草原面积由 1980 年的 125 391 hm² 减少到 66 920 hm²。1997 年，省政府对草原利用提出了"宜草则草，宜粮则粮"的方针，农村兴起了"土地热"，私开滥垦现象严重，大量草原流失。2005 年，富锦市草原面积为 42 740 hm²，比 1989 年减少 24 220 hm²，少了 36.1%，其中可利用草原 34 667 hm²，劣质草原 8 073 hm²，如此过度的毁草开荒，使草原性质不断恶化。毁林毁草严重也使气候条件发生明显变化，降水频率增大，导致旱、涝灾害出现频率加大。

(二) 粗放经营，只用不养，使耕地质量出现问题

土壤资源生产性能主要是指耕地的利用性能，耕地耕作层是经长期自然演化和人工培殖得来的宝贵物质资源，是土壤的精华和肥力的基础，耕地是人类赖以生存和发展的物质基础，其质量的好坏不仅决定农产品的产量，而且直接影响到农产品的品质。可以说，耕地质量是食品安全的基础，是人类健康的基石。富锦市的耕地质量目前问题已非常严重，由于没有一套科学耕作和管理措施，土壤构型被破坏，土壤紧实硬化加重，随着黑土腐殖质层的逐渐变薄和腐殖质含量下降，土壤孔隙度减少，持水量降低，保水保肥性能减弱，土壤日趋板结，耕作性越来越差，抗御旱涝能力降低，耕地养分失衡，理化性状变差，基础地力下降，其问题令人十分担忧。这里面既有各地对待耕地长期形成的重数量轻质量、重利用轻保养、过施偏施滥施化肥和耕地质量建设与管理经费严重短缺的问题，又有基本农田建设只追求形式，不讲科学，人为造成耕地质量下降的问题。

多年的不合理耕种导致富锦市耕地肥力衰退、质量下降、生产力衰退，使土壤环境和土壤理化性状恶化，土壤侵蚀发展，黑土层逐渐变薄。此次调查，有机质含量平均为 43.2 g/kg，最大值为 94.9 g/kg，最小值为 30.0 g/kg，极差为 35.7 g/kg。与 1984 年相比，有机质含量水平明显下降，下降 19.67 个百分点，1 级水平有机质含量 >60 g/kg 的耕地面积占富锦市耕地总面积的 21.5%，1984 年占耕地总面积的 47.6%，2008 年比 1984 年下降了 26.1%；2级水平有机质含量 40~60 g/kg 的耕地面积占富锦市耕地总面积的 33.1%，1984 年占耕地总面积的 37.1%，2008 年比 1984 年增加了 4%；3 级水平有机质含量 30~40 g/kg 的耕地面积占富锦市耕地总面积的 26.2%，1984 年占耕地总面积的 11.95%，2008 年比 1984 年增加了 14.25%；4 级水平有机质含量 20~30 g/kg 的耕地面积占富锦市耕地总面积的 12.9%，1984 年占耕地总面积的 6.24%，2008 年比 1984 年增加了 6.66%；5 级水平有机质含量 10~20 g/kg

的耕地面积占富锦市耕地总面积的2.3%，1984年占耕地总面积的1.11%，2008年比1984年增加了1.19%。一级水平有机质含量的耕地面积严重下降，三级、四级水平有机质含量的耕地面积增加。通过这次调查说明，第二次土壤普查到现在的二十多年有机质已严重下降。

有机质（腐殖质）含量和质量的下降是富锦市土壤退化导致土壤功能衰退的核心。土壤有机质是土壤中最基础的物质，土壤有机质的含量和质量直接影响土壤质量和肥力功能。有机质含量和质量下降的直接原因是掠夺式经营方式，以及长期采用不合理的耕作制度造成的。由于土地分散经营，加之农民急功近利的思想，有机肥施用量大大减少，仅以施用化肥来维持当季作物生长。目前，富锦市作物秸秆还田比例很低，仅在5%左右，又因农民认识上和国家政策导向上存在一些问题，有机肥的投入更低。在单一作物体系下，土壤有机质的"收"和"支"严重失衡。如黑土每年每公顷可矿化的有机质量为1 300 kg，但是在大部分黑土区农作物根茬是补充土壤有机质的唯一有机物料，而根茬只能补充约1 000 kg的土壤有机质，远远低于土壤有机质自身的矿化量。

自20世纪80年代初开始，随着农村的农业机械由集体保有向个体农户保有、农机具由以大型农业机械为主向以小型农业机械为主转变，富锦市土壤的耕作过程发生了较大变化。由于小型农机具田间作业次数的增加，在作物栽培过程中，从整地播种到收获，小四轮拖拉机在田间行走作业次数近十次，对土壤压实作用明显增大，土壤有效土层变薄。在传统耕作制度下，由于作物的地上部分完全收获，从秋收直到第二年中期地表完全处于裸露状态，极其容易造成水土流失；有机物料（根茬）归还率低不能补充土壤有机质自身矿化的消耗，最终导致土壤退化以及土壤功能的衰退。

有机质含量下降及土壤结构破坏的一个严峻的后果是土壤抗蚀能力减弱，导致水土流失，而耕地退化已严重影响了土地生产力的发挥和高效生产，主要表现为产量不稳、生产效益下降。

二、水土流失问题

（一）水土流失的原因

水土流失的成因可分为自然因素和人为因素。自然因素是造成土壤侵蚀的条件，人为因素则是发生土壤侵蚀的根源。

1. 自然因素

富锦土壤受气候因素影响发生季风侵蚀较重，也有一定程度的水蚀。富锦市风速较大，历年平均风速为3.8 m/s。风速最大的季节是春季，由于春季地表裸露，降水少，表土干燥，因此风蚀更为严重。

土壤是侵蚀作用的对象，也是引起土壤侵蚀的内在因素。土壤的透水性对土壤的水蚀有很大影响。由于土壤的质地、结构及孔隙度不同，透水性能也不同。富锦市耕地受侵蚀影响较重的土壤以白浆土、白浆化黑土为最多。由于受白浆层和犁底层的影响，质地黏重，结构较差，透水速度极弱，严重影响雨水下渗，易造成地表径流，侵蚀土壤。

2. 人为因素

进入20世纪初，随着移民的迁入，人口的增加，盲目开荒，破坏了原有的植被，加之不合理的耕地方式，顺坡直耕，陡坡开荒，加重了土壤侵蚀程度。乱砍乱伐、毁林开荒使农田失掉屏障，加重了风水侵蚀。

（二）水土流失情况

根据黑龙江省水土保持科学研究所航拍调查显示，富锦市水土流失涉及 11 个乡镇，总面积达到 13 227 hm²。其中坡耕地水土流失面积为 2 660 hm²，林地流失面积为 1 580 hm²，荒草地流失面积为 8 193 hm²，其他流失面积为 793 hm²。富锦市共有侵蚀沟 453 条，沟壑密度为每平方千米 0.001 km。

（三）水土流失部分

主要在荒草地和坡耕地。荒草地植被稀少，土壤贫瘠，利用率低，风蚀、水蚀严重；坡耕地由于雨水冲刷，土壤形成跑水、跑土、跑肥的 "三跑" 现象，尤其坡上部土壤瘠薄，含水量低，不利于农作物生长。据 2002 年黑土地调查显示，临山村、盛田村 3°~8° 坡耕地上部黑土层厚度仅为 20~30 cm，每年坡耕地表土流失 1~2 cm。

三、低产土壤的致因

作物产量的高低取决于多方面因素，土壤性状不良也是低产的主要原因之一。但对于低产土壤来说，不良性状只是该土壤性质中的某些方面，我们只要抓住主要方面，采取改土、施肥、耕作等综合措施，克服不利因素，调动有利因素，低产土壤就可以成为中产土壤和高产土壤。富锦市低产土壤主要有黏质草甸土、岗地白浆土、草甸白浆土等，这几种土壤对提高粮食产量有一定影响。

从富锦市土壤情况来看，低产土壤的不良性状大致可归纳为养分状况不良，水、肥、气、热不协调，理化性质不适合作物生长等方面。

（一）岗地白浆土的低产原因

1. 黑土层薄，养分总贮量低

白浆层以下养分含量急剧下降，总贮量很低，由于白浆层黏粒含量较低，养分随黏粒跑掉，种植几年以后，肥力越来越瘠薄。

2. 白浆层是白浆土的障碍层次，是造成物理性状不良、低产的主要因素

白浆土是发生在河湖相黏土沉积物上，黏粒有明显下移和淀积。上层为耕层，下层为淀积层。岗地白浆土一般为重壤土，淀积层黏粒含量最高，黏化层次分明，淀积层黏粒含量高，主要是因为耕层土壤黏粒随土壤水分的移动向下淋溶而产生的。剖面分析结果，白浆层黏粒含量较低，养分随黏粒跑掉，肥力降低；岗地白浆土的容重较高，白浆层是整个土体容重最高的层次，总孔隙度最高的层次是耕层，依次为白浆层、淀积层。田间持水量白浆层最低。

（二）草甸白浆土的低产原因

草甸白浆土低产主要原因是土质黏重、透水性差、土壤冷浆。草甸白浆土在低平地上成土，土壤冻融交替较慢，受水分潴育漂洗，土体中常出现大量锈斑，在二龙山、兴隆岗等地均有分布。

草甸白浆土从剖面物理性质来看，与岗地白浆土相似，白浆层的土壤容重高于耕层。耕层的总孔隙度、毛管孔隙度、通气孔隙度都高于白浆层和心土层。

（三）黏质草甸土的低产原因

黏质草甸土也叫黑朽土，分布在南部长安、头林、兴隆岗等镇，范围较广，面积大。其物理性质可概括为土质黏重、水气不均、不耐旱涝。

1. 物理性质不良，土质黏重，水气不均，不耐旱涝

（1）土质黏重。土质黏，透水性差，持水性强，低温冷浆，易受洪涝危害。耕层向下质地变得黏朽，物理黏粒（<0.01 mm）为62.12%~75.47%。土体上层黏重紧实，是因为上层黏粒随下行水淋洗下移的结果，致使下层土壤阻碍水分渗透，引起季节性积水，排水困难，土壤过湿，常受内涝和洪水危害。除表层土壤质地属轻黏土外，以下三层均为中黏土，土质黏重发朽，透水性差，冷浆，不利耕作和作物生育。在土壤过湿情况下，出现五湿作业（湿耕、湿耙、湿种、湿管、湿收），破坏土壤结构，通气透水性恶化，湿时泥泞，干时易出现裂纹，扯断根系，耕作困难大。

（2）水气不协调。在自然状态下，黑朽土耕层（0~20 cm），在人为生产活动和机械力量的作用下，犁底层和心土层都比较紧实，总孔隙度犁底层最低，其次是心土层。在水气比例上，耕层接近于1∶1，犁底层接近于3∶1，心土层1.5∶1。通气孔隙耕层在30.5%、犁底层只有13.3%、心土层是20.8%。按照土壤通气孔隙在20%左右为适宜土壤环境来看，耕层土壤通气良好，平均在30.5%，但不利保水贮墒。

（3）不耐旱涝。土壤中所有的孔隙都充满水时（全持水量达48.9%~69.5%），在自然状态下，耕层田间持水量为全持水量的45%，犁底层为64%，心土层为61%，说明此土壤蓄水和持水能力都差。在大气降水过多的情况下，由于耕层下有黏紧的犁底层或季节性冻层，以致土壤透水不良，使大部分雨水积聚在耕层和地表，加之下部潜水，上下夹攻，土壤常年呈稳定的过湿状态。多雨年份地下潜水可上升到土壤剖面120 cm处。干旱年份，土壤耕层通气孔隙大，土壤表面蒸发量大，在同样少雨的情况下，此土壤比其他土壤受灾严重。

2. 养分转化慢，易贪青晚熟

黏质草甸土虽然基础肥力高，但养分转化慢，速效养分含量少，作物前期生长缓慢，入伏后生长较快，易贪青晚熟，遭霜冻危害。

四、旱、涝问题

直接影响农业生产的自然灾害有干旱、洪涝、风雹、低温、病虫害等。富锦市的降水在作物生长季节分布不均，往往是旱涝交替，春旱秋涝。

（一）干旱问题

干旱是富锦市自然灾害的一个重要方面，直接影响农业生产的年景收成，阶段性干旱时有发生。从1986年以来的20年中，富锦市共发生干旱15次，其中，春旱9次、伏旱4次、秋旱2次。春旱9次，年份分别是1993年、1995年、1996年、1997年、1998年、1999年、2001年、2002年、2003年。灾害的成因：由于近年来厄尔尼诺现象的影响，造成了春季降水量减少，加之春风大，蒸发量过高，使之土壤含水量急剧下降。地表干土层过厚，春播后种子不能发芽，部分刚发芽的种子遇到干旱又出现芽干现象。还有一些先出苗的作物枯黄干死造成缺苗，严重影响产量。伏旱4次，年份分别是1988年、1995年、1998年、1999年。伏旱的危害远大于春旱，因为这个时节作物生育期已接近一半，出现灾害后补救毁种的几率非常低，直接影响一年的收成。如1988年的伏旱，6月降水57.7 mm，比历年同期减少27.5%；7月降水51.8 mm，比历年同期减少51.6%。从7月7日至8月16日的35天中滴雨未下。由于干旱持续时间长，农作物株矮、枯黄。大豆花落荚少，玉米棒小秃尖，低洼地块苗刚出土就遇旱灾，成片枯死。旱灾面积达83 933 hm²，占总播种面积的65.7%；绝产

面积 11 333 hm^2，占总播种面积的 0.88%。秋旱共发生 2 次，年份分别是 1997 年、1999 年。秋季干旱主要危害秋菜的产量。

(二) 湿涝问题

富锦市主要自然灾害是涝灾。富锦市位于松花江下游南北两岸的冲积平原地带，地势低洼，易涝，地下水位较高，只要遇上降水多的年份，土壤水分很快达到饱和，加之客水入侵，河水顶托倒灌，水面高于富锦市主排干水渠水面，内涝积水无法排涝，致使农田长期积水而产生涝灾，涝灾多以春涝和秋涝为主，产生夏涝的年份很少。1986—2005 年，富锦市发生涝灾 12 次，其中春涝 3 次，夏涝 2 次，秋涝 7 次。

1. 土壤湿涝的一般情况

主要分布在北部松花江沿岸，为泛滥地草甸土。锦山、原二道岗乡、长安、头林、兴隆、原永福乡、宏胜等乡镇境内易涝土壤多为平地草甸土、碳酸盐草甸土、白浆化草甸土、沼泽化草甸土及沼泽土。成涝情况可分为以下 3 种类型。

（1）洪涝型。分布在沿江一带的泛滥地草甸土，群众称为江套地，加上南部头林、兴隆、原永福乡、原择林乡等乡镇的沼泽土，因受江河汛期影响，常有明显的季节性和突发性洪涝自然灾害，危害较为严重。

（2）内涝型。在南部和七星河流域的草甸土类（包括平地草甸土、碳酸盐草甸土、白浆化草甸土及草甸白浆土）属于内涝型。这类土壤主要是受降水影响，易形成上层土壤滞水，群众叫"哑巴涝"，使作物受渍害，不便管理，遇涝灾严重减产。多分布在锦山、原二道岗乡、长安、头林、兴隆岗、宏胜、原永福乡等乡镇境内。

（3）地下水浸涝型。沼泽土、草甸土及潜育白浆土的成涝属于这种类型。这类土壤主要是地下水位高，土壤长年过湿，低温冷浆。主要分布于锦山、原二道岗乡、长安、头林、兴隆岗、原永福乡，宏胜等乡镇境内的低洼地。

2. 土壤湿涝的危害

土壤湿涝的危害在富锦市主要表现为以下两个方面。

（1）影响播种面积。由于土壤过湿易涝，使富锦市播种面积不稳定，丰水年与枯水年播种面积相差悬殊。

（2）土壤过湿，使土壤中的水、肥、气、热四性失调，加上涝害的影响，使作物严重减产，甚至造成绝产，主要表现：①土壤湿涝，肥力降低。水多气少，满足不了作物对土壤空气的要求。同时，土壤通气不良，长期处于嫌气还原状态，影响作物根系发育。土壤水分过多，土壤热容量大，增温较慢，土壤冷浆，不利作物生长。水分过多，通气不良，土壤微生物活动微弱，土壤养分转化缓慢，有效性差。②土壤过湿，物理性差，耕性不良。由于湿涝，质地黏重，黏结性强，耕作阻力增大，且耕作质量差。所以，富锦市土壤湿涝期严重影响土壤耕作，在化冻返浆期，冻层化的慢，影响播种。雨水集中时，由于土质黏重，渗水性差，造成耕层过湿，影响耕作管理。③土壤湿涝，积水对作物造成涝害。湿涝土壤不渗水，易造成耕层滞水，使作物受水渍减产，甚至绝产。一般旱田作物，土壤水分长时间过湿，生长纤细发黄，淹水受涝过久会死亡。

(三) 土壤湿涝的原因

造成土壤湿涝的主要原因是，水分补给大于水分排泄而造成的。水分来源，一方面是大气降水，另一方面是江河水位上涨和客水侵入。

1. 气候因素

降水年际间和季节性分配不平衡，特别是季节分配相差很大，年降水量的70%集中于夏季（6—9月），因而在丰水年份多雨季节，往往使土壤过湿滞水或积水。

季节性冻层的存在，起到阻止地面水和土壤中水分向下渗透的作用。从10月下旬开始土壤冻结，冻土层可达1.5~2 m，翌年3月下旬开始解冻。据调查，低平地过湿土壤，6月下旬或7月上旬，1.5 m深处还能见到冻结层。长期的深厚的冻土层是造成土壤湿涝的不可忽视的因素之一。

2. 水位地质条件

也是土壤过湿的因素。松花江沿岸的低滩地及面积较大的低平洼地，地下水位高，一般埋藏深度2 m左右。到了洪水季节，受高处大量潜水补给，同时又接受地表水汇集和客水侵入，因而形成洪泛地。

3. 地形因素

富锦市成涝区地形属沉降盆地，其特点是成筐箩洼地，无明显的排水河道，河流大多数为沼泽河流，排水能力弱，雨季来临易造成漫流，形成洼地积水。加上低平地区的地势低平，坡降只有1：8 000，地面排水缓慢。

4. 土壤内在因素

影响土壤湿涝的因素主要是成土母质和土体结构。富锦市的地质特点：沉积了深厚的第四纪河潮相黏土沉积物，地面有一层3~17 m厚的黏土层覆盖，土质细而黏重，透水力很弱。

此外，农田基本建设速度赶不上开垦速度，排水工程效益低也是土壤湿涝的因素之一。

第四节　土壤的改良与综合利用

一、防止土壤恶化的对策与建议

解决土壤恶化的问题应从土地的利用和管理入手，在加强土壤资源保护的同时，修复和重建耕地的高效粮食安全生产功能才是问题的关键所在。耕地功能的重建，要根据富锦市的气候和地理环境、社会和经济条件，建立一种或几种适合我们自己的技术和措施乃至最优模式，达到土壤功能的恢复重建与可持续利用的目的。

这种模式必需满足以下要求：降低或防止地力衰退、促进土壤有机质积累、增加降雨的积蓄和有效利用、提高土壤养分和肥料的利用率。从国内外的研究和土地利用经验看，增加地表覆盖和有机物料的归还率、减少土壤耕作是有效和可行的措施。

（一）建立土壤资源保护、防止退化的综合培肥体系

保护土壤资源，使其永续利用，实现农业可持续发展。根据土壤开垦年限、土地利用方式等因素，运用现代化技术，对土壤进行定向培肥。

在农村经济体制改革之后，大力发展有机肥料，充分利用有机肥源，是保护、培肥土壤最主要的措施。除了加强农村有机肥农户分散的积造之外，还要实现大型养殖企业有机肥产业化，以推动有机肥料的使用。就富锦市有机肥源而言，目前可利用造肥的各种作物秸秆及

根茬、草炭资源丰富。在有机肥使用上，采取有机无机相结合技术路线，一方面可保证提高作物产量，另一方面可以保护土壤资源，提高土壤肥力，降低化学肥料的使用量，减少环境污染，保护生态环境。除此之外，还应加强扩大植被种植面积、种植牧草、营造防护林，减少耕地裸露面积等。

（二）建立耕地平衡施肥产业化平台

平衡施肥技术是在测土施肥、配方施肥基础上发展起来的一项经济合理的施肥技术。平衡施肥技术不但可以使氮、磷、钾肥料用量和比例实现合理搭配，还可以使大、中、微量元素进行合理搭配，从而做到经济、合理使用肥料，充分发挥化肥的肥效，使粮食高效安全生产。全方位推广平衡施肥技术，从查找不同类型区黑土耕地产量障碍因子入手，通过土壤物理和化学项目的综合分析，与田间小区实验相结合，建立平衡施肥数据库，制定不同类型土壤的科学配方，与肥料加工企业紧密合作，建立健全测、配、产、供一条龙服务体系，全面推进测土配方平衡施肥工作。

（三）加大秸秆还田及其配套工作力度

耕地退化的原因之一，是秸秆还田工作力度小。目前生产中的一些秸秆还田机械不是效率不高，就是成本太贵，更重要的是机械的性能不能使收获与秸秆还田同步进行，增加了用工量，农民不愿意接受，应该加强秸秆还田机械的研究与开发力度，保证有机资源回归土壤，减少耕地的退化。

（四）扩大大型农业机械耕作面积，提高耕层厚度

由于土壤耕层浅，土壤浅薄，不仅会造成作物根系发育不良，而且会大大降低土壤的蓄水量，从而造成土壤失墒，直接影响产量。为此，富锦市各级政府要借助国家对农户加大农机补贴力度的有力时机，全面做好农业机械特别是大型农业机械的入户工作，对耕层小于15 cm 的 20 万公顷耕地进行深翻深松，增加耕层厚度。在这一改造过程中要注意耕层质量。

（五）针对不同高产作物品种科学组装配套生产技术

针对富锦市主要栽培品种，科学组装耕作栽培、平衡施肥、病虫草害综合防治配套技术，建立粮食高产、稳产生产模式。

二、水土流失治理

为了控制水土流失面积的逐年扩大，并对已发生的水土流失面积进行有效治理，富锦市本着"预防为主，全面规划，综合防治，因地制宜，加强管理，注重效益"的原则，采取工程措施和生物措施相结合的方式对水土流失进行了综合治理。工程措施主要是在坡耕地上修地埂，挖截水沟，在沟道中修谷坊等防治工程。生物措施包括种草、种植植物带、封山育林，营造水保林和改善耕作等措施。2000 年 4 月，在别拉音子山上由黑龙江省华富风电公司兴建华富风电发电站，工程占地 100 hm²，盘山道总长 18.31 km，山上开道对别拉音子山植被破坏较多，水土流失严重。在富锦市水保站的监督下重新补报了水土保持方案，并得到国家的批复。

1986—2005 年，共完成了小流域治理 1 处，挖截流沟 89 100 m，治沟 29 条，修建石谷坊 5 座，完成土石方 98.26 万立方米。营造水土保持林 473 hm²，封山育林 320 hm²，种草 20 hm²，修地埂种植植物带 7 hm²，其他植被 1 767 hm²。富锦市水土流失治理面积达到 1 480 hm²，占水土流失总面积的 11%，国家投资 14.3 万元。

三、低产土壤的改良

（一）白浆土的改良

改良白浆土主要应从增加营养物质和改良土壤物理性质两方面着手。白浆土改良的中心环节是补充有机质和矿质养分，深耕打破心土层或逐步加深耕层，改善土壤水分及物理性状。

1. 增施有机肥

白浆土施有机肥是增产又养地的好措施。同时，白浆土施用有机肥的效果比其他土壤增产幅度大。

2. 深松活化土壤

可保持黑土层的肥力，又可改善底土的物理性状。这样，既可打破白浆层和淀积层，逐渐加深耕层，疏松土壤，扩大活土层的厚度，又可以防止白浆翻上来，耕层性状也有很大变化，使耕层的水、肥、气、热状况得到改善，增强了白浆土的抗灾能力。

3. 种植绿肥

在白浆土上种植草木栖等绿肥，可提高有机质含量，增加全氮、全磷量。绿肥植物地上部分的数量多，根系又大，扎得深，能穿透坚硬的犁底层和白浆层，对改善土壤的透水性能有良好的作用。另外，由于有机质增加，增进了土壤胶结能力，加上根系的机械挤压分割作用，一般可使 0 ~ 30 cm 土层中，大于 0.25 cm 的水稳性团聚体总量增高 10%~30%。但绿肥争地，易造成当年减产，所以必须采取与畜牧业相结合的方式，做到当年减产不减收。

4. 秸秆还田

秸秆还田是增加有机质含量的有效措施。秸秆还田可增加土壤微生物数量，增强土壤生物化学性能，结合施氮磷化肥效果更为显著。

5. 利用白浆土种水稻

白浆土特别是草甸白浆土和潜育白浆土，所处地形低平，遇雨易涝，无雨易旱，作物产量低而不稳。利用白浆土透水性差的特点种植水稻，是扬长避短，发挥土壤增产潜力，提高作物产量的有效措施。

（二）黏质草甸土的改良

1. 排水抗涝

排水抗涝是改良黏糯土壤的根本措施。只有排除多余水分，降低地下水位，才能有效地抗御洪、涝灾害，调节水、气、热状况，促进养分转化，发挥潜在肥力，取得高产。对洪涝区主要是加强防洪排涝，修筑防洪堤坝和排水渠系，防止客水浸入。对内涝区建立键全农田水利工程，畅通排水渠道和植树造林，降低地下水位，高台垄作，减少土壤含水量，提高地温。

2. 采取农业综合治理

富锦市在草甸土改良上，多采用浅翻深松耕法，加深耕层，增加土壤透水蓄水能力，改善四性，促进养分转化。增施热性有机肥料，掺沙和炉灰渣，调节沙黏比例，改良土壤物理结构。

3. 以稻治涝

水资源充足的地方改低洼易涝旱田为水田，以稻治涝。

四、干旱与湿涝的防治

（一）加强水利建设

1. 抗旱设施

修建灌水工程，在红旗灌区、红卫灌区和幸福灌区三大提水灌区的基础上，要不断发展各种井水灌溉、喷水灌溉设施。

2. 排涝设施

重点修建防洪堤坝、水库和泄洪区，控制洪水泛滥江水顶托。加强农田工程配套，排除内涝，疏通渠道，增加灌溉面积。但是由于过渡垦荒，水利投资少，农田水利建设仍是一个薄弱环节。洪涝区要加强防洪排涝，修筑和维护防洪堤坝，对南部涝洼区要疏通河道，扩大排水能力。对内涝地区，应大搞农田水利工程，一是清除排水干渠中的各种障碍，保证排水畅通；二是抢修围堰，尽可能减少耕地受淹面积；三是缺少排水沟道的地块抢挖排水沟，以保证受涝地块的积水及时排除；四是在地势低洼、排水不畅的地块，设置临时泵站进行强制排水。

（二）合理利用土壤资源

在地势低平、水资源条件好的地块上，利用白浆土、草甸土质地黏重、透水性差的特点，大力发展水稻生产，扬长避短，使水害变成了积极因素，既提高了产量，又增加了收入。同时可采取不同的利用措施，宜农则农，宜牧则牧，宜渔则渔，充分发挥土地的潜力。

（三）采用深松措施

深松可以有效地打破多年来犁耕或灭茬所造成的坚硬犁底层，有效地提高土壤的通水、透气性能，利于作物根系深扎。提高土壤蓄水保墒能力，由于大量降水存入地下，因此，大大地降低了土壤水分的蒸发散失和径流损失，为作物生长提供丰富的天然降水资源。深松后的土层形成贯通的鼠道，可有效地排涝。

（四）植树造林，增加覆盖率

目前富锦市营造的农田防护林、水土保持林都具有防旱治涝、涵养水分的能力，称为绿色水库，而且在生长季节每亩林木可蒸发水分20 t，也具有良好的生物排水作用。

五、土壤分区利用

为发挥本地自然资源优势，更合理利用土壤，把具有共同生产特性和改良利用方向相一致的土壤相组合，进行分区划片，因地制宜，扬长避短，提高土地利用率。土壤改良利用分区，是以这次耕地评价结果与土壤普查成果相结合为基础，同时参考了有关的土壤历史资料，进行了专题调查及总结。

（一）分区的原则和依据

土壤改良利用分区编制的原则，主要遵循以下3个方面。

1. 科学性

分区要客观地反映各区自然和农业社会经济条件的差异，揭示土壤类型组合、分布规律及其肥力属性，查明发展农业生产的主要共性问题，提出土壤改良利用方向及措施。

2. 综合性

以土壤及其他自然环境条件生态统一的观点进行分区，是土壤改良利用分区的原则和依据。生产和利用方式相近似的土壤组合是与区域自然条件和社会经济条件相联系的。因此，在改良利用上必须考虑自然条件和社会经济条件，进行全面地综合评述，以利于提高土壤肥力，发挥土壤改良利用的经济效益。

3. 生产性

土壤改良利用分区是以土壤本身属性（包括自然和人为）的一致性为主体，反映土壤在改良利用中存在的主要矛盾。根据区内的自然持点，特别是强烈影响土壤属性的自然条件；根据区内经济特点，提出发展生产的主改方向，在提出具体改良利用方向措施时，应考虑当前和长远相结合。

土壤改良利用分区的主要依据：在同一区内，土壤组合、成土条件、土壤基本属性和肥力水平有相似性；同一分区内主要生产问题及改良利用方向和措施基本一致。

富锦市土壤改良利用分区定为两级，第一级为区，区以下分亚区。区级划分依据：主要是同一自然地貌单元内土壤的近似性和改良利用方向的一致性。亚区划分主要根据：在同一区内，根据土壤组合（亚类和土属）、肥力状况及改良利用措施的一致性，并结合生产管理体制下，尽量保持乡界线的完整性，便于措施落实，并考虑了小地形、水分状况等。富锦市区共分6个区、18个亚区。在分区的基础上，提出了各区改良利用方向和主要措施。

分区命名：区级采用地貌—土壤类型组合；亚区采用土壤组合（亚类或土属）。采用这种命名方法，可突出分区位置、自然景观和土壤类型。这样，充分反映出各区的土壤类型和自然景观的联系及基本特征，采用以主要土壤类型为主体的命名，突出分区的内容，具有相对的稳定性。

（二）分区概述

1. 东、西部孤山暗棕壤区

该区位于境内锦山镇别拉音山和东部乌尔古力山及其山前漫岗，包括原锦山、隆川、择林、砚山、向阳川5个乡的一部分，占富锦市总面积的3.6%。

该区的地貌类型为孤山。地形起伏较大，除残山外，延伸山前的漫岗，海拔65～80 m，地下水埋藏较深，地面排水条件好，主要土壤类型是暗棕壤和黑土。该区的利用方向应以林为主，林农结合。按其在境内分布位置，进一步划分2个亚区：乌尔古力山暗棕壤黑土亚区和别拉音山暗棕壤黑土亚区，以下按亚区分别叙述。

（1）别拉音山暗棕壤黑土亚区。该亚区位于锦山镇境内，面积136 800亩，占该区面积52.6%。该亚区的地貌类型是低山丘陵及山前漫岗，山前漫岗主要位于山丘周围的狭长地带。低山丘陵海拔80～350 m，山前漫岗海拔65～80 m。该亚区地下水埋藏较深，为10～50 m，水质碳酸钙型，矿化度为0.2 g/L，水位年变幅3～5 m，富水性变化大，单井出水量一般为30 m^3/h，成井条件较差，地上水较贫乏。

该亚区气候温和，热量资源充足，因受山地影响，小气候较明显。生长季节活动积温2 500～2 600℃，年平均温度2.5℃，平均无霜期130～140 d，年降水量在500 mm左右，夏季降水占全年降水的50%～60%，干燥指数$k=1.00$，春季湿润度平均为$C=0.84$。

山地以次生杂木林为主，主要为柞、桦、杨等。山产资源也较丰富。山前漫岗大部为农田。

土壤以暗棕壤为主，面积占该亚区的51.4%，其次是黑土，主要是中层黏底黑土，占该亚区48.6%。山地由于坡度较缓，植被较好，土质较肥沃，暗棕壤黑土层养分含量较高，但由于毁林开荒，部分地块生态平衡遭到破坏，特别是开荒地段坡度大于15°造成水土流失较重，石块裸露，黑土层变薄。耕地土壤管理粗放，用养失调，耕层有机质下降。

（2）乌尔古力山暗棕壤黑土亚区。该亚区位于市城东南部的原隆川、向阳川、择林、砚山四乡的交界处，占该区面积47.4%。

该区地貌类型多样，有低山丘陵、山前漫岗、沟谷平地等，山地，主峰海拔538.7 m。一般海拔80~400 m。山前漫岗围绕山地分布，以山南砚山境内分布面积最大且集中，海拔高度60~80 m。地下水埋深10~50 m，水质为碳酸盐型，矿化度为0.2 g/L，成井条件差。山间沟谷平地多，地上水比较丰富。山地以次生针阔杂木林，是富锦市的主要木材和多种经营基地。沟谷平地尚未被开发，生长着小叶樟和苔草等草甸植被。该亚区气候温和，热量资源较充足，山地小气候特征较明显，生长季积温2 500℃左右，平均气温2.5℃，年降水一般在500~550 mm，夏季降水多，在300 mm，占全年降水量50%~60%，生长期干燥数$k=0.59$，属春旱较轻区。

该亚区土壤以暗棕壤为主，占该亚区70%，其次是黑土，主要是薄层黑土和中层黏底黑土，占亚区面积27.1%，此外，还有泥炭土和部分草甸土。暗棕壤主要是次生杂木林，山地坡度较缓，水土流失较轻，土质比较肥沃。目前，黑土和暗棕壤下部甚至上部有的也已垦为耕地，耕地坡度较大，有一定程度水土流失，黑土层较薄，肥力普遍下降，沟谷平地易积水内涝。

该区以山地为主，其次是山前漫岗。利用方向应以林为主，林农结合。改良利用意见如下：①植树造林，该区是富锦市的主要林业产区，要加强管理，对有培育前途的林木要采取抚育速生，对残破林要进行改造，逐步向红松、落叶松用材林和阔叶用材林方向发展。②加强农田基本建设，防止水土流失。对现有耕地坡度大于15°的应退耕还林。山前漫岗耕地，要修建必要的水土保持工程，如截流沟等，防止水土流失。③耕地要增施有机肥，特别对该区中的暗棕壤和薄层黑土，要采用增加土壤有机质措施，如增施有机肥、绿肥等。④发挥该区土壤特点，充分利用资源优势，发展多种经营。利用山产资源发展养殖业（养蜂、养蚕）以及经济作物和药材等种植业。

2. 平原黑土、草甸土区

该区位于哈同公路两侧一带，包括原二道岗、西安、上街基、富锦镇、大榆树、隆川、富民、向阳川、砚山、头林等10个乡（镇），占富锦市总面积16.1%。该区为富锦市的高平原带，海拔高度60~65 m，个别高岗达70 m左右，主要分布着带状漫岗和平川地，土壤类型是黑土和草甸土。该区利用方向应以农为主，农、林、牧结合，发展粮食作物和经济作物。林以农田防护林为主，牧以舍饲和放牧结合，增加农家肥肥源。现分别概述如下。

（1）上街基—原隆川乡—砚山黑土亚区。该亚区位于原西安—砚山一线起伏漫岗平原地带，包括原西安、上街基、砚山乡大部分及隆川乡全部，占该区面积的35.8%。

该亚区地势平坦，地形较复杂，漫岗、平地交错分布，是富锦市主要农耕旱作区，开垦较早，垦前植被主要以柞桦、五花草塘及小叶樟为主的草甸植被。气候温和，热量较充足，夏季降水较多。

土壤类型主要是黑土和草甸黑土。土壤农艺性较广泛，上街基、砚山适宜种植各种作物，水稻、大豆、玉米、小麦、甜菜及其他经济作物。原隆川乡除适合种植大豆、玉米、小麦外，还适宜种植白瓜、甜菜、大蒜及其他经济作物。

农业生产的主要问题是春旱、施肥水平低、用地养地失调，也存在着不同程度的风蚀和水蚀，致使土壤肥力下降，有机质减少，粮食单产不高。

该亚区利用方向应以农为主，农、林、牧结合，特别是农牧并举有很大的发展前途，可以增加农家肥的来源，改变掠夺式的经营方式；农牧并举，使秸秆还畜，粪尿归田，增加能量投入，提高粮食单产。该亚区的今后改良利用方向：①增肥改土，提高地力：增施有机肥，增加土壤有机质含量，提高土壤有机质的品质，改良土壤性状，防止土壤板结，不断提高土壤肥力；推广种植绿肥，增加土壤肥力；合理增施化肥，注意氮磷配合。②合理耕作：推广深松耕法，实行浅翻深松，打破犁底层，加深耕层，改善土壤物理性状。在起伏漫岗地，要保水固土，防止水土流失，如在坡度较大、侵蚀较重的岗坡地，要横坡打垄、高垄种植，修筑地中埂。减少耕翻，增加夏季深松，实行粮、草、灌木林条带状间作。③合理开发地下水，发展井灌，解决干旱问题。发展井灌，整修灌排渠系，完善排水系统，合理灌排。统筹安排电机井，合理开发地下水。建设旱涝保收田。

（2）大榆树—向阳川草甸土亚区。该亚区位于原大榆树乡至向阳川乡一线及择林乡西部、乌尔古力山北部低平地区，这一线原为松花江古河道。

该亚区地势低平，但地形复杂，由于是松花江古河道的一部分，区内除平地外，分布条带状的沟塘。海拔 57.5~61 m，正常年份雨量充沛，气候条件与前亚区相近。开垦前生长以小叶樟为主的草甸植被。由于地形低平，地下水位高，埋深 1.5~3 m，地下水资源丰富，在丰水年份易内涝。土壤类型以草甸土和泛滥地草甸土为主，黑土层不厚，一般在 20~40 cm，肥力中下等，开垦较久，经营粗放，用养失调，有机质等养分含量均下降。

该亚区利用方向以农为主，农、牧结合，发展牧业，开辟肥源，增加农家肥数量，充分发挥该亚区土壤资源的经济效益，提出如下改良利用意见。

该亚区土壤肥力不高，用养结合不好，有机质有不同程度的降低，应增施有机肥，增加土壤有机质含量，提高土壤有机质品质，培肥地力；合理增施化肥，特别要增施以钾为主的肥料，提高土壤中钾素的含量，对提高单产有明显效果。

地下水源丰富，应发展井灌。由于地平，土质黏重，不透水的特性，可大力发展井灌水稻，变不利条件为有利条件。

（3）原大榆树—原富民沙底黑土亚区。该亚区位于原富民乡南部、大榆树沿公路两侧及北部一带。占富锦市总面积 3.1%。

地势是坡状起伏缓岗，海拔 58.5~65 m。气候条件同前亚区。开垦较久，开垦前植被多为杂类草及柞桦树。成土母质为河流泛滥冲积而成，质地较轻，沙性大，含粉沙量大，物理沙性占 49%~94%。土壤类型以沙底黑土为主，面积占该亚区 80% 以上。土质热潮，地温回升快。但黑土层较薄，多数在 20 cm 左右，土壤有机质含量不高，养分贮量比较低。

耕地用养结合不好，施肥水平低，并且因缓岗、土质轻，产生一定程度的土壤表层侵蚀，黑土层变薄，有的坡度大的岗顶已裸露出黄土层或沙层，肥力很低，产量水平较低，一般平均亩产 70~75 kg。土壤沙性大，透水性强，保水性弱，因此，该亚区怕旱。沙底黑土保肥能力也低，养分易随下渗水流失，因此，一次不宜施用多量速效化肥。

土壤农艺性状表现为耕性好、宜耕期长、铲趟省力。肥力状况表现前劲大、后劲小，发小苗不发老苗，种小麦、玉米等后期易脱肥。

该亚区的适宜性较广泛，可种植各种作物，特别适宜种植甘薯、菇娘等喜温作物，是富锦市主要甘薯产地。

为了更好地发挥该亚区土壤资源的经济效益，利用方向应以农为主，农林结合，其改良利用方向和措施：①用地养地相结合，培肥改土。增施有机肥，种植绿肥，提高土壤有机质含量和改善品质，培肥地力。合理增施化肥，在增氮的基础上要增施磷钾肥，氮磷钾肥配合，化肥施用宜种肥和追肥结合，化肥量大时要分期施用，以防肥分流失。②充分发挥土壤适宜性，大力发展甘薯、菇娘等栽培面积。该区种植甘薯已有58年历史，群众掌握了较丰富的种植经验，为更好地发挥该亚区土壤效益，今后可考虑有计划地在该区适度扩大甘薯种植面积，逐步大力发展甘薯、菇娘等经济作物。③在坡度较大、土壤侵蚀较重的地方，应注意防止水土流失，耕作措施主要是横坡打垄种植，在黑土层很薄、肥力低的沙岗，要植树造林或种草。④有条件的地方，应平整土地，发展旱灌。⑤植树造林。因土质轻，易被风蚀，要有计划地营造防护林。在不宜农作的沙包沙岗植树造林，防风固沙。

（4）西安草甸土亚区。该亚区位于别拉音山以北，包括原西安乡的洪甸、德福、永升、福民、西安及锦山镇的后贾、仁义等村。占市总面积的2.1%。

该亚区地势平坦，海拔63~66 m。地下水位较高，水位2~4 m，土壤水分充沛，自然植被以小叶樟为主的草甸植被。成土母质为河流冲积物，土壤类型以草甸土类为主，占70%左右，其次是一部分草甸黑土，土壤相对湿度较大，较冷浆，春季回暖晚，不发小苗，发老苗，地势相对较低平，在丰水年份易受内涝威胁。该亚区有红卫灌溉站总干渠自北向南贯穿，可利用松花江提水种稻。因此，该亚区水稻面积较大，是富锦市的主要稻米产区。

为了更好利用该亚区土壤资源，今后改良利用意见：①加固防洪大坝，防除洪水威胁，搞好田间排水工程，根除内涝灾害；②充分发挥该亚区的土壤优势和水利资源优势，扩大水稻种植面积，建设成为富锦市水稻重要产区之一。

（5）二道岗黑土亚区。该亚区位于二道岗缓岗，包括原二道岗乡的二道岗、公安、继承、财源、信安、建设、富国等村，占该区面积的5.5%。

该亚区地势较高，为起伏缓岗，岗洼相间分布，海拔62~68 m，地下水位埋深2.5~8 m。自然植被柞桦林，杂草类及小叶樟草甸植被。积温较高，成土母质缓岗多为沙质，地势平坦为黏土状物质，土壤类型以黑土类为主，占65%~70%，其次是草甸土，黑土主要是典型黑土和草甸黑土，典型黑土主要是黏底黑土和沙底黑土。沙底黑土潜在肥力比较低。

该亚区地形起伏较大，岗坡地有轻度的表土侵蚀。岗地受干旱威胁，相对洼地受内涝灾害。

该区土壤适宜性广，适合种植各种作物。今后改良利用意见：①用地养地相结合，培肥地力。应增施有机肥，合理增施化肥，因土制宜，合理施用。②合理耕作，采用深松耕法，打破犁底层、加深耕作层，改良土壤的物理性状。③以农为主，农林牧结合，宜种植小麦、大豆、玉米、水稻等作物，同时兼种其他作物。营造防护林，防止风害。增加有机肥的数量。

（6）头林黑土亚区。该亚区位于头林乡头林岗和二林岗，占该区面积的11.0%。区内地貌为坡状缓岗，海拔58~65 m。境内分布大小蝶形洼地，地形起伏较大，岗洼相间分布，属于温凉易涝区。自然植被：岗地为柞、杨树林，低处为草甸植被，多生长小叶樟等。成土母质为黄土状黏土物质。

土壤类型以黑土为主，其次是白浆土和草甸土，岗地黑土层较薄，平地和低平地较厚，土壤肥力较前几个亚区高。

该亚区地形起伏大，岗洼相间，坡度较大，存在不同程度的水土流失，岗地黑土层变薄，肥力下降。土壤适应性较广，适宜种植大豆、小麦、玉米等作物。

为更好的利用该亚区的土壤资源，提出利用改良意见：①搞好农田基础建设。易涝地要挖沟排水排除内涝。易旱岗地，合理开发地下水资源，发展井灌。②合理耕作，实行合理的耕作制度。黑土层薄的土壤和白浆土等，推行深松，适期耕翻，不要把白浆层和黄土层翻上来。通过深松，打破白浆层和犁底层，逐渐加深耕作层，改善土壤不良性质，促进土壤活化。水土流失的岗坡地，采用横坡打垄以防止土壤侵蚀。

3. 东部丘陵平原白浆土区

位于富锦市东部地区，包括原永福、二龙山、新建乡和太东林场全部及向阳川、择林一部分，占市总面积18.1%。

地貌类型复杂，残丘、漫岗、平地相间分布，在东部新建乡和太东林场散布低平洼地。境内有莲花泡、中义沟等沟塘泡沼，分布在向阳川、新建、太东等地。在平原和低平洼地，地下水较高，残丘漫岗地下水深5 m至十几米，深者达几十米。

气候条件表现小气候变化明显，属于东部温凉易涝早霜半湿润农业气候区，该区夏秋季节雨水集中，易发生内涝。总的特点是湿润温凉，适宜中早熟作物品种栽培。

该区为沉积较厚的第四纪沉积物。地面物质较细，地表沉积了3~17 m厚的黏土、亚黏土覆盖物。由于母质细、黏重，透水性很弱，土壤白浆化过程明显。土壤类型主要有白浆土、黑土、草甸土。白浆土主要是岗地白浆土和平地草甸白浆土及小面积的低地潜育白浆土。黑土以白浆化黑土为主，草甸土以白浆化草甸土面积最大。同时，在太东林场等地有一定面积的沼泽土。

发展方向应以农林牧结合。根据土壤组合和改良利用方向，划为2个亚区进行分述。

（1）原永福、二龙山、新建白浆土、黑土、草甸土亚区。包括永福、二龙山、新建乡全部及向阳川、择林乡一部分，占该区面积58.8%。

地貌类型多样，有残丘散立，海拔90~168 m，包括二龙山、永福、择林及新建等乡；漫岗主要在二龙山、永福等乡，海拔60~90 m；平原面积较大，海拔57~65 m；沟塘主要有向阳川境内的中义沟、新建境内的莲花泡及其支沟洼地，中义沟和莲花泡常年积水，是该区的主要水系。

土壤类型以白浆土为主，面积占63.7%，白浆土主要是岗地白浆土和平地白浆土，其次是黑土和草甸土，约占35%，黑土和草甸土以白浆化黑土，草甸黑土和白浆化草甸土为多，暗棕壤占1.3%，该区除原新建乡部分低洼地外，均开垦较早，土壤类型较复杂，肥力差异性较大，以暗棕壤最瘠薄，岗地白浆土肥力水平较低，肥力较高的是草甸白浆土和黑土、草甸土，但草甸白浆土的物理性状和水分性质不良，影响土壤肥力的发挥。产量水平低。

该区地貌特点是丘岗洼相间分布，残丘大部为荒丘，漫岗地易受春旱威胁。洼地在夏秋雨季常有内涝发生。

农业生产受小气候影响较明显，东北部的新建乡，秋季降温早，常受早霜威胁而造成减产。

土壤适宜性较广，适宜各种作物生长，尤其适宜种小麦、大豆、玉米、甜菜等作物，种高粱易受早霜威胁。

改良利用意见：①增施粪肥，种植绿肥，合理增施化肥，因土增施磷肥，氮磷配合。用地作物和养地作物结合，以便保持和提高地力。②推广浅翻深松深施肥措施，打破犁底层，改良白浆层，改善土壤不良性状，提高土壤肥力。③搞好水土保持，防止表土侵蚀。荒丘植树造林，种草封山。坡度较大的耕地要退耕造林。对于轻度侵蚀的坡耕地，采取耕作措施防止侵蚀，如横坡打垄，平整土地，修筑田中埂等措施，或等高种植几个草带和天然防冲草带，防止冲刷。

（2）太东白浆土亚区。该亚区位于市东北部，包括太东林场全部，面积占该区面积的41.2%。地貌类型比较单一，主要是平原、低平原，沟塘泡沼散布其间。太东是富锦市最低洼处，海拔53～58 m。

土壤类型以白浆土为主，面积占52.5%，其次是草甸土和黑土，占27.8%，沼泽土占10%。白浆土主要是草甸白浆土和潜育白浆土，草甸土主要是白浆化草甸土。

该亚区在利用上以林为主，其次是农、牧结合，其余为荒地和淘塘沼泽，是富锦市主要用材林产地之一。

改良利用意见：①抚育好现有林地。扩大人工用材林面积，对无发展前途的天然林要有计划地更新。②控制耕地面积，严禁毁林开荒。③对不宜造林的荒地草场，可发展畜牧业，大力发展养牛、养羊。

4. 南部低平草甸土区

该区位于富锦南部，包括原长安、头林、兴隆、宏胜全部及锦山、二道岗、砚山、永福等乡一部分，面积占市总土地面积36.7%。区内地貌为各条河流分割的一级阶地面，平原与漫岗相间分布，相对高度5～10 m，多低平洼地。地表水较丰富，主要河流有内外七星河、挠力河、漂筏河等，多为无固定河道沼泽性河流。地下水资源丰富，水位埋深1～3 m，在漫岗地较深，一般在3～5 m。

气候条件：原锦山、长安、二道岗等乡属西部温和春季干旱与半干旱农业气候区。头林、兴隆岗、宏胜、永福及砚山南部属于东部温凉易涝早霜半温凉农业气候区。

自然植被：低平洼地以小叶樟为主的草甸植被，漫岗为杨、桦树林及灌丛、五花草塘等。

土壤类型：以草甸土为主，约占60%。草甸土又以碳酸盐草甸土为主占90%以上，其次为黑土和草甸白浆土。成土母质多为河湖相沉积物，质地黏重，土壤水分较充足，透水性弱。碳酸盐草甸土 pH 过高，土壤呈碱性反应，一定程度上影响土壤肥力，土壤自然肥力较高，但有效性较差。该区草甸土，质地细、黏重，由于地形低平，排水不畅，土质黏重、透水性很差，易发生"哑巴涝"，对农业生产影响极大。因此，内涝是该区草甸土主要限制因素。另外，客水侵入也是该区的主要灾害。

该区土壤肥力较高，是富锦市高产区。土壤适宜性较广，宜种植大豆、玉米、甜菜、白瓜等作物。产量水平较高。

根据该区的特点，可分为3个亚区，分述如下。

（1）锦山—长安碳酸盐草甸土、黑土亚区。包括原锦山乡南部，长安镇大部分，砚山镇的西南部。地势平坦，部分漫岗散布其间，平原和低平地面积最大，海拔58～64 m，西部较高，东部较低。地表水和地下水资源均较丰富，地上河流主要是漂筏河。自然植被在丘岗为柞、杨、桦树，平原及低平地以小叶樟为主的草甸植被，在缓岗及稍高的地方为五花草塘。主要土壤类型有碳酸盐草甸土、其次是黑土和草甸黑土、小面积的沙底黑土和平地草甸土、在锦山分布暗棕壤。土壤存在的主要问题是土质黏重、不透水，开垦后易黏朽、土壤养分有效性较低、春季回温慢、不发小苗、发老苗。在雨季集中的生长期，易受内涝威胁，即所称"哑巴涝"。

该区土壤肥力较高，土壤适宜性较广，宜种植小麦、大豆、玉米、甜菜等作物，产量水平较高。土壤农艺性较高，适宜种植大豆、甜菜作物。利用方向应以农为主，农、牧、林、副相结合。为更好地发挥本地的资源优势，改良利用意见：①搞好农田基本建设，排涝除涝，搞好排水渠道建设。对已有的水渠工程进行清沟除淤，降低地下水位，排除耕层滞水。②加强耕作，采取深松或超深松，加深耕作层，改善土壤透水性差的不良性状，促进上层滞水渗透，改良"哑巴涝"。促进土壤熟化，采用松、翻、耙耕作制度，施行合理轮作、轮耕、轮施肥制度，改良土壤不良性状，协调土壤肥力"四性"，促进土壤潜在肥力的有效化。③用地养地结合，增肥改土。开垦久的土壤要增施有机肥、种植绿肥、培肥地力，在黑朽土上要增施有机肥，可有效改良黏朽性质，种植深根系绿肥如草木栖，利用强大根系的穿插力，改良土壤的透水性，对治理"哑巴涝"有良好作用。④合理增施化肥。在肥力低的老耕地上，氮磷兼施，合理配合；在肥力较高的新垦耕地上适当增施磷肥。对碳酸盐草甸土宜施酸性肥料。⑤在有条件的地方，可利用较丰富的地下水资源，发展井灌水稻，变旱作内涝的不利条件为水田的有利条件。

（2）兴隆岗草甸土、黑土亚区。该亚区位于兴隆岗镇境内，包括东风林场一部分。面积占该区面积的 27.7%。地貌类型主要包括贯穿东西的兴隆、大兴的低平地，海拔 57～60 m，相对高度 3 m 左右。地上水和地下水资源丰富，地上水资源主要有内、外七星河、挠力河。

自然植被：为柞、杨、桦树林及草甸植被。气候条件属于温凉易涝区，降水较多，成土母质为在一级阶地上沉积了较细的河湖相黏土物质。

土壤类型：以草甸土为主，其次是黑土，其中以碳酸盐草甸土面积最多，黑土层较厚，多为中、厚层，土壤潜在肥力高，土壤水分多、黏重、不透水、土壤冷浆，春季土温低，速效养分少，作物易贪青晚熟，受早霜威胁。在农业上，该亚区粮食单产是富锦市最高的，是粮豆的重点产区。在利用方向上宜以农为主，农、林、牧、副结合。充分发挥该亚区地势平坦、土质肥沃、水源充足的优势。

改良利用意见：①加强水利工程建设，重点发展旱作农业，大力建设旱能灌、涝能排、灾能抗、土质肥沃，高产稳产的旱作农田。②该区分布面积较大的碳酸盐草甸土经开垦后，如用地养地失调，将演变为碱性黑朽土，这类土壤黏朽，最易发生"哑巴涝"和碱化。在改良利用上应加强排水，降低地下水位，防除内涝。③合理耕作，增施粪肥，间种绿肥，培肥地力，巧施化肥，利用本地的泥炭资源改土。虽然该区肥力较高，如果用地养地失调，势必导致肥力下降。所以，应采取合理耕作施肥制度，用养结合，保持和提高土壤肥力。④鉴于该区的自然优势，从长远看，在建设旱作农业高产农田基础上，农、林、牧、副结合，利用该区水源丰富，草场长势繁茂的优势，大力发展畜牧业。

（3）宏胜草甸土、白浆土亚区。该亚区位于宏胜镇境内，面积占该区面积 14.7%。区内地形低平，海拔 55.5~61 m，相对高度 5.5 m。地上水和地下水资源丰富，地上水主要有内、外七星河及泡沼散布，地下水位较高，为 1.5~3 m，贮水量较丰富。

自然植被以小叶樟为主的草甸植被，在较高处有柞、杨等阔叶林。气候条件属于温凉湿润易涝区，气候因素和成土母质与兴隆岗亚区基本相近。

土壤类型：主要有草甸土和白浆土（分别为白浆化草甸土和草甸白浆土），黑土层多为薄、中层。土壤表层肥力较高，但由于白浆层（白浆化层）养分贫瘠，所以土壤潜在肥力低于兴隆岗亚区。农业生产存在的主要问题是地形低平、排水不良、土壤水分较多、易内涝，土质黏重、春季冷浆、作物易贪青晚熟、受早霜威胁。往往因客水侵入，遭受洪水灾害。

改良利用方向：①以农为主，农、牧、林结合。农业应以旱作农业为主，适宜种植小麦、大豆、玉米、甜菜等作物，有条件的地方可利用地平、水源充足的优势，水旱兼作。在不适宜农作区，利用草场优势，大力发展畜牧业。②排水除涝，防止洪水侵入。首先应修筑挡水工程以防洪水。同时兴修排水工程，疏通排水通道，加强耕作措施，如深松，排除内涝。③加强耕作，深松改土，增施有机肥，巧用化肥。该亚区白浆化黑土层只有 20 cm 左右，白浆层贫瘠，因此，要大力推广深松，打破白浆层，逐步加深耕作层，改善土壤的通透性，防止把白浆层翻上来。化肥施用要因土制宜，氮磷钾配合。

5. 东南部低洼沼泽土区

该区位于头林至永福一带及兴隆岗西部、宏胜南部等地，占总面积 23%。

地势低洼，海拔 55.5~57.5 m，头林至永福一带较高，为 56~57.5 m，兴隆和宏胜较低，为 55.5~56.5 m。雨季积水或长年积水，多呈多边形，不规则形和线形洼地。坡状起伏岗、洼相间分布的微地貌，起到了大气降水的再分配作用，形成不同类型的洼地沼泽，湿草甸子。由于排水不畅，流水滞缓，有的为滞洪区，所以沉积物黏重、质地细，透水性极弱。地下水位高，沼泽化过程强烈。自然植被为小叶樟—杂草—沼柳、小叶樟—沼柳及小叶樟—芦苇等群落。

该区的土壤类型主要是沼泽土和沼泽化草甸土，沼泽土以草甸沼泽土为主，其次是泥沼泽土。

根据所处位置及开发利用方向，该区可分 3 个亚区：头林—永福沼泽土、沼泽化草甸土亚区，占该区面积 79.1%；兴隆南部沼泽土亚区，占该区面积 10.1%；宏胜南部沼泽土亚区，占该区面积 10.8%。

利用方向应以牧、副为主，牧、副、农、渔结合。经排水除涝，部分沼泽草甸土可垦为农耕地，大部分荒地应发展畜牧业，养牛及养羊等；在常年积水的地方，可经过改造，发展养鱼。

6. 北部沿岸泛滥草甸土区

该区位于松花江南岸，包括原富民、大榆树、西安、上街基 4 个乡沿江一带。占市属面积的 4.2%。

地貌类型：以河漫滩和低阶地为主，间有波状缓岗，海拔高度 55~59 m。地上水和地下水皆丰富，水源条件好。地下水位较高，春旱较轻，由于地势低平，易受泛滥洪涝。

土壤类型：以泛滥草甸土为主，母质为泛滥冲积物，土质轻、沙性大，土体中夹有粗沙，保水、保肥性差。黑土层较薄，潜在肥力不高，有效性高，土热潮。

该区根据利用方向和所处位置可分2个亚区，分述如下。

（1）上街基泛滥草甸土亚区。该亚区位于富锦市至原西安乡的道路以北，沿江一带，占该区面积的46.3%。地貌类型为河漫滩，地势低平，沟塘相间分布，易受洪水泛滥威胁。地下水位高，0.5~1.0 m，水资源较丰富。生长繁茂的小叶樟、杂类草为主的草甸植被。土壤以冲积母质上发育的泛滥地草甸土（包括泛滥土）为主，土质热潮，养分有效程度较高。由于地势低平，易受洪水威胁，既保证不了收成，又破坏了草甸植被和柳树灌丛等。

为充分发挥本地的资源优势，利用改良方向：①农、牧、林结合，做到宜农则农，宜牧则牧，宜林则林，对已开垦的农田，要根据效益情况，不适宜农耕改种植牧草，优化再生草场。对现有未开垦的草场，凡不宜开垦的要严禁毁草开荒，保护好草场资源。并营造以防堤林为主的护堤林，插柳植杨等。②发展水田，利用该区水源充沛，地势平坦的优势，发展提水种稻。

（2）大榆树—富民泛滥地草甸土亚区。该亚区位于原大榆树和富民乡北部，防洪堤南北一带。占该区面积53.7%。

地貌类型：为河漫滩，岗洼相间分布，海拔55~59 m，相对高差4 m。堤北区内沟塘散布，地表水充沛，地下水位较高，0.3~1 m，水资源丰富。坝南地势较高，大部分已垦为耕地。自然植被以小叶樟等温湿草甸植被为主。土壤以泛滥冲积物上发育的草甸土为主，黑土层较薄，速效磷含量较低

改良利用上要做到：利用本地繁茂的草场，充足的水源条件，发展畜牧业。对未开垦的草场，要保护好，对已开垦的草场，根据利用效益，不适宜农作的，要逐步退耕还草，种植牧草，发展养牛、养羊，建设牧业基地。

第八章 富锦市耕地地力调查与平衡施肥专题调查报告

第一节 概 况

20世纪60年代以前，富锦市耕地主要依靠有机肥来维持作物生产和保持土壤肥力，作物产量不高，70—80年代，仍以有机肥为主、化肥为辅，化肥主要靠国家计划拨付，80年代以后，随着化肥在粮食生产中作用的显著提高，化肥开始大面积推广应用，而施用有机肥的耕地面积和数量逐年减少。随着化肥大量和不合理的施用，富锦市耕地地力明显减退，土壤有机质含量已由垦初的12%下降到现在的平均不到4%，而且土壤养分失调，作物产量和品质下降，有些地块的作物开始出现缺素症状，如大豆缺铁、玉米缺锌的地块逐渐增多，而且化肥的大量和不合理施用也导致了耕地土壤板结、理化性质变差、耕地环境被污染，制约了土地生产力水平的发挥和提高，制约了富锦市农业生产和农村经济的发展，如何施用好肥料，既促进粮食增产，又不导致耕地土壤地力改变或板结下降，保护好耕地土壤环境，用养结合，节本又增加效益，这就需要运用耕地地力调查的结果，运用平衡施肥技术，根据不同作物、目标产量、耕地地力条件和作物需肥规律，行之有效的给作物施肥，使肥料发挥最大性能，维持农业可持续发展。

一、开展专题调查的背景

（一）富锦市肥料应用的历史

富锦市土地垦殖已有160多年的历史，肥料应用也有近50年的历史，从历史年代来看富锦市应用肥料的发展过程。

20世纪50年代，推广肇源丰产经验开始施用农家肥。从1955年开始，富锦市各农业社建立了专人、专马、专车积肥组，使积肥、施肥有了发展。主要肥料是牛马粪、房框土、大坑底子等肥料，比较粗糙，另一种是细肥，主要以人粪尿、炕洞子灰和牛羊粪混合发酵而成的粉碎细肥，多做掩肥和追肥。富锦市使用化学肥料的历史较短，只是1938年在上街基的劝业农场有少量使用。新中国成立后，1950年才开始推广到农村，当年化肥用量才60 t，1956年化肥用量稍有增加，为67 t，也没有引起人们的更大重视。主要的化学肥料有硝酸铵、硫酸铵、亚铁、硼镁肥等。几种化肥使用情况：硫铵多用于水田和蔬菜，其次是玉米、高粱、谷子，因是速效肥料，多用于追肥。硝铵含氮较多，适合幼苗生长期追肥用，根瘤菌用于大豆，磷细菌用于小麦。

20世纪60年代，随着耕地面积的增加，施肥数量也有所增加，但还是以农肥为主，化肥的施用只是在小面积示范试验阶段。

20 世纪 70 年代，由于土壤肥力下降，影响了粮豆单产的提高，大部分社、队开始大量施用农肥做底肥，全县每年有 90 万~100 万立方米的农肥施入土壤中，化学肥料也开始大量施用，每年施氮、磷化肥 3 500 t 左右，部分先进社队基本做到了三年一茬底肥，对恢复和增加土壤肥力起到了一定的作用。

20 世纪 80 年代。这个时期是农肥、化肥比例变化最大的时期，80 年代初期以农肥为主，党的十一届三中全会后，农民有了土地的自主经营权，由于化肥在粮食生产中作用的显著提高，农民对化肥逐渐认识，化肥开始被大面积推广应用，施用农家肥的面积和数量逐渐减少。逐年递增，到 1985 年，化肥用量增为 11 554 t，农肥降到 60 万立方米，到 1989 年化肥递增到 1.66 万吨，农肥明显下降到 30 万立方米。

20 世纪 90 年代。化肥用量增长速度极快，品种多样化，农肥用量极少。1990 年，富锦市全年化肥施用量按实物量计算为 20 894 t，其中，氮肥 8 424 t，磷肥 7798 t，钾肥 344 t，复合肥 4 328 t，随着生产水平的提高，肥、药投入不断增加，到 1996 年农用化肥施用量达 38 096 t，其中，氮肥 16 136 t，接近 1990 年用量的 2 倍，磷肥 14 039 t，也接近 1990 年用量的 2 倍，而农肥用量只有钾肥应用上，由于 1993 年以前，农民认为土壤有机质含量高，大多不施用钾肥，但由于随着土地开发的年限逐渐加大，使得土壤中缺钾现象逐年增加，尤其是大豆，所以 1994 年开始农民逐渐加大钾肥用量到 1996 年钾肥用量已达 2 681 t，是 1990 年的 7.8 倍，1997 年进一步突破已达 4 323 t，是 1990 年的 12.6 倍，复合肥的应用到 1996 年也达 4 640 t。

2000 年至今。2000 年化肥应用量 46 000 t，农肥下降到 1 万立方米，到目前只有几千立方米，2001 年化肥应用量 46 739 t，是 1990 年的 2.2 倍，氮肥 1 919 t，是 1990 年的 2.3 倍，磷肥达 15 956 t，是 1990 年的 2 倍，钾肥 4 837 t，是 1990 年的 14.1 倍，复合肥用量 6 752 t 是 1990 年的 1.6 倍，2007 年化肥应用量达 92 000 t。

（二）农肥与化肥在富锦市农业生产历史中施用量的演变

富锦市 20 世纪 50 年代开始施用农肥，农作物的产量和效益都得到了提高，农肥的施入量开始逐年增加，到 70 年代达到顶峰，平均每年约施入 90 万~100 万立方米，1979 年农肥施用量为 96.2 万吨，以后随着化肥逐渐被农民认识和接受，农肥的施用量慢慢减少，1985 年施用量为 66 万吨，1990 年施用量为 32.7 万吨，与 5 年前相比减少一半，1996 年农肥施用量减少为 16.6 万吨，与 1990 年相比又减少一半，到 2000 年农家肥施用量仅为 1.1 万吨，到 2007 年施用农肥的地块在富锦市只是零星分布，只有市郊菜地及上街基、大榆树等镇的经济作物田中施用农家肥，年施用量仅 0.24 万吨。

化肥在新中国成立后开始推广到农村，1950 年富锦市化肥用量才 60 t，以后缓慢发展，到 60 年代还是小面积示范试验，70 年代开始大量施用，到 1979 年施用量为 0.35 万吨，而到 1985 年施用量为 1.6 万吨，6 年的时间里化肥施用量增加了 3.57 倍，1990 年施用量为 2.1 万吨，1996 年施用量为 3.8 万吨，2000 年施用量为 4.6 万吨，与 10 年前相比翻了一番，到 2007 年施用量为 9.2 万吨，与 2000 年比又翻了一番（表 8 -1，图 8 -1）。

表8-1 化肥施用量与农肥统计表 单位：万吨

年度	1979	1985	1990	1996	2000	2007
化肥施用量	0.35	1.6	2.1	3.8	4.6	9.2
农肥用量	96.2	66.0	32.7	16.6	1.1	0.24

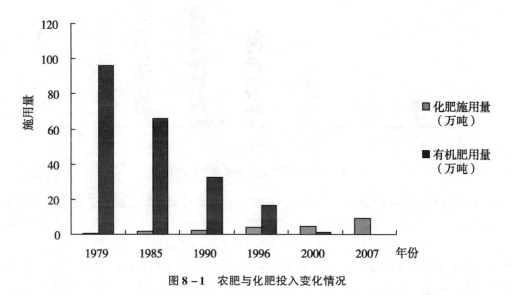

图8-1 农肥与化肥投入变化情况

（三）富锦市化肥肥效与粮食产量关系分析

富锦市化肥施用量与粮食总产对应如表8-2所示。

表8-2 化肥施用量与粮食总产统计表 单位：万吨

年份	1979	1985	1990	1995	2000	2007
化肥施用量	0.35	1.6	2.1	3.2	4.6	9.2
粮食总产	16.7	18.3	35.1	60.5	77.4	117.9

从1979年以来，随着化肥肥料投入的增加，以农家肥为主过度到以化肥为主导，并且化肥用量连年大幅度增加，农家肥用量大幅度减少，粮食产量也连年大幅度提高（图8-2）。

二、开展专题调查的必要性

土地是人类生存和社会发展的基础，随着人口的增长，人均耕地面积越来越少，农业资源承载力也越来越重，生态环境日益恶化，土地资源的退化加速，大量化肥残渣的存在使土壤中毒和酸化现象日趋严重，导致土壤营养流失，肥力衰退，环境质量不断恶化，造成环境污染和生态破坏。因此，实施平衡施肥，即根据土壤的供肥性能、作物需肥规律和肥料效应，在有机肥为基础的条件下，合理供应和调节作物必需的各种营养元素，以满足作物生长发育的需要，达到提高产量、改善品质、减少肥料浪费和防止环境污染的目的，才能最终维持农业可持续发展。

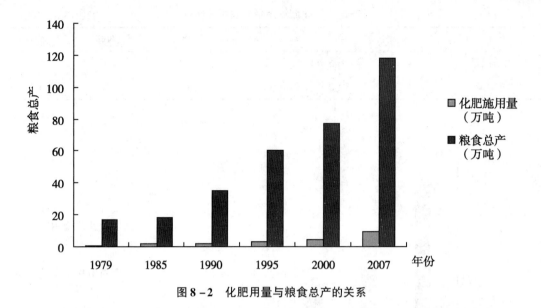

图 8-2　化肥用量与粮食总产的关系

（一）提高作物经济产量和生物产量，在提高耕地质量的同时，保证了粮食生产安全

通过土壤养分测定，根据作物需要，正确确定施用肥料的种类和用量，可增加作物的经济产量和生物产量，改善土壤理化性状，提高易耕性和保水性能，保持和增加土壤孔隙度和持水量，避免板结情况的发生，增强土壤养分供应能力，使作物获得持续稳定的增产，从而保证粮食生产安全。

（二）改善农产品品质

农产品品质包括外观、营养价值（蛋白质、氨基酸、维生素等）、耐贮性等，都与作物施肥有密切关系。施肥对农产品品质产生正面影响还是负面影响，取决于施用方法。过多地施用单一化肥，会对农产品品质产生负面影响。但如果能够平衡施肥，则会促进农产品品质的提高。如氮磷配施能提高糙米中蛋白质含量；施钾后茶叶中茶多酚、茶氨酸含量提高。钾对水果、蔬菜中糖分、维生素 C、氨基酸等物质的含量和耐贮性、色泽等都有很大影响。

（三）确保农产品安全

随着中国加入 WTO 对农产品提出了更高的要求，农产品流通不畅就是由于质量低、成本高造成的，农业生产必须从单纯的追求高产、高效向绿色（无公害）农产品方向发展，这对施肥技术提出了更高、更严的要求，例如控制硝酸盐的过多积累，是无公害农产品生产的关键。农产品中硝酸盐超标主要是过量施用氮肥所致，而合理施肥可大大降低硝酸盐含量，因此，平衡施肥，能有效控制硝酸盐积累，实现优质高产。

（四）降低农业生产成本，增加农民收入

肥料在农业生产资料的投入中约占 50%，但是施入土壤的化学肥料大部分不能被作物吸收，未被作物吸收利用的肥料，在土壤中发生挥发、淋溶，被土壤固定。因此，提高肥料利用率，减少肥料的浪费，对提高农业生产的效益至关重要。

（五）节约资源，保证农业可持续发展

采用平衡施肥技术，提高肥料的利用率是构建节约型社会的具体体现。据测算，如果氮肥利用率提高 10%，则可以节约 2.5 亿立方米的天然气或节约 375 万吨的原煤。在能源和资源极其紧缺的时代，进行平衡施肥具有非常重要的现实意义。

（六）减少污染，保护农业生态环境

不合理的施肥会造成肥料的大量浪费，浪费的肥料必然进入环境中，造成大量原料和能源的浪费，破坏生态环境，如氮、磷的大量流失可造成大气的富养分化。由于平衡施肥技术考虑了土壤、肥料、作物三方面的关系，考虑了有机肥与无机肥的配合施用，考虑了无机肥中氮、磷、钾及微量元素的合理配比，因此，作物能均衡吸收利用养分，提高了肥料利用率，减少了肥料流失，使施入土壤中的化学肥料尽可能多的被作物吸收，尽可能减少在环境中滞留，对保护农业生态环境也是有益的。

第二节　调查方法和内容

一、成立专题调查组

为了保证本次专题调查工作的质量，由农业技术推广中心主任担任组长，由 3 名副主任作片长带领全体推广中心技术人员 20 名，组成 3 个工作小组，分三片展开工作，每组负责 3~4 个乡（镇），由各镇政府部门配合深入各采样村，共同完成调查任务。

二、技术路线

依据布置地力评价的采样点，由专题调查组到采样点所属的行政村屯，逐户调查，详细调查农户施肥情况，对地块不是户主而是承包出去的，要对承包户调查，不能漏掉任何一个采样点。调查同时搞好记录，回到单位填写施肥调查表。

三、调查内容

对农户详细调查施肥情况，有无施农家肥或有机肥，如施农家肥，要调查农户是牲畜过圈肥、秸秆肥、堆肥、沤肥、绿肥、沼气肥中的哪种农家肥，如施有机肥，要调查是有机肥还是有机无机复合肥；化肥使用情况，要弄清楚肥料的种类，是单质肥还是复合肥还是复混肥，不仅要调查大量元素氮、磷、钾肥料的施用情况，也要调查微量元素肥料的施用情况。所有肥料都要调查用量及施用方法，购买肥料的价格。同时借此机会大力宣传测土配方施肥技术。

第三节　专题调查的结果与分析

一、耕地肥力状况调查结果与分析

（一）对采样点的理化性状分析

此次耕地地力调查与质量评价工作，对采样点的有机质、全磷、全钾、速效磷、速效钾、有效锌、有效铁、有效锰等进行了分析（表 8-3）。

表 8 - 3　富锦市耕地养分含量平均值

项目	有机质 （g/kg）	全磷 （g/kg）	全钾 （g/kg）	速效磷 （mg/kg）	速效钾 （mg/kg）	有效锌 （mg/kg）	有效铁 （mg/kg）	有效锰 （mg/kg）
平均值	42.59	18.99	18.99	20.27	180.32	1.32	4.99	14.06
变辐	0.6 ~ 191.6	8.15 ~ 31.42	8.15 ~ 31.42	1.6 ~ 135.4	33 ~ 180.32	0.01 ~ 11.41	1.16 ~ 8.55	1.22 ~ 37.03

（二）根据评价后的结果对耕地的理化性状分析

依据此次采样点调查结果，结合地理信息系统的分析，对耕地的理化性状分析如下。

1. 有机质

根据评价结果分析，富锦市耕地土壤有机质含量总的分布趋势是南部高，东、西部低。有机质平均含量为 43.2 g/kg，最大值为 94.9 g/kg，最小值为 30.0 g/kg，极差值为 35.7 g/kg。与 1984 年相比，有机质含量水平明显下降，下降 19.67 个百分点，1 级水平有机质含量 > 60 g/kg 的耕地面积为占富锦市耕地总面积的 21.5%，1984 年占耕地总面积的 47.6%，2008 年比 1984 年下降了 26.1%；2 级水平有机质含量 40 ~ 60 g/kg 的耕地面积占富锦市耕地总面积的 33.1%，1984 年占耕地总面积的 37.1%，2008 年比 1984 年增加了 4%；3 级水平有机质含量 30 ~ 40 g/kg 的耕地面积占富锦市耕地总面积的 26.2%，1984 年占耕地总面积的 11.95%，2008 年比 1984 年增加了 14.25%；4 级水平有机质含量 20 ~ 30 g/kg 的耕地面积占富锦市耕地总面积的 12.9%，1984 年占耕地总面积的 6.24%，2008 年比 1984 年增加了 6.66%；5 级水平有机质含量 10 ~ 20 g/kg 的耕地面积占富锦市耕地总面积的 2.3%，1984 年占耕地总面积的 1.11%，2008 年比 1984 年增加了 1.19%。1 级水平有机质含量的耕地面积严重下降，有机质含量 3 级、4 级水平的耕地面积增加。通过这次调查说明，第二次土壤普查到现在的二十多年有机质已严重下降。

水旱田的有机质含量进行对比，旱田比水田略高些，旱田的有机质含量平均值是 45.72 g/kg，水田有机质含量平均值是 42.16 g/kg，旱田比水田高 3.56 g/kg；旱田有机质最大值比水田高 9.6 g/kg，旱田有机质最小值比水田低 9.6 g/kg，有机质极差值旱田比水田多 1.22 g/kg。

2. 碱解氮

根据评价结果分析，富锦市耕地碱解氮总体分布趋势是南部高，东、西部低，含量较高的土壤主要是沼泽土和白浆土。富锦市耕地碱解氮平均值为 168.9 mg/kg，最大值为 288.49.3 mg/kg，最小值为 111.85 mg/kg，与 1984 年碱解氮平均含量 171.8 mg/kg 相比，碱解氮含量水平相差不多，下降 1.7 个百分点。碱解氮含量 > 200 mg/kg 即 1 级水平的耕地，2008 年面积为 77 924.99 hm²，占耕地总面积的 26.9%，1984 年占耕地总面积的 44.3%，2008 年与 1984 年相比，减少了 17.4%，说明碱解氮高含量水平的耕地面积明显下降；碱解氮含量 150 ~ 200 mg/kg 即 2 级水平的耕地，2008 年面积为 144 899.94 hm²，占耕地总面积的 50.02%，1984 年占耕地总面积的 28.12%，2008 年与 1984 年相比，增加了 21.9%；碱解氮含量 120 ~ 150 mg/kg 即 3 级水平的耕地，2008 年面积为 64 165.01 hm²，占耕地总面积的 22.15%，1984 年占耕地总面积的 16.3%，2008 年与 1984 年相比，增加了 5.85%；碱解氮含量 90 ~ 120 mg/kg 即 4 级水平的耕地，2008 年面积为 2 694.06 hm²，占耕地总面积的 0.93%，2008 年与 1984 年相比，减少了 5.85%；2008 年的耕地碱解氮含量没有 90 mg/kg

以下的，说明碱解氮极低含量水平的耕地面积很少。

水旱田的碱解氮含量对比，旱田比水田 6.06 mg/kg，旱田的碱解氮平均含量是 175.1 g/kg，水田碱解氮平均值是 16.04 mg/kg；旱田碱解氮含量最大值比水田高 10.95 mg/kg，旱田碱解氮含量最小值比水田低 9.6 g/kg，旱田碱解氮极差值比水田多 13.23 mg/kg。

3. 速效磷

根据评价结果分析，有效磷总体分布趋势是南部稍高，东部稍低，含量较高的土壤主要是沼泽土和白浆土。有效磷平均值为 20.49 mg/kg，最大值为 45.9 mg/kg，最小值为 6.6 mg/kg。由平均值看，富锦市目前土壤中的磷元素含量属中等水平。此次调查与第二次土壤普查 1984 年时相比，第二次土壤普查时有效磷平均含量为 27 mg/kg，现在的耕地有效磷平均含量为 20.49 mg/kg，2008 年比 1984 年降低了 6.51 mg/kg，原因是磷肥进入土壤后，除被作物吸收利用部分外，其余部分被土壤固定，成为有效磷检测法检测不到的固定或闭蓄态磷。

从分级水平看，有效磷含量 >100 mg/kg 即 1 级水平的耕地，2008 年没有，1984 年占耕地总面积的 1.8%，40~100 mg/kg 即 2 级水平的耕地，2008 年面积为 260.72 hm²，占耕地总面积的 0.09%，1984 年占耕地总面积的 10.6%，2008 年与 1984 年相比，减小了 10.51%；20~40 mg/kg 即 3 级水平的耕地，2008 年面积为 146 232.48 hm²，占耕地总面积的 50.48%，1984 年占耕地总面积的 31.2%，2008 年与 1984 年相比，增加了 19.28%；10~20 mg/kg 即 4 级水平的耕地，2008 年面积为 137 860.61 hm²，占耕地总面积的 47.59%，1984 年占耕地总面积的 27.2%，2008 年与 1984 年相比，减少了 20.39%；5~10 mg/kg 即 5 级水平的耕地，2008 年面积为 5 330.19 hm²，占耕地总面积的 1.84%，1984 年占耕地总面积的 27.0%，2008 年与 1984 年相比，减少了 25.16%；有效磷含量 6、7 级即 3~5 mg/kg 及小于 3 mg/kg 的耕地已没有。有效磷含量极高水平的耕地已没有，2 级水平的耕地与 1984 年相比，所占面积比例减少了很多，大部分有效磷养分含量的耕地都集中在 3 级水平即 20~40 mg/kg，4 级水平 10~20 mg/kg 的耕地比例也很高，5~10 mg/kg 的比例极小。此次调查结果说明，目前有效磷整体水平在二十多年间变化很大，第二次土壤普查时有效磷含量极高水平和极低水平的耕地所占比例都很大，如 5~10 级水平占 27%，目前这个有效磷含量水平的耕地已很少，以 20~40 mg/kg 水平的耕地较多，现在的土壤已不缺磷，甚至有些耕地由于二铵施用过多，磷已出现过剩。

水旱田的有效磷含量相差不多，水旱田的有效磷含量对比，旱田比水田 0.92 mg/kg，旱田的有效磷平均含量是 20.78 g/kg，水田有效磷平均值是 19.86 mg/kg；旱田有效磷最大值比水田高 7 mg/kg，旱田有效磷最小值比水田低 0.1 g/kg，旱田有效磷极差值比水田多 7.1 mg/kg。

4. 速效钾

根据评价结果分析，富锦市耕地土壤速效钾平均含量为 195.0 mg/kg，最高值为 416 mg/kg，最小值 52 mg/kg，土壤速效钾总体分布趋势是南部地区高，东部地区低，含量较高的土类主要是沼泽化草甸土、碳酸盐草甸土、平地草甸土、草甸黑土、黏底黑土，含量较低的土类主要是沙底黑土、白浆土、泛滥地草甸土。

从各含量等级养分水平看，>200 mg/kg 即 1 级水平的耕地，2008 年面积为 146 095.74 hm²，占耕地总面积的 50.43%，1984 年占耕地总面积的 55.4%，2008 年与 1984 年相比，降低了 4.97%，说明速效钾高含量水平的耕地面积明显下降；150~200 mg/kg 即 2 级水平的耕地，

2008 年面积为 65 663.29 hm²，占耕地总面积的 22.67%，1984 年占耕地总面积的 12.6%，2008 年与 1984 年相比，增加了 10.07%；100~150 mg/kg 即 3 级水平的耕地，2008 年面积为 49 020.67 hm²，占耕地总面积的 16.92%，1984 年占耕地总面积的 19%，2008 年与 1984 年相比，下降了 2.08%；≤100 mg/kg 即 4 级水平的耕地，2008 年面积为 28 904.30 hm²，占耕地总面积的 9.98%，2008 年与 1984 年相比，下降了 3.02%。此次调查结果说明，第二次土壤普查到现在的二十多年速效钾养分含量已下降，目前富锦市速效钾处于中等水平。

水旱田的速效钾相差不多，水旱田的速效钾含量对比，旱田比水田 5.82 mg/kg，旱田的速效钾平均含量是 197.75 mg/kg；水田速效钾平均值是 191.93 mg/kg；旱田速效钾最大值比水田高 38 mg/kg，旱田速效钾最小值比水田低 5 mg/kg，旱田速效钾极差值比水田多 43 mg/kg。

第四节　施肥方面存在的问题

科学施肥是提高作物产量、改善品质、降低生产成本的重要因素，但目前富锦市普遍存在盲目施肥的现象，主要根据往年的习惯和肥料市场价格来施肥，造成施肥上存在以下问题。

一、重化肥，轻有机肥，化肥的用量不够

由于生产条件的改善，投入能力的提高和化肥施用的简捷方便，以及富锦市养殖场数量少，规模小，农村养殖牲畜也大量减少，使得粪肥资源不足。导致了农民重化肥轻农肥，认为农肥可有可无，因而大田几乎不施农肥。其他有机肥应用很少，秸秆还田也只有连片玉米地，机械还田一部分，也很少，绿肥的种植面积也非常少，只有 3 万亩，商品有机肥用量也很少。

二、施肥方法不当，肥料利用率降低

（一）底肥问题

富锦市大部分旱田都不进行分层施肥，只是一次性施入口肥，并且深度不够，易造成作物中后期脱肥。富锦市的农机具以小四轮为主，施肥的深度，最多只能施到耕层 8 cm 处，大部分只能施到耕层 3~5 cm，做不到深施肥，造成肥料利用率低，这种施肥方法，如果施用的肥料是尿素，由于在土壤中分解的最终产物是碳酸铵，碳酸铵很不稳定，在土壤或土壤表面分解形成游离氮，易挥发损失；而施磷肥，由于磷元素移动性特别差，只施表层，到作物生长中后期，作物的根系已经扎下去了，而磷肥还在上面，利用不上，造成浪费。

（二）追肥问题

富锦市作物根部追肥，主要以尿素为主，尿素易挥发，在土下 10 cm 以下，才不易挥发，由于富锦市追肥的深度都不够，大部只有 3~5 cm，普遍存在施尿素过浅，肥料很大部分都浪费，追肥一般结合趟二遍地，所以要尽量趟得深一些。关于玉米追肥，除了深度不够外，还有两个问题，一是玉米不追肥，造成玉米生长中后期脱肥；二是追肥与底肥比例的问题，有的农民为了防止烧苗，施底肥时，不施尿素，只在追肥时，一次施入，造成苗期玉米缺氮，中后期玉米节间伸长，易倒伏。

三、施肥结构不合理

（一）氮磷钾比例问题

富锦市农民在施肥上存在很大误区，氮磷钾比例失调严重。在大豆上磷肥施用量过大，氮钾施用量偏少，造成氮磷钾比例不合理，有很多地方施用五氧化二磷每公顷用量高达76 kg，而钾用量很低，大部每公顷只施氧化钾 16.5 kg；玉米也存在钾肥投入量不足，玉米植株高大，需钾量大，富锦市大部农民每公顷也只施氧化钾 16.5 kg 左右，用量不够，造成玉米易倒伏；水稻存在钾肥施用量不足，而氮肥施用量过大，有些农户甚至每公顷施入尿素 400～500 kg，不仅造成氮素浪费，而且使得水稻稻瘟病加重，水稻品质下降。

（二）钾肥施用问题

富锦市施用钾肥存在很大误区，在钾肥的应用上存在两大问题：一是钾肥用量不够，二是钾肥应用方法不正确。由于销售生物钾利润远远大于硫酸钾或氯化钾等化学钾肥，因此富锦市有很多商家，都大力宣传施钾时，只施用生物钾，不施硫酸钾或氯化钾。另外，由于施用颗粒生物钾，播种时易下肥，而硫酸钾相对有些发黏不易下粒，因此有些农民也喜欢施用生物钾，使得只施用生物钾的不科学施肥方法现象逐渐增多。生物钾只是可以分解转化土壤中含钾物质，使土壤中固定的钾被释放出来，为植物可吸收选用的钾元素，但生物钾本身并不含有钾，如果土壤中没有钾就不能分解，富锦市的土壤中含钾量虽然较为丰富，但还没有达到可以只施生物钾的程度，有很多地块甚至缺钾，二龙山、向阳川、大榆树这 3 个镇都是缺钾地区，只用生物钾释放土壤中的有效钾，用量根本不够，生物钾只能代替一部分钾肥而不能代替全部钾肥，必需要另外施用硫酸钾或氯化钾。

（三）微量元素施用不当

中微量元素在作物生长、发育中的作用不可忽视，在满足作物氮磷钾需求的前提下，根据不同作物、不同生长期及时补充中微量元素也是确保高产、优质的必要条件。目前，富锦市对微肥的使用普遍存在问题，有人认为没用，干脆不用，有的虽然施用，但很大一部分施用不合理，尤其是叶面肥，不知道哪种作物应选用哪种叶面肥，也不知道什么样的叶面肥是好的，盲目购买。

第五节　平衡施肥规划和对策

一、平衡施肥规划

根据此次对富锦市的耕地现状的调查结果，结合富锦市生产实际，制定平衡施肥总体规划。

（一）耕地肥力水平的划分

根据各类耕地的肥力水平评定等级标准，把富锦市各类耕地划分为 3 个区：高肥力区，主要集中在一级地耕地；中肥力区，包括二级地和三级地耕地；低肥力区，主要在四级地耕地。

（二）三种水平肥力区所处耕地的现状

1. 一级地

一级地所处地形条件：高平地、缓坡地，坡度 <5°，基本无侵蚀现象；土壤类型及养分状况：黑土、草甸黑土，黑土层 20 cm 以上，有机质含量在 40 g/kg 以上（二级以上），供肥能力较好。利用现状及植被类型耕地、荒地植被杂类草草甸，五花草塘及小叶樟草甸等；无明显限制因素；易于改造改良成本较低，增施有机肥。一级地耕层深厚，大多数在 20 cm 以上，团粒结构较好，质地适宜。保肥性能好，抗旱排涝能力强，适于种植各种作物，产量水平高。一级地主要分布在兴隆岗镇、头林镇、锦山镇、宏胜镇，一级地面积最大的镇是兴隆岗镇。一级地土壤类型主要有：黑土、草甸土、白浆土、沼泽土，以黑土类面积最大，一级地的土壤类型没有暗棕壤、水稻土、泥炭土类。

一级地土壤理化性状较好，有机质平均含量为 58.8 g/kg，范围为 34.7～85.3 mg/kg；碱解氮平均为 196.3 mg/kg，范围为 126.8～276.5 mg/kg；有效磷平均为 21.7 mg/kg，范围为 9～38.8 mg/kg；速效钾平均为 233.3 mg/kg，范围为 115～393 mg/kg；有效锌平均为 1.43 mg/kg，范围为 0.62～3.47 mg/kg；土壤酸碱度平均为 6.8，pH 范围在 5.7～7.9（表 8－4）。

表 8－4　一级地理化性状统计表

项目	平均值	最大值	最小值
有机质（g/kg）	58.8	85.3	34.7
碱解氮（mg/kg）	196.3	276.5	126.8
有效磷（mg/kg）	21.7	38.8	9
速效钾（mg/kg）	233.3	393	115
有效锌（mg/kg）	1.43	3.47	0.62
pH	6.8	7.9	5.7

2. 二级地

二级地所处地形条件：平地、低平地；土壤类型及养分状况：草甸土、碳酸盐草甸土、白浆化草甸土，有机质含量在二级以上，供肥能力较好。利用现状及植被类型耕地、荒地植被小叶樟为主的草甸植被群落；限制因素：黏重、内涝、冷浆；改良措施是兴修一定的排涝工程。保肥性能较好，抗旱排涝能力相对较强，基本适于种植各种作物，产量水平较高。二级地主要分布在锦山镇、兴隆岗镇、宏胜镇、长安镇、头林镇、砚山镇，这几个镇占本镇面积都超过 80%，说明富锦市的土壤以二级地居多，二级地面积最大的镇是锦山镇。二级地土壤类型主要有黑土、草甸土、白浆土、沼泽土、暗棕壤，以草甸土类面积最大，二级地没有水稻土、泥炭土类。二级地土壤有机质平均含量为 49.9 g/kg，比一级地的值低 11.1 g/kg，范围为 25.7～92.4 g/kg，最小值比一级地的值低；碱解氮平均为 183 mg/kg，比一级地的值低 13 mg/kg，范围为 114.1～287.5 mg/kg，最小值比一级地的值低；有效磷平均为 22.4 mg/kg，比一级地的值高 0.7 mg/kg，范围为 7.6～45.9 mg/kg，最小值及最大值比一级地的值低，说明在富锦市土壤有效磷含量超过 21.7 mg/kg，就不影响作物产量；速效钾平均含量为

222.5 mg/kg，比一级地的值低 10.8 mg/kg，范围为 81～416 mg/kg，最小值及最大值比一级地的值低；有效锌平均含量为 1.34 mg/kg，比一级地的值低 0.9 mg/kg，范围为 0.5～3.78 mg/kg，最小值比一级地的值低；土壤 pH 平均值为 6.69，比一级地的值低 0.11，pH 范围在 5.2～7.9，最小值比一级地的值低（表 8－5）。

表 8－5　二级地理化性状统计表

项目	平均值	最大值	最小值
有机质（g/kg）	49.9	92.4	25.7
碱解氮（mg/kg）	183.0	287.5	114.1
有效磷（mg/kg）	22.4	45.9	7.6
速效钾（mg/kg）	222.5	416	81
有效锌（mg/kg）	1.34	3.78	0.5
pH	6.69	7.9	5.2

3. 三级地

三级地所处地形条件：平地、低平地；土壤类型及养分状况：草甸白浆土、泛滥地草甸土、岗地白浆土、中层白浆化黑土，黑土层有机质含量 30 g/kg 以上。利用现状及植被类型：耕地、荒地植被小叶樟为主草甸群落等。限制因素：白浆层不透水，易受洪涝灾害，改良措施：平地兴建排水设施，岗坡地防止水土流失，增施有机肥。保肥性能较差，抗旱排涝能力相对较弱，适于种植抗逆性强的作物，产量水平较低。三级地主要分布在二龙山镇、向阳川镇、上街基镇、大榆树镇，说明这几个镇的土壤相对较瘠薄，二龙山镇三级地面积分布最大。三级地的土壤类型包括了富锦市的所有七大土类黑土、草甸土、白浆土、沼泽土、暗棕壤、水稻土、泥炭土，以白浆土类面积最大。三级地土壤有机质平均含量为 32.3 g/kg，范围为 19.5～94.9 g/kg；碱解氮平均含量为 151.0 mg/kg，范围为 112.4～275.6 mg/kg；有效磷平均含量为 17.4 mg/kg，范围为 6.6～39.9 mg/kg；速效钾平均含量为 143.0 mg/kg，比一、二级地的含量低，范围为 52～354 mg/kg，最小值及最大值均比一、二级低；有效锌平均含量为 1.09 mg/kg，比一、二级地的含量低，范围为 0.35～3.78 mg/kg，最小值比一、二级地的低；土壤 pH 平均值为 5.9，pH 值范围在 5.2～8（表 8－6）。

表 8－6　三级地理化性状统计表

项目	平均值	最大值	最小值
有机质（g/kg）	32.3	94.9	19.5
碱解氮（mg/kg）	151.0	275.6	112.4
有效磷（mg/kg）	17.4	39.9	6.6
速效钾（mg/kg）	143	354	52
有效锌（mg/kg）	1.09	3.78	0.35
pH	5.9	8	5.2

4. 四级地

四级地是富锦市最差的地力，在所处地形条件：低平洼地；土壤类型及养分状况：沼泽化草甸土、潜育白浆土、泛滥地草甸土、沼泽土、水稻土，土壤黏重过湿，土壤养分贮量丰富，有机质 10 g/kg 以上。利用现状及植被类型：荒地植被为草甸沼泽及沼泽。修建排水工程和防洪堤。结构较差，多为质地不良、保肥性能差，抗旱排涝能力差，适于种植耐瘠薄作物，产量低。富锦市四级地只分布在二龙山镇、向阳川镇、上街基镇、大榆树镇 4 个镇，其他乡镇没有四级地，说明这几个镇有富锦市最瘠薄的耕地。四级地土壤类型主要有黑土、草甸土、白浆土、沼泽土、暗棕壤、水稻土、泥炭土，以水稻土类面积最大，四级地没有泥炭土、暗棕壤土类。

四级地土壤所有相关属性的养分含量都是富锦市最低的，表现缺乏。四级地土壤有机质平均含量为 29.4 g/kg，比一级地的值低 29.4 g/kg，比二级地的值低 20.5 g/kg，比三级地的值低 2.9 g/kg，范围为 17.8 ~ 37.1 g/kg，最小值比一级地、二级地、三级地的值都低；碱解氮平均为 143.5 mg/kg，比一级地的值低 52.8 mg/kg，比二级地的值低 39.5 mg/kg，比三级地的值低 7.5 mg/kg，范围为 111.8 ~ 182.2 mg/kg，最小值及最大值比一级地、二级地、三级地的值都低；有效磷平均为 14.7 mg/kg，比一级地的值低 7 mg/kg，比二级地的值低 7.7 mg/kg，比三级地的值低 2.7 mg/kg，范围为 6.7 ~ 27.9 mg/kg，最大值比一级地、二级地、三级地的值都低；速效钾平均为 133.2 mg/kg，比一级地的值低 100.1 mg/kg，比二级地的值低 89.3 mg/kg，比三级地的值低 9.8 mg/kg，范围为 58 ~ 249 mg/kg，最大值均比一、二级地、三级地的值都低；有效锌平均为 0.92 mg/kg，比一级地的值低 0.51 mg/kg，比二级地的值低 0.42 mg/kg，比三级地的值低 0.17 mg/kg，范围为 0.34 ~ 2.05 mg/kg，最大值比一、二级地、三级地的值都低；土壤 pH 平均值为 5.8，比一级地的值低 1.0，比二级地的值低 0.89，比三级地的值低 0.1，pH 范围在 5.3 ~ 6.6，最大值比一级地、二级地、三级地都低（表 8 - 7）。

表 8 - 7　四级地相关指标统计表

项目	平均值	最大值	最小值
有机质（g/kg）	29.4	37.1	17.8
碱解氮（mg/kg）	143.5	182.2	111.8
有效磷（mg/kg）	14.7	27.9	6.7
速效钾（mg/kg）	133.2	249	58
有效锌（mg/kg）	0.92	2.05	0.34
pH	5.8	6.6	5.3

（三）对各肥力区的施肥建议

1. 高肥力区

大豆可亩施 N 2.7 kg、P_2O_5 3.8 kg、K_2O 2.0 kg，N、P、K 比例为 1:1.41:0.73；玉米可亩施 N 8.9 kg、P_2O_5 3.8 kg、K_2O 3.0 kg，N、P、K 比例为 1:0.43:0.34；水稻可亩施 N 7.1 kg、P_2O_5 3.1 kg、K_2O 3.3 kg，N、P、K 比例为 1:0.43:0.47。

2. 中肥力区

大豆可亩施 N 2.9 kg、P$_2$O$_5$ 4.3 kg、K$_2$O 2.5 kg，N、P、K 比例为 1:1.48:0.86；玉米可亩施 N 11 kg、P$_2$O$_5$ 4.6 kg、K$_2$O 4.0 kg，N、P、K 比例为 1:0.42:0.36；水稻可亩施 N 7.3 kg、P$_2$O$_5$ 3.1 kg、K$_2$O 4.2 kg，N、P、K 比例为 1:0.43:0.57。

3. 低肥力区

大豆可亩施 N 3.0 kg、P$_2$O$_5$ 4.6 kg、K$_2$O 3.0 kg，N、P、K 比例为 1:1.52:0.99；玉米可亩施 N 11.6 kg、P$_2$O$_5$ 4.6 kg、K$_2$O 6.0 kg，N、P、K 比例为 1:0.4:0.52；水稻可亩施 N 7.7 kg、P$_2$O$_5$ 3.1 kg、K$_2$O 5.0 kg，N、P、K 比例为 1:0.4:0.65。

（四）制定三大作物的配方施肥技术指导意见

依据土壤肥力水平，各作物生育特性和需肥规律，提出配方施肥技术指导意见。

1. 大豆平衡施肥技术

根据土壤肥力水平，大豆的生育特性和需肥规律及富锦市农民大豆施肥方法、施肥量，提出配方施肥技术指导意见（表8-8和表8-9）。

表8-8　大豆推荐施肥量参考表　　　　　　　单位：kg/亩

地力等级	实际产量水平	有机肥	N	P$_2$O$_5$	K$_2$O	N、P、K 比例
高肥力区	175	1 300	2.7	3.8	2.0	1:1.41:0.73
中肥力区	155	1 400	2.9	4.3	2.5	1:1.48:0.86
低肥力区	147	1 500	3.0	4.6	3.0	1:1.52:0.99

表8-9　富锦市大豆配方表

碱解氮（mg/kg）	纯 N（kg/亩）	速效磷（P）（mg/kg）	P$_2$O$_5$（kg/亩）	速效钾（K）（mg/kg）	K$_2$O（kg/亩）
<90	3.8~4.0	<4.36	5.5~7	<58.3	6
90~120	3.5~3.8	4.36~13.1	4.5~5.5	58.3~83.3	4.0~6
120~150	3.0~3.5	13.1~19	4.2~4.5	83.3~108.3	3.5~4.0
150~180	2.5~3.0	19~26.2	4.0~4.2	108.3~133.3	3.0~3.5
180~250	2.0~2.5	26.2~39.3	3.5~4.0	133.3~150	2.5~3.0
>250	1.5~2.0	>39.3	3.0~3.5	150~180	2.0~2.5
				>180	1.5~2

2. 玉米平衡施肥技术

根据富锦市土壤肥力水平、玉米种植方式、产量水平，确定富锦市玉米平衡施肥指导意见（表8-10和表8-11）。

表8-10　富锦市玉米推荐施肥量参考表　　　　　　　单位：kg/亩

地力等级	实际产量水平	有机肥	N	P$_2$O$_5$	K$_2$O	N、P、K 比例
高肥力区	620	1 300	8.9	3.8	3.0	1:0.43:0.34
中肥力区	583	1 400	11.0	4.6	4.0	1:0.42:0.36
低肥力区	520	1 500	11.6	4.6	6.0	1:0.4:0.52

表 8 – 11　富锦市玉米配方表

碱解氮 （mg/kg）	纯 N（kg/亩）	速效磷（P） （mg/kg）	P₂O₅（kg/亩）	速效钾（K） （mg/kg）	K₂O （kg/亩）
<90	12	<4.36	6~7	<58.3	9~10
90~120	11~12	4.36~13.1	5.5~6.0	58.3~83.3	7~9
120~150	9.5~11	13.1~19	5.2~5.5	83.3~108.3	6~7
150~180	8.5~9.5	19~26.2	5.0~5.2	108.3~133.3	5~6
180~250	7~8.5	26.2~39.3	4.5~5.0	133.3~150	4~5
>250	6.0~7	>39.3	4.0~4.5	150~180	3.3~4
				>180	2.5

玉米在肥料施用上，提倡分层分次施肥，底肥、口肥和追肥相结合。底肥可结合整地，起垄夹肥，由于富锦市目前生产中应用的都是小型农机具，很难达到要求的深度，可以用小铧子在沟底川一下，然后再破垄夹肥，这样玉米施底肥深度就可以在种下 15 cm 左右。氮肥：全部氮肥的 1/3 做底肥，2/3 做追肥；磷肥：全部磷肥的 70% 做底肥，30% 做口肥；有机肥、钾肥全部做底肥。

3. 水稻平衡施肥技术

根据富锦市水田土壤肥力水平及水稻生育特性和需肥规律，提出水稻施肥技术指导意见。

氮肥：30% 做底肥，分蘖肥占 30%，调节肥占 10%，孕穗肥占 20%，粒肥占 10%。磷肥：全部做底肥一次施入。钾肥：底肥占 60%，拔节肥占 40%。除氮、磷、钾肥外，水稻对硅、锌等微量元素需要量也较大，因此要适当施用硫酸锌和含硅等微肥，每公顷施用量 1 kg 左右（表 8 – 12 和表 8 – 13）。

表 8 – 12　富锦市水稻推荐施肥量参考表　　　　　单位：kg/亩

地力等级	实际产量水平	有机肥	N	P₂O₅	K₂O	N、P、K 比例
高肥力区	700	1 300	7.1	3.1	3.3	1:0.43:0.47
中肥力区	570	1 400	7.3	3.1	4.2	1:0.42:0.57
低肥力区	533	1 500	7.7	3.1	5.0	1:0.40:0.65

表 8 – 13　富锦市水稻配方表

碱解氮 （mg/kg）	纯 N（kg/亩）	速效磷（P） （mg/kg）	P₂O₅（kg/亩）	速效钾（K） （mg/kg）	K₂O （kg/亩）
60~100	8.3~10	<4.36	5.5~6.5	<75	8.0~9.0
100~130	7.8~8.3	4.36~10	5.5~5.0	75~108.3	7.0~8.0
130~160	7.3~7.8	10~15	5.0~4.5	108.3~141.7	6.0~7.0
160~200	6.5~7.3	15~25	3.5~5.2	141.7~183.3	4.0~6.0
>200	6.5	25~39.3	3.5~4.0	183.3~200	3.0~5.0
		>39.3	3.0~3.5	>200	2.0~3.0

二、平衡施肥对策与建议

富锦市针对开展耕地地力调查与质量评价、施肥情况调查和推广平衡施肥技术中存在的问题，根据富锦市生产实际，围绕农业生产制定出富锦市平衡施肥相应对策和建议。

（一）平衡施肥对策

1. 强化推广，不使技术中途隔断

要做好平衡施肥技术的推广工作：第一，确保财政支持。平衡施肥技术是当前富锦市提高作物产量和收益的重要技术之一，政府要从人、财、物，尤其是财政上支持推广普及作物平衡施肥技术。第二，加强队伍建设。市、镇两级农业技术推广部门要通过进修学习等手段提高作物平衡施肥技术推广人员的专业素质，以提高作物平衡施肥技术的推广应用效果。第三，搞好试验田、示范田和推广田"三田"配套。推广作物平衡施肥技术需"三田"配套，尤其是要种好示范田，因为示范田是宣传作物平衡施肥技术的活教材，广大农民通过示范田可以真正了解作物平衡施肥技术的增产潜力。第四，坚持送科技下乡，强化培训指导，利用广播、电视、报刊等媒体加大对作物平衡施肥技术的推广，提高农民的平衡施肥技术水平。

2. 做好跟踪工作，确保施肥技术常新

平衡施肥技术是一种动态变化技术，这是因为土壤营养状况、作物生产目标和作物生产条件都是在不断变化的。另外，在市场经济条件下，肥料价格和农作物产品价格是变化的。因此，要根据土壤营养状况的变化，根据肥料价格和产品价格的变化，跟踪调查研究作物平衡施肥技术实施过程中出现的一些新问题，及时改进作物平衡施肥技术，使作物平衡施肥技术常新。

3. 实行一条龙配套服务

测土配方和配方肥生产脱节是富锦市作物平衡施肥技术实施进程中存在着的严重问题。农业技术推广中心只负责测土配方，而配方肥如何生产和供应则几乎不管。另外，配方肥的生产厂家很少对作物土壤养分进行调查，故没有生产出科学的配方肥。今后应该实施一条龙配套服务，农技推广中心和肥料生产厂家联合，共同搞好配方肥的生产和销售工作。目前配方肥的生产，可以进行区域配方。根据此次调查结果和地力评价结果分成3个区域，即高肥力区、中肥力区、低肥力区，针对这3个区域，对特定作物，生产配方肥。销售配方肥以服务农民为根本宗旨，不以追求高额利润为目的，生产的肥料价格要低廉，施惠予农，坚持微利或保本的经营方针。

4. 搞好培肥地力工作

实施作物平衡施肥有两个重要的目标：一是实现当季或当年的作物高产；二是用地养地相结合，培肥地力，实现作物长期可持续增产。培肥地力，就要增加有机肥用量。作物平衡施肥技术本来就是以增施有机肥为基础的一种施肥技术，因此，要提高作物平衡施肥技术水平，就应该从最基本的增施有机肥环节抓起，需要做的工作：一是大力推广有机肥积造新技术；二是抓好季节性积肥，重点抓好夏季积肥；三是搞好农村的厕所改造，并抓好"三圈"（猪、羊、鸡）"一坑"（粪坑）的积肥工作，搞好常年性积肥；四是大力开展秸秆还田技术。

（二）对施肥的几点建议

1. 有机肥和无机肥配合施用，适宜增加化肥用量

农肥肥效缓慢而持久，培养地力，而化肥肥效快，易控制。目前，农家肥量少，可以用

生物有机肥代替一部分农肥，有机肥中除含有氮、磷、钾和各种中微量元素以外，还含有大量的有益微生物和有机胶体，具有改土保肥等重要作用，可弥补单施化肥所造成的养分单一、易被土壤固定和易淋失等缺点，同时减少污染，但要强调一点，如果是纯有机肥单施是不行的，因为养分不够用，会造成减产，而且成本也很高，如果是有机无机复混肥，用量也要够，否则也要减产。因此，最好是有机肥、无机肥配合施用，这样科学地供给作物各种营养成分，增强土壤保肥供肥能力，降低成本，减少污染，增加作物产量。

2. 调整施肥结构

改变过去施肥比例不合理的状况，调整磷肥用量，稳定氮肥用量，全面增施钾肥及其他中微量元素。由于氮磷资源特征显著不同，因此应采取不同的管理策略。大豆施肥因氮磷钾等养分的资源特征显著不同，因此应采取不同的管理策略。大豆不但能吸收土壤和肥料中的氮，还能通过根瘤菌固定大气中的氮，固定的氮量可达到大豆所需氮量的40%~60%，甚至更多。所以，大豆的氮素管理比较复杂，应采取实地养分管理，同时磷钾采用恒量监控技术，中微量元素做到因缺补缺。玉米施肥也由于氮磷钾等养分的资源特征显著不同，因此，在玉米上也要采取不同的管理策略。具体是：氮素管理采用总量控制，分期实时、实地精确监控技术；磷钾采用恒量监控技术；中微量元素做到因缺补缺。

对微肥的选用要因作物需要有目的地选择，在基肥施用不足的情况下，可以选用氮、磷、钾为主的叶面肥，在基肥施用充足时，可选用微量元素为主的叶面肥，也可根据作物的不同选用含有一些生长调节物质的叶面肥。低温冷害后应选择能刺激作物生长、增强抗性的叶面肥，如含氨基酸、海藻酸的叶面肥，以及选择能改善作物营养状况的水溶性肥料，如尿素、磷酸二氢钾等。选用的肥料要质量好，不能用低劣产品。目前叶面肥种类繁多，成分复杂，但要注意元素对作物是有针对性的，有些元素对作物根本没有作用，甚至还可能产生毒害。所以，必须强调叶面肥的配方要科学，施用叶面肥要有针对性。大豆选用含硼、钼、铁、硫、锰、镁等微量元素的，水稻选用含硅、锌的，玉米选用含锌、钙、锰的，甜菜选用含硼、锰的的叶面肥。有些缺素严重的地块，只施叶面肥是不够的，在底肥时就要施，如玉米缺锌严重的地块，底肥就应施硫酸锌，施甜菜底肥时应施入硼肥，施水稻底肥时可以施入锌肥、硅肥，硅肥可促使水稻茎叶增加硬度而抗倒伏，有利于抗病虫的危害。着重补施易缺的微量元素，使氮、磷、钾微肥合理搭配使用，使作物吃上营养全面餐。

3. 要做到分层施肥，秋深施肥

分层施肥最好能做到秋施底肥，春施口肥，深施底肥是因为肥料深度，而且施入后马上上冻，可以减少肥料挥发，如果春施地温高，肥料易挥发。秋施底肥结合秋起垄、破垄夹肥，有机肥可一次性施入化肥。根据富锦市实际，可以把总肥量的2/3做底肥，1/3做种肥，施底肥可以结合整地施入。大豆将肥施在垄沟里，然后破垄夹肥；玉米施底肥深度厚度在种下15 cm左右，可以用小铧子在沟底川一下，然后再破垄夹肥，这样就能做到深施，玉米在分层施肥的同时，也要注意追肥；小麦也应深施肥，施肥深度应在种下10 cm左右，施种肥时，应种肥分箱施入，防止烧种烧苗。

4. 大力推广配方施肥技术

利用各种宣传手段大力推广测土施肥技术，让农民了解测土配方施肥技术的优点，转变传统施肥观念，实现科学施肥，从而节本增效，最终实现农业的可持续性发展。

第九章 富锦市耕地地力评价和种植业布局报告

第一节 概 况

　　全省第二次土壤普查至今已近二十个年头，随着这些年农村经营体制、耕作制度、作物品种、种植结构、产量水平、肥料和农药的使用等情况的显著变化，导致富锦市耕地土壤肥力与环境质量状况的相应改变，实现了种植业在改革中加速发展，在发展中深化改革，大幅度提高了粮食生产水平和土壤供给能力。为此，农业部农技中心部署开展"富锦市耕地地力调查和质量评价"工作，目的就是查清富锦市耕地地力及其障碍因素、土壤环境质量状况等，强化耕地保护与提高管理水平、指导地力建设与培肥、发展有机农业、特色农业，推进现代农业进程，促进区域种植业结构不断调整优化、发展无公害农产品生产和农业可持续发展。

　　富锦市耕地地力调查及质量评价是严格按照《全国耕地地力调查与质量评价技术规程》规定的程序及技术路线进行实施的。调查对象为基本农田保护区的耕地，调查内容为耕地地力与环境、蔬菜地地力与环境。

第二节 调查结果与分析

一、耕地地力评价结果

　　富锦市耕地总面积为 363 733.3 hm²，旱田面积为 303 733.3 hm²，占总耕地面积的83.5%，水田面积为 60 000 hm²，占总耕地面积的 16.5%。其中，乡镇面积为 289 684 hm²，其余为市属单位、市直单位面积为 74 049.33 hm²，此次耕地地力调查和质量评价只对各乡镇的耕地进行评价，不对其他面积评价。将富锦市乡镇的耕地面积 289 684 hm² 划分为 4 个等级：一级地面积为 12 869.35 hm²，占总耕地面积的 4.4%，产量为 10 200 kg/hm²；二级地面积 182 932.7 hm²，占总耕地面积的 63.1%，产量为 8 700 kg/hm²；三级地面积为75 054.25 hm²，占总耕地面积的 26.0%，产量为 7 200 kg/hm²；四级地面积 18 827.69 hm²，占总耕地面积的 6.5%，产量为 5 700 kg/hm²。一级地属富锦市域内高产土壤，二、三级地属中产土壤，占 89.1%，四级地属低产土壤。按照《全国耕地类型区耕地地力等级划分标准》进行归并，富锦市的一级地、二级地、三级地、四级地分别对应国家的四级地、五级地、六级地、七级地，各级别耕地面积，所占耕地总面积的比例、产量同上。

富锦市水田面积 60 000 hm²，其中乡镇水田面积为 43 317.12 hm²，其余 16 682.88 hm²分布在其他各市属单位、市直单位。进行地力评价的 43 317.12 hm²水田，一级地面积较少为 5 277.75 hm²，占富锦市水田面积的 12.2%，占富锦市一级地总面积的 41.0%，占富锦市耕地面积的 1.8%；二级地面积为 20 022.68 hm²，占富锦市水田面积比例较大为 46.2%，占富锦市二级地总面积比例很小，只占 10.9%，占富锦市耕地面积的 6.9%；三级地面积较小为 9 251.17 hm²，占富锦市水田面积的 21.4%，占富锦市三级地总面积的 12.3%，占富锦市耕地面积的 3.2%；四级地面积为 8 765.53 hm²，占富锦市水田面积的 20.2%，占富锦市四级地总面积比例较大为 46.6%，占富锦市耕地面积的 3.0%。综上所述，水田地力等级属中等。

富锦市旱田面积为 303 733.3 hm²，其余 57 366.45 hm²，分布在各市属、市直单位。进行地力评价的 246 366.9 hm²旱田，其中，一级地面积为 7 591.60 hm²，占富锦市旱田面积的 3.1%，占富锦市一级地总面积的 59%，占富锦市耕地面积的 2.6%；二级地面积为 162 910 hm²，占富锦市旱田面积的 66.1%，占富锦市二级地总面积的 89.1%，占富锦市耕地面积的 56.2%；三级地面积为 65 803.08 hm²，占富锦市旱田面积的 26.7%，占富锦市三级地总面积的 87.7%，占富锦市耕地面积的 22.7%；四级地面积为 10 062.16 hm²，占富锦市旱田面积的 4.1%，占富锦市四级地总面积的 53.4%，占富锦市耕地面积的 3.47%。

二、作物适宜性评价结果与分析

（一）大豆评价结果与分析

此次将富锦市的耕地划分为高度适宜、适宜、勉强适宜、不适宜 4 个等级对大豆进行适宜性评价。

高度适宜种植大豆这些区域，地势平坦，无明显起伏，质地多为中壤土或重壤土，基本无侵蚀，各项理化性状都是富锦市最佳的，土壤肥力高，抗旱能力、排涝能力强，耕层深厚，都在 20 cm 以上，种植大豆产量高。高度适宜种植大豆的面积为 59 066.567 hm²，占耕地总面积的 20.39%，主要集中在长安镇、兴隆岗镇、宏胜镇、头林镇、砚山镇，其次是大榆树镇和城关社区有少量分布，二龙山镇、锦山镇、上街基镇没有高度适宜种植大豆的耕地。适宜种植大豆的区域，所处地势低平，无明显起伏，质地为沙壤土—重壤土，基本无侵蚀，各项理化性状较佳，土壤肥力中等，排涝能力、抗旱能力较强，种植大豆产量较高。适宜种植大豆的面积为 113 787.87 hm²，占总耕地面积的 39.28%。富锦市除了二龙山镇、上街基镇外，大部分乡镇都有适宜种植大豆的地块。大豆勉强适宜种植的区域，所处地势低平，土壤肥力中下等，土壤黏重，质地中壤土—轻黏土，耕层薄，排涝抗旱能力较差，障碍因素有白浆层、潜育层，大豆产量较低。富锦市各乡镇都有勉强适宜种植大豆的地块。土壤类型主要是白浆土、碳酸盐草甸土、沼泽化草甸土、平地草甸土。不适宜种植大豆的区域所处地势低洼，土质黏重，多为重壤土、轻黏土，土壤肥力低，排涝抗旱能力差，耕层浅、大豆产量低。不适宜种植大豆的耕地总面积 27 519.98 hm²，占总耕地面积的 9.5%。不适宜种植大豆的区域主要分布在大榆树镇、二龙山镇、锦山镇、上街基镇、向阳川镇的某些地块，其他乡镇没有不适宜种植大豆的耕地。

（二）玉米评价结果与分析

此次将富锦市的耕地划分为高度适宜、适宜、勉强适宜、不适宜 4 个等级对玉米进行适宜性评价。

高度适宜种植玉米这些区域，地势平坦，无明显起伏，质地多为中壤土或重壤土，各项理化性状都是富锦市最佳的，土壤肥力高，抗旱能力、排涝能力强，耕层深厚，都在 20 cm 以上，种植玉米产量高。高度适宜种植玉米的面积为 44 901.02 hm²，占耕地总面积的 15.5%，主要集中在长安镇、兴隆岗镇、宏胜镇、头林镇、砚山镇，其次是向阳川镇有少量分布，二龙山镇、锦山镇、上街基镇和城关社区没有高度适宜种植玉米的耕地。适宜种植玉米的区域，所处地势低平，无明显起伏，质地为沙壤土—重壤土，基本无侵蚀，各项理化性状较佳，土壤肥力中等，排涝能力、抗旱能力较强，种植玉米产量较高。适宜种植玉米的面积为 204 458.97 hm²，占总耕地面积的 70.58%。富锦市所有乡镇都有适宜种植玉米的地块。玉米勉强适宜种植的区域，所处地势低平，土壤肥力中下等，土壤黏重，质地中壤土—轻黏土，耕层薄，排涝抗旱能力较差，障碍因素有白浆层、潜育层、沙砾层，玉米产量较低。勉强适宜种植玉米的面积为 30 098.17 hm²，占总耕地面积的 10.39%。富锦市除了宏胜镇和兴隆岗镇其他乡镇都有勉强适宜种植玉米的地块。不适宜种植的区域所处地势低洼，土质黏重，多为重壤土、轻黏土，土壤肥力低，排涝抗旱能力差，尤其排涝能力差，耕层浅，障碍层类型主要是潜育层，玉米产量低。玉米的耕地总面积 10 225.85 hm²，占富锦市总耕地面积的 9.5%。不适宜种植玉米的乡镇只有二龙山镇、锦山镇、上街基镇，其他乡镇没有不适宜种植玉米的耕地。不适宜种植玉米的土壤类型主要有草甸土、水稻土、沼泽土。

（三）水稻评价结果与分析

此次将富锦市的耕地划分为高度适宜、适宜、勉强适宜、不适宜 4 个等级对水稻进行适宜性评价。

高度适宜种植水稻这些区域，地势平坦，质地多为重壤土，灌溉保证率为 100%，pH 值≤7，土壤肥力中等，无障碍层次，种植水稻产量高。高度适宜种植水稻的面积为 22 131.86 hm²，占耕地总面积的 7.64%，主要集中在长安镇、大榆树镇、锦山镇、城关社区，只有兴隆岗镇、二龙山镇没有高度适宜种植水稻的耕地。适宜种植水稻的区域，灌溉保证率较好，多为 80%~100%，pH 值≤7，质地多为中壤土、重壤土，少量轻黏土，基本无侵蚀，各项理化性状较佳，土壤肥力中等，种植水稻产量较高。适宜种植水稻的面积为 99 564.39 hm²，占耕地总面积的 34.37%。富锦市每个乡镇都有适宜种植水稻的地块。勉强适宜种植水稻的区域，灌溉保证率较差，多为 60%~80%，对 pH 要求不严，可以是酸性，可以是碱性，质地多为中壤土、重壤土，少量轻黏土，障碍层有潜育层、白浆层、沙砾层，土壤肥力中等，种植水稻产量较低。勉强适宜种植水稻的面积为 133 428.45 hm²，占耕地总面积的 46.06%。富锦市除了城关社区，所有乡镇都有适宜种植水稻的地块，分布较广。不适宜种植水稻的区域，灌溉保证率差，基本无保证，土壤质地差，土壤肥力稍差，障碍层主要有白浆层、沙砾层，易漏水，种植水稻产量低。不适宜种植水稻的土壤类型有沙底黑土、暗棕壤、碳酸盐草甸土、泛滥地草甸土。不适宜种植水稻的面积为 34 559.30 hm²，占耕地总面积的 11.93%。所有乡镇都有不适宜种植水稻的地块。

第三节　富锦市种植业结构发展历程

一、农作物种植结构的变化

富锦市 1908 年大片荒地被开垦时，只有早熟谷子、荞麦、稷子，后来小麦、大豆、高粱相继传来。到民国元年五谷杂粮在本地逐渐耕种了，1921 年麦类的耕种占总面积的 50%。1936 年以后，引进了玉米、大豆、高粱、谷子的晚熟品种，在此之后，富锦农业生产上就以粮豆作物为主，1949 年作物种植比例：大豆占了 24.8%，小麦种植面积占了 23.6%，玉米占了 22.6%，杂粮占了 26.3%，经济作物只占 0.5%，水稻几乎没有，只占 0.07%；1956 年大豆占了 36%，小麦种植面积占了 17%，玉米占了 19.9%，杂粮占了 25%，经济作物只占 0.9%，水稻略微上升，占了 2.5%；1967 年种植比例无太大变化，大豆占了 31.4%，小麦占了 26.2%，玉米占了 17.5%，杂粮占了 21.4%，经济作物只占 0.7%，水稻，只占了 0.2%；1979 年大豆占了 27.4%，小麦占了 24.2%，玉米占了 23.4%，杂粮下降，只占了 14.5%，经济作物只占 2.7%，水稻，只占了 1.4%。到 1986 年大豆面积上升为 77 万亩，种植比例占了 36.4%，此后富锦的大豆播种面积趋于稳定，直到 2002 年种植比例占 46.6%，自中国加入 WTO 以来，受国际、国内市场影响很大，种植面积一直与大豆价格呈正相关，以后富锦大豆播种面积的比例一直超过 45%，近年来种植面积一直超过 200 万亩，最大时达到 300 多万亩，富锦市农作物以种植大豆为主；玉米面积到 1994 年逐渐增加，水稻到 1996 年之后由于旱育稀植技术的推广，面积逐渐扩大，到 2001 年由于幸福灌区的江水引用，富锦市面积达 49.4 万亩，2002 年由于遭受了百年不遇的雪灾，2003 年、2004 年水田面积下降，2005 年恢复上升，2008 年水稻面积已增加为 90 万亩。1979 年到 1986 年几年间经济作物有了发展，主要有烤烟、向日葵、亚麻、中草药。生产的种植业结构从 1990 年到 2000 年有了重大调整，1990 年粮食生产主要是以提高作物产量为目的，到 1993 年粮食生产开始由追求产量型向质量效益型转变，种植结构有所调整，品质差的小麦种植面积下降，受利益驱动，销售价格较好的水稻、大豆面积有所增加，1996 年以来，又重点发展了白瓜、甘薯、香瓜、西瓜等经济作物，到 1998 年受市场价格影响，水稻的种植面积是 1990 年的 2.4 倍，2000 年是富锦市实施农业种植业结构重大调整的一年，富锦市以农业效益、农民增收为目标，以科技为先导，实施种子革命和绿色品牌战略，引导农民大力调整农业产业结构和优化作物种植品种，扩大绿色食品基地规模以增加农副产品的竞争力。2003 年以来，又突出发展了具有高附加值的绿色、特色、无公害经济作物。并在种植水平上有了较大的提高，种植方法上实现了混种、套种。2004 年，建成全省最大的甜菜、白瓜生产基地。2005 年，扶持发展了大蒜屯、地瓜屯、粉条屯、腐竹屯等专业村。特别是 2004 年以来，中央连续下发了五个"一号文件"，采取了一系列有效措施，不断巩固、完善和强化农业支持保护政策，促进了粮食生产的稳定发展（图 9-1）。

二、粮食产量的发展变化

20 世纪 50 年代以来农业稳定上升，1990 年，富锦市获得"全国粮食生产先进县"称号；1998 年，富锦在全国百个产粮大县中排名第四位，农民人均纯收入在全省排名第二位；2003 年，富锦市在全国百个产粮大县中名列第六位，是国家重点农业科技示范园区和重要商品粮基地，全国优质水稻、小麦、大豆、玉米重点产区，产量分别达到 30 万吨、10 万吨、30 万吨、20 万吨；2004 年富锦市粮食总产创 1998 年以来最高水平，达到 9.1 亿千克；农村人均收入实现 3 098 元；再次荣获"全国粮食生产先进市"称号（图 9-2 和图 9-3）。

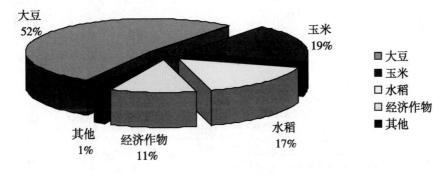

图 9-1　2009 年富锦市农作物种植比例图

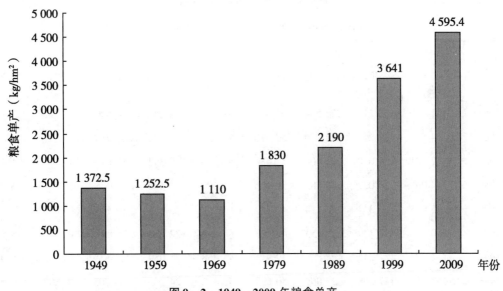

图 9-2　1949—2009 年粮食单产

20 世纪 50 年代，新中国刚刚建立，社会稳定，农业得到发展，平均粮食总产量超过 10 万吨；60 年代初期因为自然灾害的原因，粮食产量一度下降，1960 年，亩产仅有 40.5 kg，总产只有 4 000 万千克，经过 3 年调整后，1965 年又恢复到 50 年代水平；70—80 年代，农业生产整体起伏波动，稳中有升，粮食总产持续增加；90 年代和 21 世纪的开始是富锦市农业生产突飞猛进的代期，随着农业种植业结构的调整，农业机械化的发展，新品种、新技术的应用与普及，加之开垦了大量的荒地，促进了农业生产的大发展，90 年代末，粮食总产突破 90 万吨，到目前为止，富锦市的粮食产量高达 153.6 万吨，是新中国成立初期的 14 倍（表 9-1 至表 9-4）。

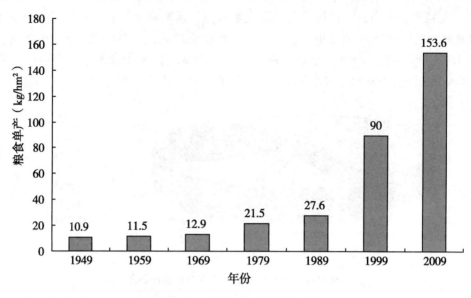

图 9 - 3　1949—2009 年粮食总产

表 9 - 1　1986—2005 年富锦市粮食作物播种面积、产量统计表

年份	总播种面积（hm²）	粮豆薯		大豆		玉米		水稻	
		播种面积（hm²）	总产量（t）	播种面积（hm²）	总产量（t）	播种面积（hm²）	总产量（t）	播种面积（hm²）	总产量（t）
1986	141 547	130 511	287 544	51 546	88 026	24 669	74 500	8 889	27 139
1987	144 478	131 210	242 779	52 810	77 135	27 868	81 916	9 036	19 633
1988	127 601	108 078	225 404	54 480	87 116	18 394	55 641	6 771	21 424
1989	144 065	126 037	275 882	50 416	66 501	23 460	85 005	9 560	33 012
1990	145 035	127 331	350 124	43 387	66 249	23 576	86 580	11 626	58 479
1991	150 047	128 439	3 220 507	46 773	84 893	22 050	78 871	14 764	48 515
1992	151 803	137 245	424 834	49 914	43 358	25 059	113 819	18 523	105 170
1993	153 814	137 268	427 062	50 692	55 812	24 265	134 905	18 507	127 193
1994	155 409	139 965	523 421	51 068	88 408	30 310	183 146	15 714	95 676
1995	153 387	137 491	438	50 667	90 097	45 332	334 882	15 730	103 375
1996	166 033	150 689	809 665	40 649	116 166	42 300	359 965	23 628	161 248
1997	169 744	159 472	950 943	49 737	208 500	35 492	329 891	29 948	228 264
1998	178 852	166 418	100 060	47 254	182 349	46 085	429 272	27 939	40 287
1999	170 908	154 392	900 071	36 968	97 577	45 273	397 190	30 281	241 213
2000	170 922	149 713	800 020	53 626	196 754	24 075	225 390	32 124	282 788
2001	170 922	150 568	950 019	69 850	299 789	23 707	206 749	32 909	349 625

（续表）

年份	总播种面积（hm²）	粮豆薯		大豆		玉米		水稻	
		播种面积（hm²）	总产量（t）	播种面积（hm²）	总产量（t）	播种面积（hm²）	总产量（t）	播种面积（hm²）	总产量（t）
2002	171 494	147 498	928 657	59 100	253 480	23 336	170 656	37 221	292 071
2003	173 919	146 445	850 125	80 968	415 272	21 451	153 319	16 645	175 472
2004	261 748	233 178	906 143	159 829	421 948	20 211	167 347	18 803	165 650
2005	261 748	224 771	949 272	144 368	382 402	26 577	220 672	24 044	211 454

年份	小麦		高粱		谷子		杂粮		薯类	
	播种面积（hm²）	总产量（t）	播种面积（hm²）	总产量（t）	播种面积（hm²）	总产量（t）	播种面积（hm²）	总产量（t）	播种面积（hm²）	总产量（t）
1986	36 345	78 966	2 184	3 667	3 024	4 073	833	1 398	3 021	9 775
1987	32 992	48 428	1 813	3 243	2 737	3 770	1 226	1 754	2 729	6 900
1988	19 404	40 207	1 772	4 767	2 100	3 798	1 643	2 726	3 513	9 719
1989	35 787	74 324	887	2 197	946	1 620	1 657	2 719	3 325	10 504
1990	43 250	123 290	644	1 995	512	1 258	1 402	2 777	2 935	9 556
1991	40 119	100 277	384	877	266	545	1 477	2 039	2 606	6 490
1992	30 889	146 302	231	814	238	545	1 634	3 139	2 757	11 687
1993	39 424	93 814					1 312	2 655	2 609	11 390
1994	39 366	150 116	104	218	56	126	1 442	2 839	1 905	2 892
1995	21 072	53 947					999	1 596	3 691	18 541
1996	40 936	156 498					292	785	2 884	15 003
1997	40 043	160 012	113	271	167	165	657	1 205	3 415	22 635
1998	40 287	143 003					985	1 865	3 868	21 787
1999	37 302	142 195					691	1 189	3 877	20 707
2000	33 387	65 696	70	140			1 136	2 241	5 295	27 011
2001	15 658	51 386	128	282			984	1 796	7 332	40 392
2002	22 165	81 412	128	505	53	126	1 673	3 707	5 495	130 407
2003	19 421	63 604	10	30			690	1 244	7 219	41 120
2004	27 583	119 158	25	50	23	93	710	1 350	7 339	51 813
2005	20 394	87 862	10	35	6	16	730	1 370	8 350	62 925

表 9 - 2   1986—2005 年富锦市经济作物播种面积、产量统计表

年份	总播种面积（hm²）	甜菜		烤烟		油料	
		播种面积（hm²）	总产量（t）	播种面积（hm²）	总产量（t）	播种面积（hm²）	总产量（t）
1986	8 414	6 291	128 516	1 479	1 889	265	352
1987	8 876	6 605	113 505	2 028	3 183	155	142
1988	15 184	11 703	169 509	3 367	3 950	77	82
1989	14 914	9 193	86 350	5 423	6 943	101	142
1990	15 888	10 718	160 422	4 980	8 345	87	141
1991	19 740	14 795	165 223	4 935	8 377	10	17
1992	12 187	8 518	106 212	3 639	3 970	30	60
1993	14 419	10 576	71 851	3 673	6 524	170	252
1994	13 676	10 089	78 412	3 011	2 012	576	222
1995	11 083	8 240	88 294	2 489	2 962	354	913
1996	11 314	7 902	130 151	3 412	5 071		
1997	4 315	514	10 744	3 693	4 707	48	72
1998	7 324	606	16 962	3 002	3 709	3 716	3 852
1999	10 685	2 093	51 899	1 483	1 829	7 025	4 677
2000	14 385	9 231	169 825	1 274	1 796	3 880	4 909
2001	11 197	9 023	199 800	1 104	1 340	1 070	3 752
2002	15 977	8 897	230 743	1 076	1 541	6 004	12 706
2003	19 012	6 007	124 226	841	947	12 164	25 624
2004	27 550	6 741	140 856	526	1 450	13 586	21 988
2005	35 605	6 808	201 707	1 094	2 176	21 519	21 194

表 9 - 3   1986—2005 年富锦市蔬菜瓜果播种面积、产量统计表

年份	总播种面积（hm²）	蔬菜		瓜类		果类	
		播种面积（hm²）	总产量（t）	播种面积（hm²）	总产量（t）	播种面积（hm²）	总产量（t）
1986	3 248	2 331	47 634	809	9 235	108	403
1987	4 511	3 112	42 261	1 269	17 082	130	277
1988	4 490	3 489	65 581	830	13 288	171	285
1989	3 264	2 389	45 078	719	8 048	156	161
1990	2 005	1 685	38 467	130	1 798	190	292
1991	2 087	1 808	36 929	60	424	219	285
1992	2 684	2 202	54 063	169	1 617	313	237
1993	2 272	1 556	52 576	526	3 502	190	797
1994	1 993	1 376	43 152	329	3 524	288	674
1995	4 955	3 577	103 880	1 040	12 310	338	981
1996	4 348	3 076	76 649	914	20 715	358	1 255
1997	4 789	3 392	96 685	1 104	22 182	293	1 138
1998	5 405	3 761	94 209	1 328	29 366	316	1 424
1999	6 116	4 368	108 363	1 438	33 448	310	1 502
2000	6 648	4 407	131 424	1 905	47 860	336	1 584
2001	8 555	4 570	137 808	1 880	52 255	105	53 740
2002	6 959	4 855	168 915	1 927	60 895	177	856
2003	6 725	4 967	179 416	1 627	52 491	131	632
2004	7 968	5 102	189 919	1 786	61 729	108	8 895
2005	7 145	5 410	212 829	2 010	70 553	275	13 777

表 9 - 4　1986—2005 年富锦市主要农机具统计表

| 年份 | 拖拉机（台） | | | 大中型配套农机具（台） | | | | | | | | | | 农机总动力（万千瓦） | 农业机械总值（万元） |
	大中型拖拉机	小型拖拉机	合计	犁	耙	播种机	旋耕机	镇压器	深松机	中耕机	水稻插秧机	联合收割机	合计		
1986	2 334	3 698	6 032	743		680		607		314	32	238	3 692	23	6 327
1987	2 316	4 280	6 596	683		723		546		344	48	246	3 601	17.8	6 690
1988	2 283	5 207	7 490	598		607		492		432	46	275	2 695	17.4	7 399
1989	2 312	7 213	9 525	591	1 384	659	4	480		294	45	275	3 042	19.5	8 595
1990	2 074	6 482	8 556	540	1 305	553	49	180		294	58	374	2 436	19.3	8 239
1991	2 355	7 562	9 917	655	566	544	179	366	125	293	64	380	3 362	20.9	9 710
1992	2 400	7 593	9 993	682	1 014	669	240	356	116	279	85	380	3 695	21.4	10 136
1993	2 357	7 919	10 276	686	865	721	349	386	25	360	42	395	3 760	21.3	12 167
1994	1 871	7 918	9 789	688	1 200	533	399	332	65	254	32	297	3 227	20.3	10 523
1995	1 514	8 624	10 138	477	1 353	555	558	316	65	245	32	247	3 120	19.7	10 410
1996	1 709	8 921	10 630	573	1 233	429	750	514	61	264	108	373	3 306	22.4	14 563
1997	1 811	10 196	12 007	582	956	489	932	421	129	213	232	377	3 352	23.7	15 791
1998	1 896	15 798	19 694	600	904	489	950	320	129	213	320	473	3 287	30.1	16 484
1999	1 984	15 798	17 782	651	715	494	1 036	320	132	213	395	451	3 432	30.8	17 206
2000	1 990	15 898	17 888	651	586	494	1 042	320	132	213	425	451	3 438	31	17 318
2001	1 689	15 853	17 542	812	586	355	986	518	233	188	189	550	3 651	37	21 069
2002	2 477	16 591	19 068	791	586	324	991	583	283	181	219	554	3 671	41.1	21 667
2003	2 593	16 591	19 184	796		332	1 001	591	294	181	248	554	3 733	41.1	21 977
2004	18 674	13 327	32 001	750		278	1 665	789	240	96	253	1 348	4 351	64	42 600
2005	18 640	9 500	28 140	750		278	1 665	789	240	96	564	1 348	4 351	61	42 690

第四节　富锦市种植业合理布局的若干建议

　　根据此次调查的结果，基本查清了富锦市各种耕地类型的地力状况、环境质量状况及农业生产现状，为富锦市农业发展及种植业结构调整优化提供了可靠的科学依据。

　　当前富锦市农业生产已经进入了一个新的历史发展时期，种植业布局对农业经济发展影响很大，大力进行农业结构调整，种植业结构调整八大方向，即以政策为准绳，以"优"字为中心，以产量为基础，以特色占先机，以科技为依托，以企业作后盾，以市场为导向，以规模求发展，使种植业调整实现优质化、健康化、规模化、产业化，不但符合国家宏观调控政策，有助于增强富锦市农产品在市场的竞争能力，进而提高农民收入，促进现代农业发展。

一、富锦市种植业的近期目标

2010 年，富锦市农作物计划播种面积为 550 万亩，粮食作物播种面积为 501.2 万亩，占总播种面积的 91.1%，其中，水稻面积为 100 万亩，小麦 10 万亩，玉米 120 万亩，大豆 240 万亩，薯类 30 万亩，杂粮杂豆 1.2 万亩，预计粮豆薯总产达到 16 亿千克，比 2008 年增产 4.2%。经济作物 48.8 万，其中白瓜 20 万亩，甜菜 10 万亩，烤烟 1.8 万亩，蔬菜瓜果 16 万亩，其他 1 万亩。

二、远景规划

截至 2014 年，富锦市农作物播种面积要保持在 550 万亩基础上，粮食作物播种面积调整到 480 万亩，占总播种面积 87.3%，其中，水稻面积为 110 万亩，预计亩产 600 kg，总产 6.4 亿千克；玉米 120 万亩，预计亩产 650 kg，总产 7.8 亿千克；小麦 10 万亩，预计亩产 350 kg，总产 0.35 亿千克；大豆 200 万亩，预计亩产 170 kg，总产 3.4 亿千克；薯类 30 万亩，预计亩产 650 kg（折粮），总产 1.95 亿千克；杂粮杂豆 10 万亩，预计亩产 200 kg，总产 0.2 亿千克。粮豆薯总产达 20 亿千克。经济作物面积为 70 万亩，其中，白瓜 20 万亩，烤烟 2 万亩，蔬菜 20 万亩，饮料苜草 10 万亩，甜菜 10 万亩，瓜果 8 万亩。初步形成以二龙山、向阳川、宏胜、兴隆岗为主的大豆标准化生产基地，以锦山、上街基、长安、砚山、二龙山和头兴农场为主的水稻标准化生产基地，以头林、锦山、向阳川为主的玉米标准化生产基地，以砚山、大榆树、锦山为主的甜菜生产基地，以兴隆岗、大榆树、长安为主的白瓜生产基地，以向阳川、大榆树、锦山为主的烤烟生产基地，以城关社区、大榆树、上街基为主的蔬菜生产基地，以头兴农场、兴隆岗为主的 10 万亩苜草生产基地，以锦山、上街基、城关社区、大榆树为主的 10 万亩优质杂粮基地，实现市委市政府提出的建设 5 个"百万"、5 个"十万"优质农产品基地的目标。

参考文献

戴春胜，龙显助，2012. 三江平原水土资源利用与保护对策研究［M］. 北京：中国农业科学技术出版社.

黑龙江省富锦县农业区划办公室，1984. 富锦土壤［M］. 内部发行.

陆欣，2002. 土壤肥料学［M］. 北京：中国农业大学出版社.

奚景川，1988. 佳木斯土壤［M］. 哈尔滨：黑龙江科学技术出版社.

张炳宁，彭世琪，张月平，2008. 县域耕地资源管理信息系统数据字典［M］. 北京：中国农业出版社.

附录一 富锦市耕地地力评价工作大事记

2008 年 6 月 22 日，省土肥管理站组织由辛洪生科长带队到江苏扬州学习耕地地力调查，市里参加学习的是姜秀彬同志。

2008 年 9 月 1 日，富锦市召开测土配方施肥及耕地地力评价工作会议，参加人员：主管农业的副市长、农委主任、推广中心主任、各乡（镇）主管领导及调查各小组全体成员。

2008 年 9 月 12 日，富锦市耕地地力评价项目领导小组召开各局、办主要领导协调会，有土地局、气象局、档案局、水利局、民政局、农委等单位，收集有关资料和图件。

2008 年 9 月 15 日外业调查取样工作开始。

2009 年 5 月 19 日，召开加快推进耕地地力评价工作会议，要求提交 1：50 000 土壤图、耕地利用现状图、行政区划图，要求在农业部规定的 64 个评价指标单元中，选取、提交 12～15 个评价指标。

2009 年 9 月 23 日，省土肥管理站由辛洪生科长组织召开耕地地力评价工作推进会，并做了重要指示。

2009 年 9 月末，对项目的报告和数据、图件等进行整理和撰写工作。

2009 年 12 月 20 日，完成项目工作报告、技术报告、各个专题报告的初稿。

附录二 富锦市耕地地力评价工作报告

富锦市位于黑龙江省东北部，松花江下游南岸，地处北纬46°45′至47°37′，东经130°25′至133°26′之间，处在三江平原的腹部。富锦市幅员面积8 229 km²，东西长180 km，南北宽92 km。辖10镇1区、266个行政村、3个国营农场和1个管理局。总人口45.4万，其中，市属人口37.8万，市属农业人口28万，农户7.8万户。富锦区域年平均温度3.6℃，全年平均日照为2 427.3 h，历年平均稳定通过≥10℃积温为2 587.8℃，最多年2 994.5℃，最少年2 120.4℃，年际差874.1℃；年平均降水量536.3 mm；年平均风速3.8 m/s；无霜期平均144 d，初霜期一般在9月26日前后，终霜期平均在5月11日。富锦市现有耕地570万亩，其中89.5%的耕地为平原或低平原，地势低平，海拔为60 m左右。富锦市土壤肥沃，一直是国家商品粮基地和国家三江平原重点开发市县。土壤肥沃、开垦晚、肥力高、土壤结构好，耕层深厚，保水保肥能力强，资源丰富，是全国环境质量评估一类地区，全国生态农业示范县和农业标准化示范县，全国著名的大豆、水稻、小麦商品粮基地，全国粮食生产先进市、"中国大豆之乡"和"中国东北大米之乡"。

一、目的意义

耕地地力评价是利用测土配方施肥调查数据，通过县域耕地资源管理信息系统，建立县域耕地隶属函数模型和层次分析模型。开展耕地地力评价工作，是测土配方施肥补贴项目的重要任务之一。耕地地力评价对农业生产有很强的指导意义，不仅能促进土地资源合理有效利用，提高土地生产力和效率，准确掌握耕地地力数量和空间分布，摸清生产潜力，也为因地制宜加强耕地质量建设，指导富锦市种植业结构调整、科学合理施肥、保证粮食安全和绿色食品生产提供了理论依据，为省千亿斤粮食产能工程建设和国家粮食安全提供支持。

（一）耕地地力评价是现代农业建设的基础工作

随着农业发展进入新的历史性阶段，改变传统农业管理观念，摒弃粗放经营习惯，本着资源节约、环境友好、节本增效、高产优质、可持续发展的原则，建立以生态农业、精准农业、高效农业为支撑的现代农业生产体系是农业发展的趋势和必然。进行耕地地力评价工作，建立耕地资源管理信息系统，将解决和指导地力建设、精准施肥、结构调整、绿色产业等诸多农业生产方面的问题，是一项一举多得的举措，是现代农业建设的基础工作。

（二）耕地地力评价是测土配方施肥项目的延伸与必要补充

测土配方项目是一项优化资源、节本增效的系统工程，在富锦市推广以来产生了具大的经济效益、社会效益和生态效益，但是面对庞大的生产群体，我们有限的人力资源和办公条件很难为农业生产者提供快捷、方便、有效的服务，不能最大化的发挥测土配方施肥项目的功能和效果。富锦市实施测土配方项目以来，采集、整理的大量数据，以第二次土壤普查为基础，并结合肥料田间试验数据，建立本地区测土配方施肥指导信息系统，认识耕地资源状况，科学划分施肥分区，提供因地因作物的合理施肥建议，提高耕地利用效率，充分发挥农业推广体系的职能作用，提高为农服务质量，耕地地力评价是测土配方施肥项目发展到一定阶段的必然补充。

（三）耕地地力评价是准确掌握耕地生产能力水平的技术依托

土地是不可代替的基础性自然资源和经济资源，具有重大战略性意义和决定性作用，1949年以来，我们对土壤的了解和认知程度只是通过二次土壤普查，而且上一次土壤普查距今已有20多年了，多年来，农村经营管理体制、耕作制度、使用品种、投入品数量和品种、种植结构、产量水平、病虫害防治手段等诸多因素都发生了巨大的变化，我们以前掌握的情况与现在实际的土壤资源状况、耕地生产能力有很大程度上是不相附的，不能正确指导生产。通过开展耕地地力评价工作，利用已有土壤资源资料，结合实施本项目所得到的大量养分监测数据和肥料数据，建立县域耕地资源管理信息系统，可以有效掌握耕地资源质量状况，逐步建立和完善耕地质量的动态监测和预警体系，系统摸索不同耕地类型土壤肥力演变与科学施肥规律，清楚掌握富锦市耕地生产能力状况，随着农业新形式的发展，测土配方施肥项目将成为一项常规化的服务形式，通过测土配方工作的进一步开展，不断获取新的数据，更新耕地资源信息系统，及时掌握耕地质量状态，更好的服务于农业生产。

（四）耕地地力评价是加强耕地质量建设的基础和依据

建立县域耕地资源管理信息系统，可以根据系统资料清楚掌握富锦市耕地地力的整体状况和分区情况，了解不同等级耕地的分布与耕地中存在的主导障碍因素，及其障碍因素对粮食生产的影响程度。只有全面准确的掌握了耕地质量状况，我们才能因地制宜，对耕地质量建设做出科学的决策，对耕地进行改良，加强地力建设。同时，以耕地地力评价为指导，才能有效解决和排除农业生产中的主导障碍因素，提出的改良措施更具准确性、针对性、科学性，避免不必要的资金和人力上的浪费。

（五）耕地地力评价是优化农业种植业结构的迫切需求

在开展耕地地力评价过程中，对耕地的土壤养分含量、剖面性状、立地条件、障碍因素、灌溉状况、排水条件等多因素进行了系统的调查，这些因素都是影响耕地生产能力的土壤性状和土壤管理等方面的自然要素。调整种植业生产布局，就是要以这些生产要素为基础，立足本地资源，结合生产实际，科学统筹，合理规划，实现农业资源的优化配置，增加农业资源利用率，发挥农业增产潜力。

（六）耕地地力评价是保证粮食安全的科学措施

我国既是人口大国，又是粮食生产和消费大国。从中长期看，随着人口增加，耕地减少，城乡一体化步伐加快，人民生活水平提高，我国粮食需求将呈刚性增长，粮食供求关系偏紧。粮食作为重要的战略物资，在稳人心、安天下、抗风险、搞建设方面一直占据特殊地位。富锦市是国家重要的商品粮生产基地，迄今为止，年粮食生产能力达到15多亿千克，粮食商品率达90%以上，开展耕地地力调查与质量评价，是加强耕地质量建设的实质性措施和关键性步骤。通过耕地地力调查与质量评价，不但可以科学评估耕地的生产能力，有效地进行耕地地力建设，挖掘耕地的生产潜力，增加单位产出率，合理调整优化种植业结构，精准化肥使用品种和数量，提高农产品质量，减少资源浪费，实现土地资源的优化配置和合理利用，而且还能查清耕地的质量和存在的问题，对确定土壤的改良利用方向，消除土壤中的障碍因素，指导化肥的科学施用，防止耕地质量的进一步退化，具有重大的现实指导意义，为粮食增产增收打下坚实的基础，为保障国家粮食安全做贡献。

二、工作组织

根据国家农业部制定的《全国耕地地力调查与质量评价总体工作方案》和《全国耕地地力调查与质量评价技术规程》的要求，富锦市农业战线工作人员积极响应，全力以赴在富锦市区域内开展耕地地力调查和质量评价工作。为保证工作顺利实施，富锦市委、市政府高度重视，从组织领导、方案制定、整体协调、筹措资金等方面都做了周密的安排，实现了"四到位"，即服务到位、资金到位、措施到位、技术到位，为此项工作的开展提供了保障。

（一）加强组织领导

1. 成立领导小组

富锦市成立了"富锦市耕地地力调查与质量评价"工作领导小组，由市政府副市长庚志远任组长，市农委主任杜国力、市农业技术推广中心主任申庆龙任副组长的领导核心，领导小组下设"富锦市耕地地力调查与质量评价"办公室，由市农业技术推广中心副主任高富任组长，成员由市农业技术推广中心人员组成。领导小组负责组织协调、制定工作计划、制定项目实施方案、建立评价指标体系、组织技术培训、落实人员、安排资金以及检查督促、资料审查、成果汇总等，指导全面工作。

2. 成立技术小组

为使耕地地力调查与质量评价工作顺利开展，富锦市成立了项目工作技术专家组，由市农业技术中心主任申庆龙任组长，土肥管理站站长邓维娜任副组长，成员由土肥管理站和化验室全体技术人员组成，技术小组负责编写技术方案、进行技术指导、培训农民。

3. 成立野外调查专业队

针对耕地地力调查与质量评价工作的实际情况，成立了野外调查专业队，由土肥管理站专业技术人员、其他站室技术人员和有关镇的农业技术人员 25 人组成，负责入户调查、实地调查，并采集土样、水样以及填写各种表格等多项工作。

（二）强化质量管理

1. 提高认识，积极准备，广泛宣传

富锦市耕地地力调查与质量评价工作按照黑龙江省土肥管理站的统一布署，富锦市政府积极响应，大力支持，通过电视台、网站、报纸，并结合科技培训对项目进行广泛宣传，使富锦市上下达成共识，目标一致，认识到在富锦市开展耕地地力调查和质量评价工作的重要性及其长远意义，为项目的顺利开展打下良好的基础。

2. 密切合作，专家指导，培训到位

在项目的实施过程中，我们紧密加强与省土肥总站、中国科学院东北地理与农业生态研究所之间的合作，以其为技术依托单位，得到了他们的正确指导和大力支持，建立了富锦市数字化制图和空间数据库，并协助我们完成耕地地力评价工作。

自耕地地力评价工作开展以来，市土肥管理站先后多次派出技术人员参加"全国县域耕地资源管理信息系统""全省测土配方施肥项目县耕地地力评价技术培训"等培训班，同时对技术人员进行了系统培训，在收集整理基本资料，入户调查，土样采集，并对其分析化验，整理数据等方面做了具体指导，保证了整个项目的工程质量。

3. 跟踪检查，监督管理

在耕地地力评价项目实施的整个过程中，领导小组及时派出项目检查监督人员，对项目实施的各个阶段、各个环节进行检查，按照"富锦市耕地地力调查与质量评价工作日程"核对工程进度，如发现有延误工程的现象及时督促，在检查中发现问题及时上报，由领导小组研究处理。

（三）工作进度安排

1. 准备工作

2008 年 9 月 1 日至 10 月 15 日，测土配方施肥领导小组组织协调，安排专业技术人员，制定工作方案和工作计划，分解落实工作任务。

2. 收集资料

2008 年 9 月 1 日至 2009 年 9 月 10 日，收集野外调查资料、化验分析资料、社会经济等属性资料、基础图件资料、图片及其他资料，整理第二次土壤普查和近期测土配方施肥工作成果。

3. 专业技术处理和成果资料整理

2009 年 9 月 10 日至 12 月 22 日，数据导入与编制图件，图件和数据表格成果整理输出，根据成果资料编写耕地地力评价工作报告、技术报告，成果归档。

三、主要工作成果

通过实施该项目，形成以下对当前和今后一个时期农业产生积极广泛而深远影响的工作成果。

（一）文字报告

1. 富锦市耕地地力调查与质量评价工作报告

2. 富锦市耕地地力调查与质量评价技术报告

3. 富锦市耕地地力调查与质量评价专题报告

（二）黑龙江省富锦市耕地质量管理信息系统

（三）数字化成果图

1. 富锦市耕地地力等级图

2. 富锦市耕地土壤养分图

富锦市耕地的土壤养分图包括富锦市土壤有机质分级图、富锦市碱解氮分级图、富锦市有效磷分级图、富锦市速效钾分级图、富锦市有效铁分级图、富锦市有效锰分级图、富锦市有效锌分级图、富锦市全磷分级图、富锦市全钾分级图。

3. 富锦市土地利用现状图

4. 富锦市行政区划图

四、做法与经验

（一）主要做法

1. 加强组织建设，明确责任分工

富锦市委、市政府高度重视，由副市长牵头，积极调动人力资源、资金资源，组建了一支强有力的工作队伍，针对耕地地力调查与质量评价是由多项任务指标组成的，各项任务又相互联系成一个有机的整体，任何一个具体环节出现问题都会影响整体工作的质量的特性，统一规划，把项目的各项工作落实到人，明确责任，按省里制定的工作方案，对各项具体工作内容、质量标准、起止时间做了详尽的安排。同时，建立奖惩机制，把项目工作完成情况作为年底考核的一项指标，对工作突出的人员予以奖励。并且又加强了项目的档案管理，在项目建设的各个环节中，严格按照有关档案管理要求，进行及时收集、整理、归档该项目有关方面的各种文件资料，建立健全了项目档案。

2. 统筹规划，逐步推进

耕地地力调查与评价工作，是一项技术性强、涉及面广的系统工程，面对时间紧、难度大的实际问题，富锦市市委、市政府充分发挥其职能，协调当地各个有关部门，结合项目实际，汇集多方专家建议，制定了"富锦市耕地地力调查与质量评价工作方案"，编排了"富锦市耕地地力调查与质量评价工作日程"，同时参与本项工作的同志分别制定了各自的工作计划和工作日程，并注意到了互相之间的协作和各项任务的衔接。全体工作人员分工协作，全力以赴，使收集整理资料，入户调查，土样采集，分析化验，整理数据等工作有序进行，确保项目顺利实施。

在项目运作的过程中，定期召开项目阶段总结推动会议，各职责部门汇报工作进展情况及工作中出现的问题与困难，领导小组统一协调、研究、解决项目运行中的问题，使项目得以顺利开展。

（二）取得经验

1. 选定技术依托单位是搞好耕地地力评价的关键

耕地地力评价工作，技术性、专业性强，光凭我们本身的技术能力很难准确、有效、快捷的完成，我们以省土肥管理站、中国科学院东北地理与农业生态研究所为技术依托单位，省土肥管理站在技术指导、疑难咨询等方面给予了我们大力的支持，帮我们解决了工作中的具体问题，使项目得以顺利实施。这次调查，是结合测土配方施肥项目进行的。中国科学院东北地理与农业生态研究所利用 Supermap 的软件，将富锦市的土壤图、行政区划图、土地利用现状图进行数字化处理，最后利用扬州市土壤肥料站开发的"县域耕地资源管理信息系统（CLRMIS）"软件进行耕地地力评价，形成 5 030 个评价单元，并建立了富锦市属性数据库和空间数据库，使富锦市耕地地力评价工作能够及时、全面、保质保量的完成。

2. 发挥市级政府职能是搞好耕地地力评价的重要举措

耕地地力调查和质量评价工作，涉及的范围比较广，单是在收集资料图件方面，包括历史资料和现状资料，涉及到国土、统计、农机、水利、畜牧、气象等部门，富锦市充分发挥市级政府职能作用，协调各部门的工作，保证在较短的时间内把资料搞全搞准。在项目工作的开展过程中，市委、市政府在组织领导、协调部门、责任分工、制定制度、组织培训、监督管理、项目推进等各个方面都发挥了巨大的作用，为项目的完成提供了组织保障。

五、资金使用分析

此次试点资金使用主要包括物质准备及资料收集费、野外调查交通差旅补助费、会议及技术培训费、分析化验费、资料汇总及编印费、软件购置费、图件数字化及制作费项目验收及专家评审费九大部分，详见附表1。

附表1　资金使用情况汇总表

支出	金额（万元）	构成比例（%）
物质准备及资料收集	1.0	5.0
野外调查交通差旅补助费	2.5	12.5
会议及技术培训费	4.0	20.0
分析化验费	2.0	10.0
资料汇总及编印费	2.0	10.0
软件购置费、图件数字化及制作费	7.3	36.5
项目验收及专家评审费	1.2	6.0
合计	20.0	100.0

六、存在的问题与建议

成果的适用性较差。成果的应用上也只是一个简单开始，在今后的工作和生产上，有待进一步的研究如何利用，使耕地地力调查与评价工作更好地转化为生产力。更好地服务于农业生产，给各级政府部门的领导提供科学依据，指导服务于农业生产。

数字化软件有一定的时限性，过期不能使用，没有可长期应用的软件程序，修定和修改当中的内容无从下手。

在化验的设备上还需进一步的配备和加强，做到所有的设备配齐配全，性能质量过关，省去更多的修理和维护费用。

此项调查工作要求技术性很高，如图件的数字化、经纬坐标与地理坐标的转换、采样点位图的生成等技术及评价信息系统与属性数据、空间数据的挂接、插值等技术都要请地理信息系统的专业技术人员帮助才能完成，不利于在以后的工作中不断修改、完善评价结果，不能及时地反映耕地各项指标的变化和为农业生产服务。

调查表填写问题、编号应严格统一。大田和蔬菜采样点农户调查表表格绘制应该更细化，把应该分开的全部分开，比如：氮肥有多少种类型、同一类型是底肥还是追肥，以此类推。以免在调查中缺项。

关于评价单元图生成。本次调查评价工作是在第二次土壤普查的基础上开展的，也是为了掌握两次调查之间土壤地力的变化情况。因此，应该充分利用已有的土壤普查资料开展工作。应该看到本次土壤调查的对象是在土壤类型的基础上，由于人为土地利用的不同，土壤性状发生了一系列的变化，因此，土壤类型和土地利用状况，应该是生成调查单元底图的核心。

附录三 富锦市耕地地力评价部分图件

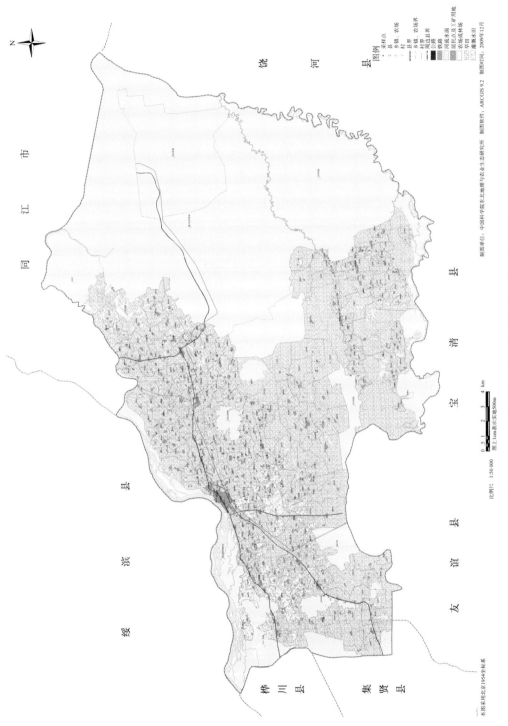

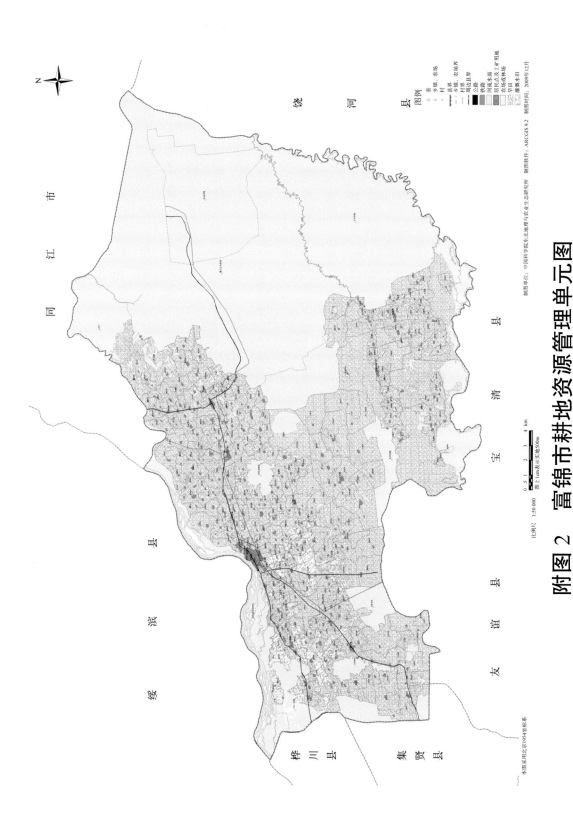

附图 2 富锦市耕地资源管理单元图

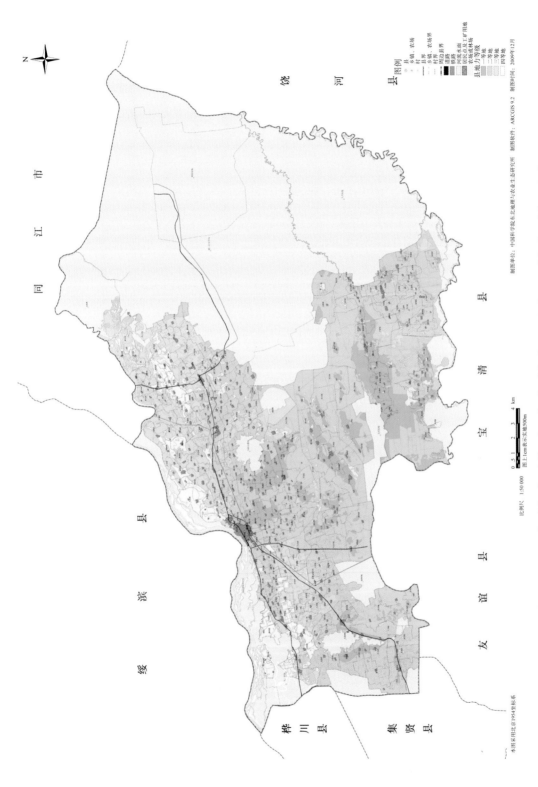

比例尺　1:50 000

附图 3　富锦市耕地地力等级图（县等级体系）

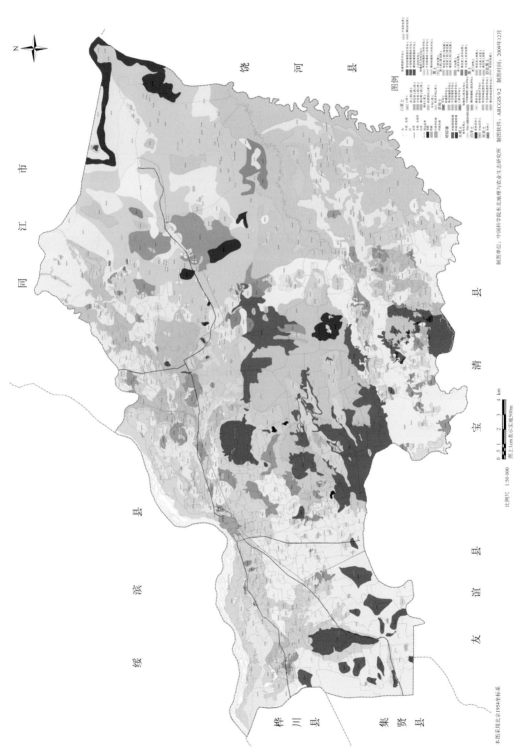

本图采用北京1954坐标系

比例尺 1:50 000

0 .5 1 2 3 4 km

图上1cm表示实地500m

制图单位：中国科学院东北地理与农业生态研究所　制图软件：ARCGIS 9.2　制图时间：2009年12月

附图 4　富锦市土壤图

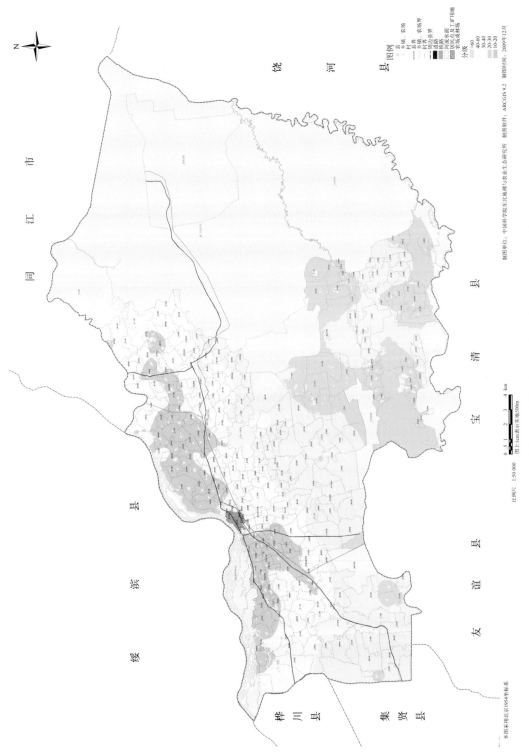

附图 5　富锦市耕地土壤有机质分级图

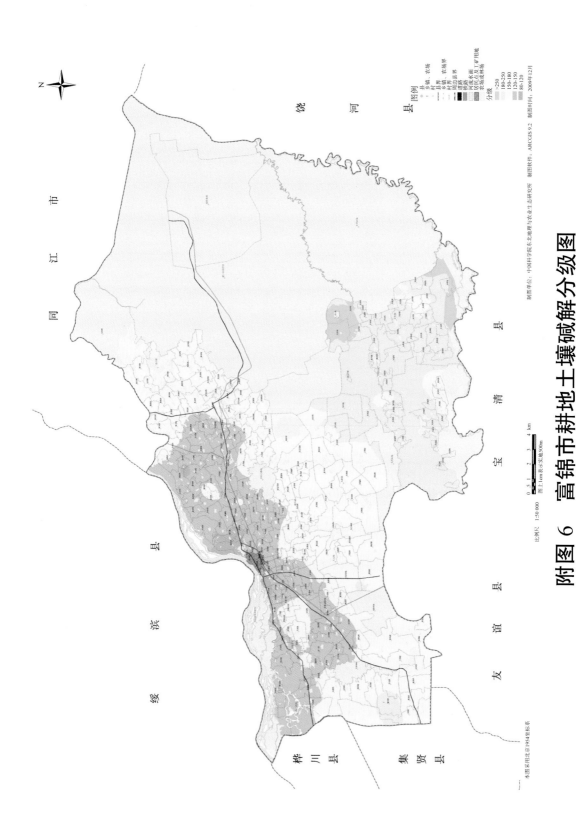

附图 6　富锦市耕地土壤碱解分级图

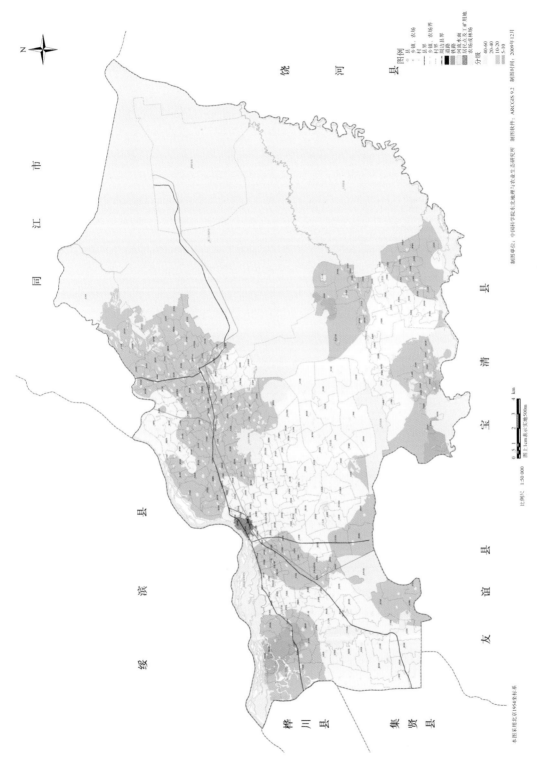

附图 7　富锦市耕地土壤有效磷分级图

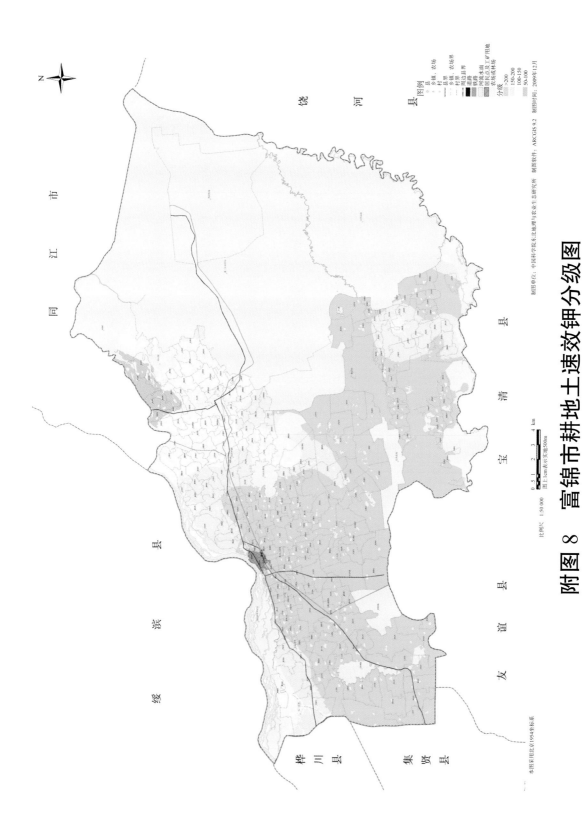

附图 8 富锦市耕地土速效钾分级图

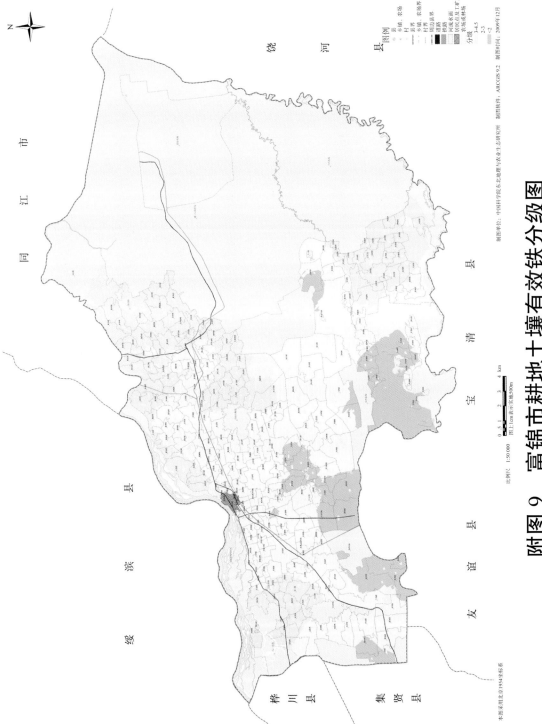

附图 9　富锦市耕地土壤有效铁分级图

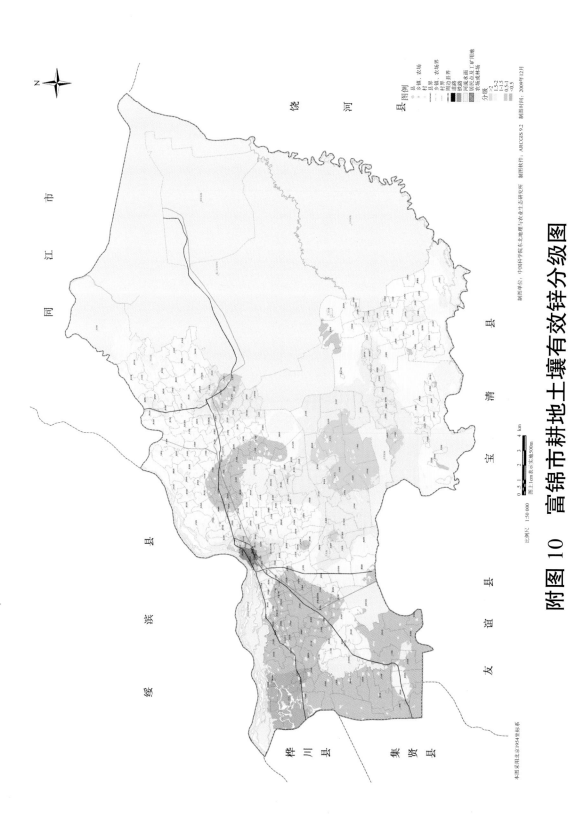

附图 10　富锦市耕地土壤有效锌分级图

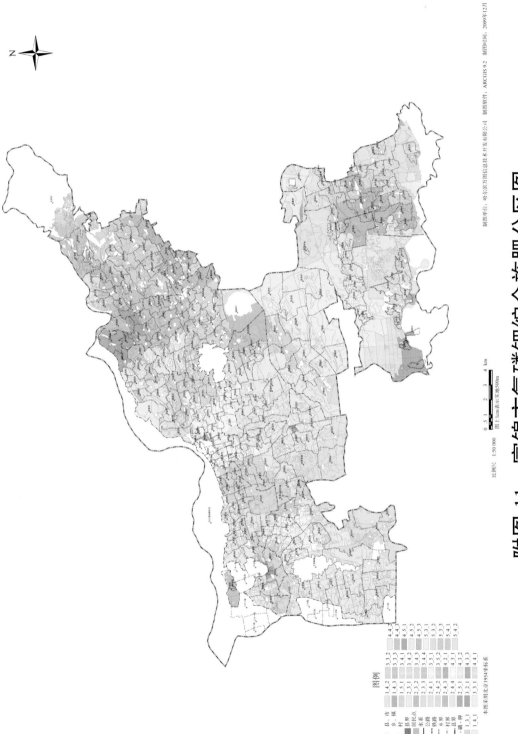

附图 11　富锦市氮磷钾综合施肥分区图

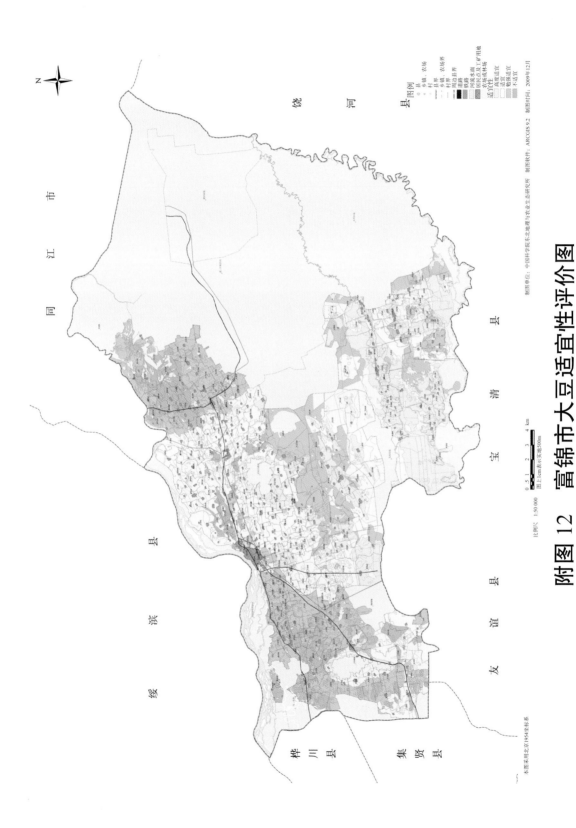

附图 12 富锦市大豆适宜性评价图

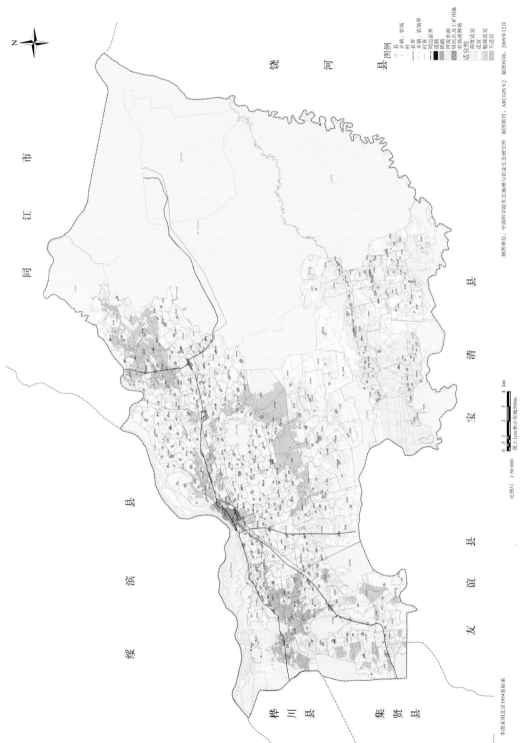

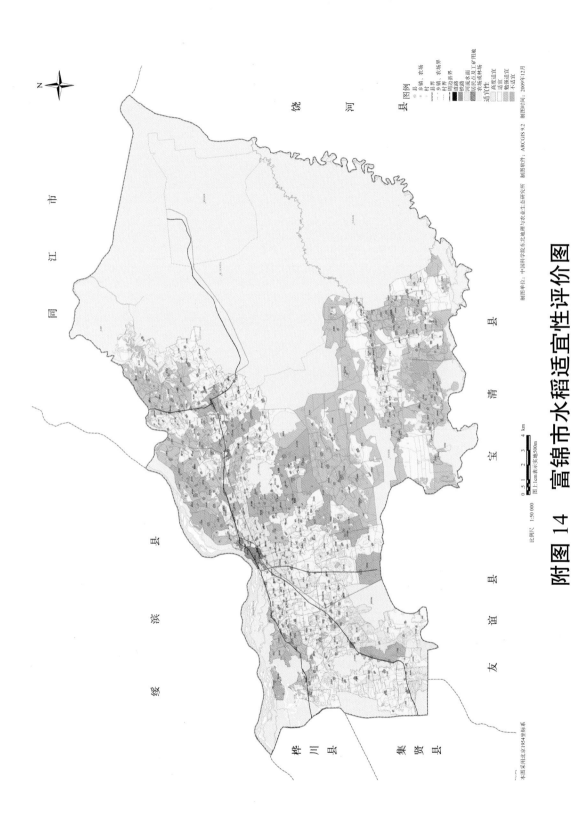

附图 14　富锦市水稻适宜性评价图